中国森林生态产品

四十年时空演变研究

中国林业科学研究院　编著

中国林業出版社
China Forestry Publishing House

图书在版编目（CIP）数据

中国森林生态产品四十年时空演变研究 / 中国林业科学研究院编著. -- 北京 : 中国林业出版社, 2023.7

ISBN 978-7-5219-1679-9

Ⅰ. ①中… Ⅱ. ①中… Ⅲ. ①生态型－林产品－研究－中国 Ⅳ. ①F326.2

中国版本图书馆CIP数据核字(2022)第079170号

审图号：GS京（2022）0171号

策划编辑：刘家玲

责任编辑：甄美子

装帧设计：北京八度出版服务机构

出版发行：中国林业出版社

（100009，北京市西城区刘海胡同 7 号，电话 83143616）

电子邮箱：cfphzbs@163.com

网址：www.forestry.gov.cn/lycb.html

印刷：河北京平诚乾印刷有限公司

版次：2023 年 7 月第 1 版

印次：2023 年 7 月第 1 次印刷

开本：889mm×1194mm　1/16

印张：11.25

字数：360 千字

定价：120.00 元

《中国森林生态产品四十年时空演变研究》
编辑委员会

编写单位：

中国林业科学研究院森林生态环境与自然保护研究所
国家林业和草原局林草调查规划院
国家林业和草原局华东调查规划院
国家林业和草原局中南调查规划院
国家林业和草原局西北调查规划院
国家林业和草原局西南调查规划院
国家林业和草原局产业发展规划院
西北工业大学
海南大学林学院
海南国家公园研究院
福建省林业科学研究院
沈阳农业大学

主　编：

王　兵　中国林业科学研究院森林生态环境与自然保护研究所

副主编：

牛　香　中国林业科学研究院森林生态环境与自然保护研究所

编　著（按姓氏笔画排序）**：**

丁访军　刁勇强　王　兵　王　南　王　蒙　王六如　王以惠　王永福
牛　香　由　超　白浩楠　卢　峰　任　军　冯　妍　刘　润　刘学东
刘苑秋　刘智军　许庭毓　迟功德　杜鹏飞　李明文　李显玉　李慧杰
李向晨　杨　旭　杨学云　杨钙仁　吴和平　闵志强　宋庆丰　张　瑛
张　辉　张　璐　张成程　张维康　张慧东　陈　波　陈淑英　陈新云
范应龙　范培先　罗大庆　罗晓敏　周　梅　宝金山　费世民　郝占庆
郝家田　胡　觉　柯善新　查印水　党玉龙　侯晓魏　饶日光　聂祥永
原作强　倪细炉　徐丽娜　徐志扬　高　鹏　高显连　郭　珂　陶玉柱
梁　启　梁咏亮　黄国胜　黄湘南　曹秀文　曹建生　阎恩荣　焦为屹
彭明俊　曾伟生　蒲　莹　蔡体久　谭芳林　魏江生

国家林业和草原局生态系统长期定位观测研究站森林专业组出品

（组长：韩爱惠副司长、王兵二级研究员）

前言

林草兴则生态兴，生态兴则文明兴。

2022年3月30日，习近平总书记在参加首都义务植树活动时指出，森林是水库、钱库、粮库，现在再加上一个“碳库”，生动形象地阐明了森林在国家生态安全和人类经济社会可持续发展中的基础性、战略性地位与作用。森林“四库”，一头连着国家战略，一头连着百姓福祉，是“国之大者”，也是民生关切，更是林草人的责任担当。森林是水库：森林不仅能拦蓄降水、调节径流，还在产水、净水、拦洪、补枯等方面发挥着重要作用。森林是钱库：绿水青山是绿色资源也是绿色资本，竹产业、林下经济、苗木花卉、生态旅游等，年产值超过8万亿元的林业产业是国民经济的重要组成部分；2021年，国家林业和草原局发布了第三期中国森林资源核算研究成果，截至2018年，全国林地林木资产总价值为25.05万亿元，森林生态系统提供生态服务价值达15.88万亿元，提供森林文化价值约为3.10万亿元；我国林地林木资源持续增长，森林财富持续增加，为绿色发展奠定了重要的物质基础。森林是粮库：习近平总书记提出，要树立大食物观，要向森林要食物，森林不仅生产核桃、榛子、松子、油茶、竹笋和水果等，还为多种食品提供生产原料；大量优质的中药材、食用菌、畜禽产品来自林下；三北防护林工程、退耕还林工程种植了大量经济林，已成为我国重要的干鲜果品生产基地。森林是碳库：习近平总书记指出，要“增加森林面积，提高森林质量，提升生态系统碳汇增量，为实现我国碳达峰碳中和目标、维护全球生态安全作出更大贡献”，根据光合作用化学反应式，森林植被每积累1.00克干物质，可以吸收（固定）1.63克二氧化碳，释放1.19克氧气；森林固定并减少大气中的二氧化碳和提高并增加大气中的氧气，这对维持大气中的二氧化碳和氧气动态平衡，减少温室效应以及为人类提供生存的基础都有巨大和不可替代的作用；挖掘森林“碳库”功能，是应对气候变化、实现“双碳”目标的重要抓手。

为深入贯彻习近平生态文明思想，全面贯彻党的十九大和十九届二中、三中、四中、五中全会精神，统筹推进山水林田湖草沙一体化保护和修复，服务碳达峰碳中和战略，进一步提升森林、草原、湿地资源及生态状况综合监测评价中生态系统监测和评价分析能力，国家林业和草原局发布了《国家林业和草原局关于开展国家林草生态综合监测评价工作的通知》（林资发〔2021〕51号），根据《中华人民共和国森林法》《中华人民共和国草原法》《中华人民共和国防沙治沙法》等有关规定，依法履行“森林、草原、湿地、荒漠和陆生动植物资源动态监测与评价”职能，国家林业和草原局决定开展国家林草生态综合监测评价工作，按照《自然资源调查监测体系构建总体方案》的框架，构建了林草生态综合监测评价体系以及技术方案和技术规程，这为进一步掌握国家林草生态状况，为生态文明建设提供了更加科学精准翔实的决策依据；这是深入学习贯彻习近平生态文明思想的重要举措，是用系统观念推进山水林田湖草沙综合治理、实施碳达峰碳中和战略和推动林草工作高质量发展的基础性工作。

林草生态综合监测的实践与生态产品评估紧密相连，森林生态产品评估是基于4项国家标准《森林生态系统长期定位观测研究站建设规范》（GB/T 40053-2021）、《森林生态系统长期定位观测指标体系》（GB/T 35377-2017）、《森林生态系统长期定位观测方法》（GB/T 33027-2016）和《森林生态系统服务功能评估规范》（GB/T 38582-2020），4项国标之间的逻辑关系分别为如何建站、观测什么、如何观测以及怎么评估；并应用森林生态系统服务连续观测与清查技术（简称“森林生态连清”），以生态地理区划为单位，以国家现有森林生态站为依托，采用长期定位观测技术和分布式测算方法，定期对同一森林生态系统进行重复观测与清查的技术，它可以配合国家森林资源连续清查，用以评价一定时期内森林生态系统的质量状况，进一步了解森林生态系统的动态变化。同时，森林生态连清技术依托CFERN实现了森林生态功能的全面监测。与全国森林资源连续清查体系相耦合，评估我国森林生态系统服务功能，为树立正确的生态保护理念提供有说服力的数据支持，为健全资源有偿使用和生态补偿制度提供科学依据，为完善资源消耗、环境损害、生态效益的生态文明绩效评价考核和责任追究制度实现精准追责和激励机制提供数据基础，为推进生态文明建设和绿色低碳发展提供数据支撑。

为进一步落实国家林业和草原局关于开展国家林草生态综合监测评价工作的决定，提升生态系统状况监测和评价分析能力，加强国家级公益林生态效益评价水平，2021年10月25日，由中国森林生态系统定位观测研究网络（CFERN）策划发起的林草生态综合监测研讨会暨“林草生态综合监测站”“国家级公益林生态观测站”授牌仪式在桂林顺利举行，国家林草局发布“国家林草生态综合监测站”遴选名单，全国40个野外科学观测研究站成功入选，并对近年来中国生态观测网络中定位观测成绩突出的江西大岗山等40个生态观测站授予“国家林草生态综合监测站”和“国家级公益林生态效益监测站”牌。林草生态综合监测站的建立有利于实现林草生态监测数据统一采集、统一处理、综合评价，形成统一时点的林草生态综合监测评价成果，支撑林草生态网络感知系统，服务林草资源监管、林长制督查考核以及碳达峰碳中和战略。

本书在国家林业和草原局森林资源管理司提供相关数据和经费支持下，基于我国森林资源连续清查体系，首次对我国近四十年（1977—2018年）全国尺度森林资源和重点区域森林资源的时空动态进行分析，对近四十年的森林生态系统服务功能进行了系统评价，并针对重点生态功能区、长江经济带、黄河流域、国家级公益林和国家公园等重点区域的森林生态产品进行了核算，并为生态产品价值实现提供数据和路径设计。结果显示，近四十年来，我国森林数量持续增长：森林面积净增1.05亿公顷，增幅91.23%；森林覆盖率提高10.96个百分点；森林蓄积量增加量为85.32亿立方米，增幅为94.51%；森林单位面积蓄积量增加4.83立方米；森林结构趋于合理，优势树种组趋于多样化，大量速生、优质树种出现；林种结构由用材林占绝对优势，转变为防护林占绝对优势的局面；龄组结构也趋于合理，更加符合可持续发展的要求。正是由于我国森林资源的由少到多，森林质量的森林质量不断提升，使得我国森林生态服务功能的作用逐步凸显出来。近四十年间，我国森林生态功能显著增强：森林固土量增加了50.52亿吨/年、保肥量增加了2.66亿吨/年、调节水量增加了3680.61亿立方米/年、固碳量增加了2.59亿吨/年、释氧量增加了4.43亿吨/年、提供负离子量增加了128.62×10^{25}个/年、吸收气体污染物量增加了223.78亿千克/年、滞尘量增加了33.77亿吨/年。我国森林资源与其生态功能的时间、空间分布特征规律高度一致。

随着生态产品评估的不断发展，森林生态产品监测评估将对确定森林在生态环境中的主体地位和作用具有非常重要的现实意义，有助于统筹山水林田湖草一体化保护和系统治理的总体布局、重点任务、重大工程和政策举措，加强生态保护和修复对于推进生态文明建设、保障国家生态安全具有重要意义；为实现国家公园和重点生态功能区生态产品价值评估提供方法，为其生态产品价值化实现提供路径；有利于实现生产空间、生活空间和生态空间的合理布局，对构建生态文明制度、全面建设社会主义现代化、生态产品价值实现、实现碳中和碳达峰国家战略和中华民族伟大复兴的中国梦不断创造更好的生态条件。

编辑委员会

2022.12

目 录

第1章

森林生态连清技术方法学体系

生态系统服务是生态系统形成和所维持的人类赖以生存和发展的环境条件和效用。生态系统服务维持地球上生命物质和生物地球化学循环与水文循环，维持物种的多样性、净化大气环境，是人类赖以生存和发展的基础。在2010年发布的《全国主体功能区规划》中，生态产品被定义为“维系生态安全、保障生态调节功能、提供良好人居环境的自然要素”。在学术领域，生态产品的概念相近于生态系统服务，我国政府文件中用“生态产品”代替学术领域已经得到广泛接受的“生态系统服务”，并不是一个简单的用词问题，而是我国生态文明建设领域的一项重大创新性战略举措。从我国提出生态产品概念的时代背景和战略意图出发，生态产品的概念定义包含三个方面内涵。一是生态产品中包括生产劳动。生态产品同其他产品一样也是被生产出来的物品，作为一种产品，生态产品内涵中也含有生产劳动过程。二是生态产品的目的是用于市场交易，除了少量制造出来供自己使用以外，产品都是供应给市场通过交换被人们使用和消费的商品，具备在市场中流通、交易而成为商品的可能与基础。三是生态产品是以人类消费使用为目的有价值的物品和服务。产品的核心是物品的有用性，且能满足人们一定需求，生态产品生产的目的就是满足人民日益增长的美好生活需求。党的十九大进一步深化了对生态产品的认识和要求，提出了“提供更多优质生态产品以满足人民日益增长的优美生态环境需要”。根据生态产品的内涵，将生态产品定义为，生态系统的生物生产功能和人类社会的生产劳动共同作用提供给人类社会使用和消费的终端产品或服务，包括保障人居环境、维系生态安全、提供物质原料和精神文化服务等人类福祉或惠益，是与农产品和工业产品并列的、满足人类美好生活需求的生活必需品。

习近平总书记在《关于〈中共中央关于全面深化改革若干重大问题的决定〉的说明》中提到山水林田湖是一个生命共同体，人的命脉在田，田的命脉在水，水的命脉在山，山的命脉在土，土的命脉在树。由此可以看出，森林高居山水林田湖生命共同体的顶端。在2500年前的《贝叶经》中也把森林放在了人类生存环境的最高位置，即有林才有水，有水才有田，有田才有粮，有粮才有人。森林生态系统是维护地球生态平衡最主要的一个生态系统，在物质循环、能量流动和信息传递方面起到了至关重要的作用。特别是森林生态系统服务发挥的“绿色水库”“绿色碳库”“绿色氧吧库”和“绿色基因库”四个生态库功能，为经济社会的健康发展尤其是人类福祉的普惠提升提供了生态产品保障。

基于《森林生态系统长期定位观测研究站建设规范》（GB/T 40053-2021）、《森林生态系统定位观测指标体系》（GB/T 35377-2017）、《森林生态系统长期定位观测方法》（GB/T 33027-2016）和《森林生态系统服务功能评估规范》（GB/T 38582-2020）4项中华人民共和国国家标准（图1-1），4项标准之间的逻辑关系分别为：如何建站、观测什么、如何观测以及怎么评估（图1-2），依托国家现有森林生态系统国家定位观测研究站（简称森林生态站）和国内的其他林业生态工程生态效益监测点，如退耕还林工程生态效益监测点、天然林资源保护工程（简称“天保工程”）生态效益监测点、生态公益林效益监测点和长期固定实验点等，采用长期定位观测技术和分布式测算方法，定期对中国森林生态系统服务进行全指标体系观测与清查，并与国家森林资源连续清查数据相耦合，评估一定时期和范围内的森林生态系统服务功能，进一步了解我国森林生态系统服务功能的动态变化。本研究所采用的监测评估方法为中国森林生态系统服务连续观测与清查体系（简称森林生态连清，图1-3）。

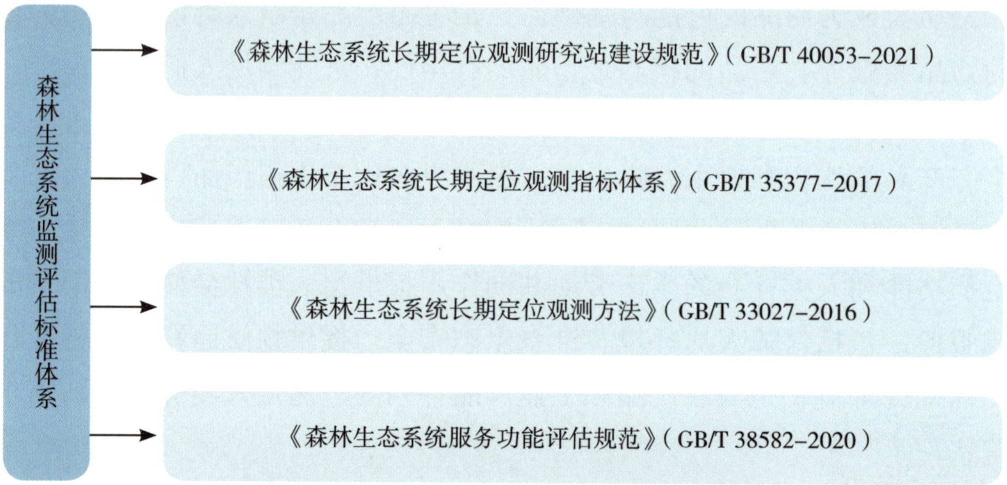

图1-1　森林生态系统监测评估标准体系

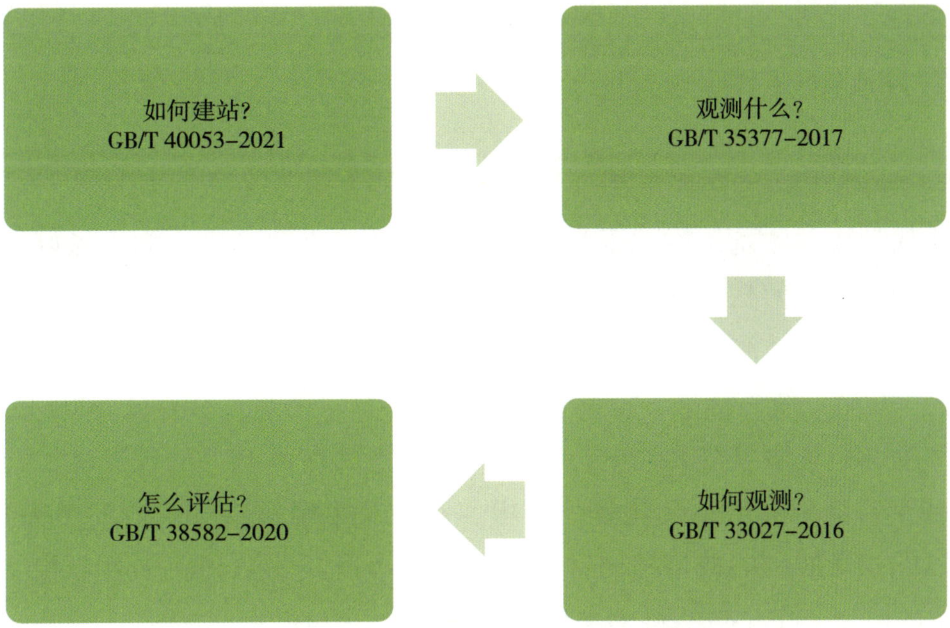

图1-2　森林生态系统监测评估标准体系逻辑关系

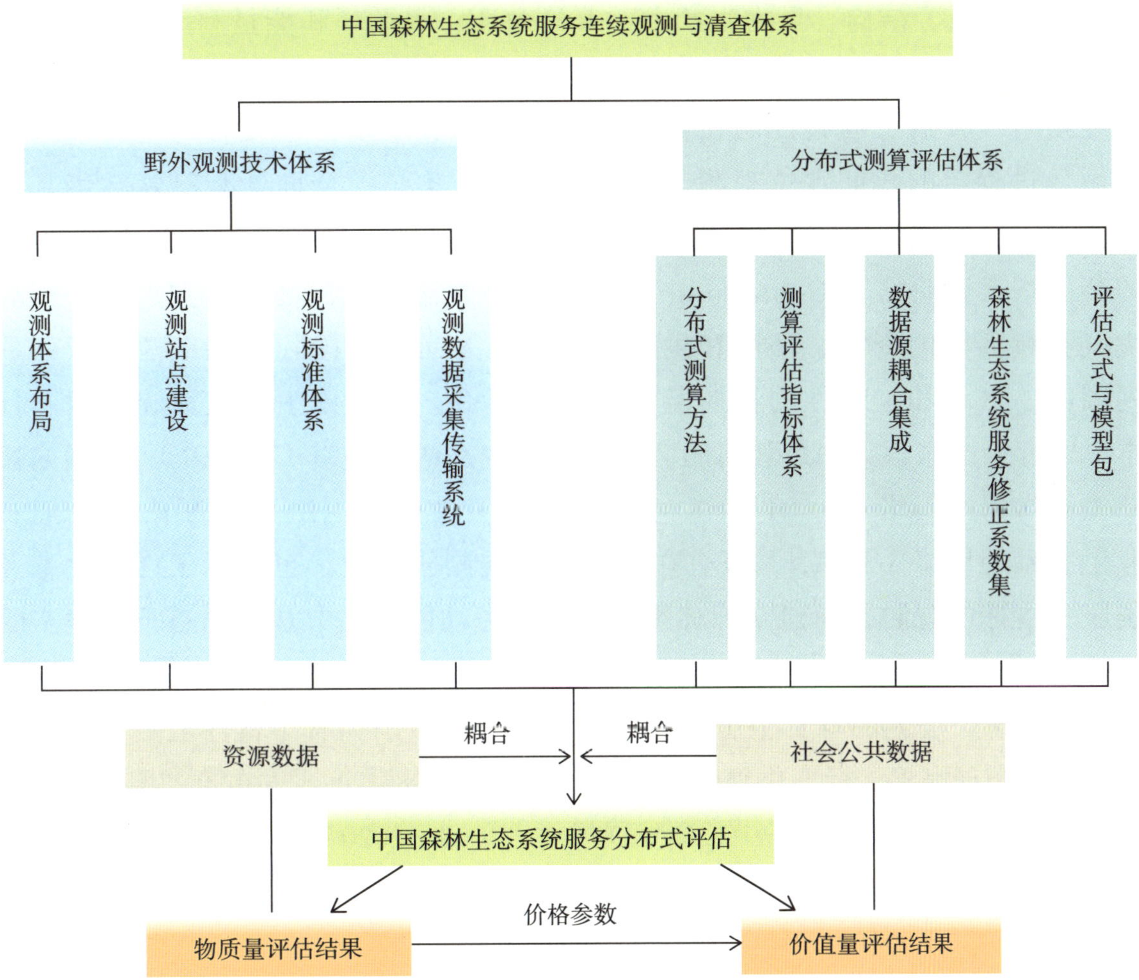

图1-3　中国森林生态系统服务连续观测与清查体系框架

1.1 野外观测技术体系

1.1.1 中国森林生态系统服务监测站布局与建设

野外观测技术体系是构建森林生态连清体系的重要基础，为了做好这一基础工作，需要考虑如何构架观测体系布局。森林生态站与各类林业监测点作为中国森林生态系统服务监测的两大平台，在建设时坚持“统一规划、统一布局、统一建设、统一规范、统一标准、资源整合、数据共享”原则（Angel，2004）。

森林生态系统服务监测站的建设首先要考虑其在区域上的代表性，选择能代表该区域主要林分类型，且能表征土壤、水文及生境等特征，同时考虑到交通、水电等条件相对便利的典型植被区域。为此，本研究团队和我国林业相关部门进行了大量的前期工作，包括科学规划、站点设置、合理性评估等。

森林生态站是通过在典型森林地段建立长期观测点与观测样地，对森林生态系统的组成、结构、生物生产力、养分循环、水循环和能量利用等在自然状态下或某些人为活动干扰下的动态变化格局与过程进行长期观测，阐明生态系统发生、发展、演替的内在机制和自身的动态平衡，以及参与生物地球化学循环过程等的长期定位观测。它能够长期、系统、全面地观测森林生态系统的水、土、气、生因子的动态变化规律。最早的长期定位观测始于1843年的英国洛桑试验站（Rothamsted）。随着全球生态环境问题的日益严重，为解决人类所面临的资源、环境和生态系统方面的问题，国际上相继建立了一系列国家、区域和全球性的长期监测、研究网络，主要集中在欧洲和美国、日本、印度等国家，其中最著名的有国际长期生态研究网络（ILTER）、美国的长期生态学研究网络（USLTER）、英国的环境变化研究网络（ECN）、东南亚农业生态系统网络（SUAN）等。在长期定位观测研究中，也包括了许多生态系统服务指标的观测，为建立森林生态系统服务功能评估方法体系打下了坚实的基础。

在国家尺度上的森林生态站布局建设方面，中国拥有了世界上数量相对较多、空间布局完善、标准化程度高的观测网络。2008年正式发布了《国家林业局陆地生态系统定位研究网络中长期发展规划（2008—2020年）》，截至2022年，国家林业和草原局已批准建设森林生态站达107个，基本形成了由南向北以热量驱动、由东向西以水分驱动的中国森林生态系统定位观测研究网络（Chinese Forest Ecosystem Research Network，CFERN）（图1-4）。

全国森林生态站建安工程、观测场设施、仪器设备等的建设内容和建设流程依据国家标准《森林生态系统长期定位观测研究站建设规范》（GB/T 40053-2021）开展。为了更好地反映中国不同温度带、水分区划下各种森林生态系统的特点，需要在国家尺度上对森林生态系统长期定位观测网络进行布局。以典型抽样的思想为指导，将全国划分为相对均质的区域，结合已建设的森林生态站，综合考虑生态功能区划，完成中国森林生态系统长期定位观测网络布局；考虑经济、环境和人口密度等因素（Martin et al，2012）构建城市森林生态站。通过森林生态系统长期定位观测网络获取观测数据，能够反映气候和人为活动条件下的环境变化及响应机制，可以用于对森林生态效益进行评估。通过对比分析已有中国典型生态地理区划，选择中国生态地理区域系统的气候指标、中国森林分区（1998）作为植被指标和生态功能区划指标，采用分层抽样、空间叠置分析方法结合标准化合并指数等方法对上述指标进行处理，完成全国森林生态系统的相对均质区域的划分，同时结合生态功能区构建中国森林生态系统定位观测研究网络。

图 1-4　中国森林生态系统定位观测研究网络

1.1.2 森林生态系统服务功能监测评估标准体系

中国森林生态系统服务功能监测评估所依据的标准体系如图1–5所示，包含了从森林生态系统服务监测站点建设到观测指标、观测方法、数据管理乃至数据应用各个阶段的标准。森林生态系统服务监测站点建设、观测指标、观测方法、数据管理及数据应用的标准化保证了不同监测站点所提供的森林生态连清数据的准确性和可比性，为我国森林生态系统服务评估的顺利进行提供了保障（王兵，2012）。

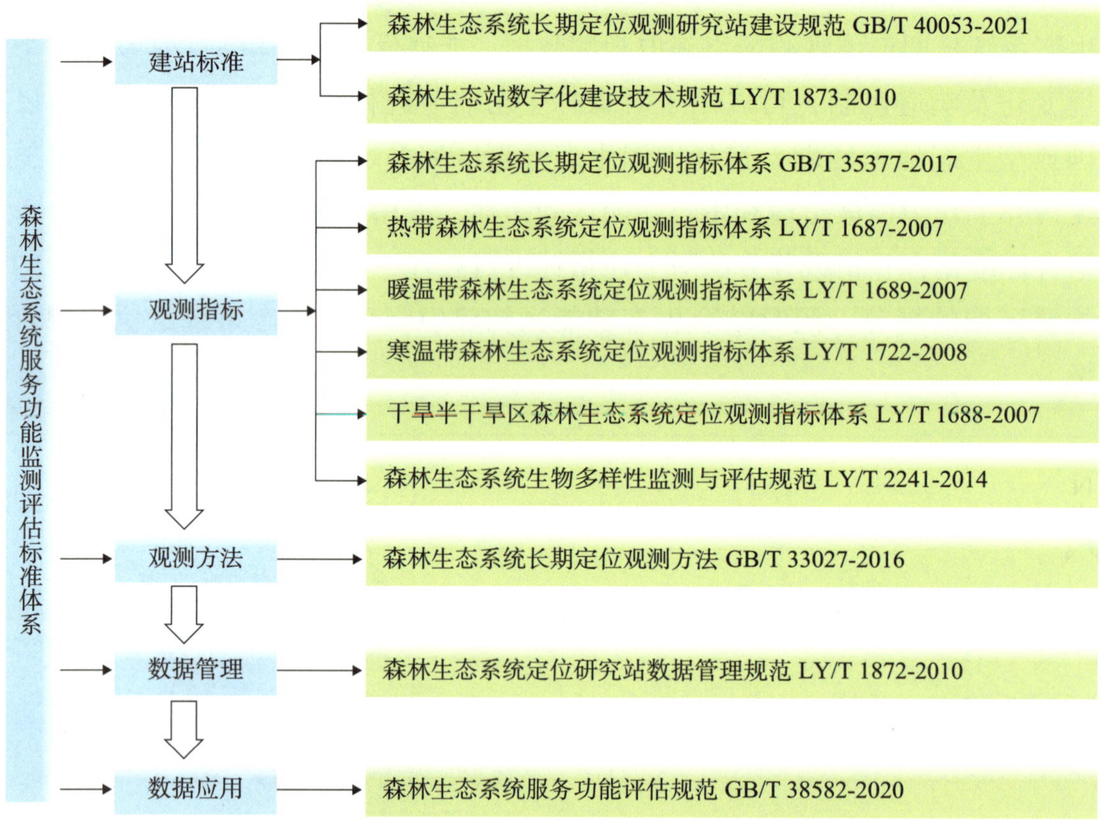

图1–5 中国森林生态系统服务功能监测评估标准体系

1.2 分布式测算评估体系

1.2.1 分布式测算方法

分布式测算源于计算机科学，是研究如何把一项整体复杂的问题分割成相对独立的运算单元，并将这些单元分配给多个计算机进行处理，最后将计算结果综合起来，统一合并得出结论的一种科学计算方法（Niu et al，2014）。分布式测算方法已经被应用于使用世界各地成千上万位志愿者的计算机的闲置计算能力来解决复杂的数学问题（如GIMPS搜索梅森素数的分布式网络计算）和研究寻找最为安全的密码系统（如RC4）等，这些项目都很庞大，需要惊人的计算量，而分布式测算研究如何把一个需要非常巨大计算能力才能解决的问题分成许多小块，然后将这些小块分配给许多计算机处理，最后把这些计算结果综合起来得到最终的结果。随着科学的发展，分布式测算是一种廉价的、高效的、维护方便的计算方法。

本研究所采用的分布式测算方法将森林生态功能评估分为四级测算单元。其具体步骤为：①将我国的31个省（自治区、直辖市）划分为一级测算单元（第一次全国森林资源清查期间，海南省属于广东省；第一次至第五次森林资源清查期间，重庆市属于四川省，运算时设定为0且不包含港澳台）；②将49个优势树种组划分为二级测算单元；③林分起源（人工林和天然林）划分为三级测算单元；④将幼龄林、中龄林、近熟林、成熟林和过熟林5个林龄组划分为四级测算单元。最后，确定了相对均质化的生态效益评估单元7150个（图1-6）。

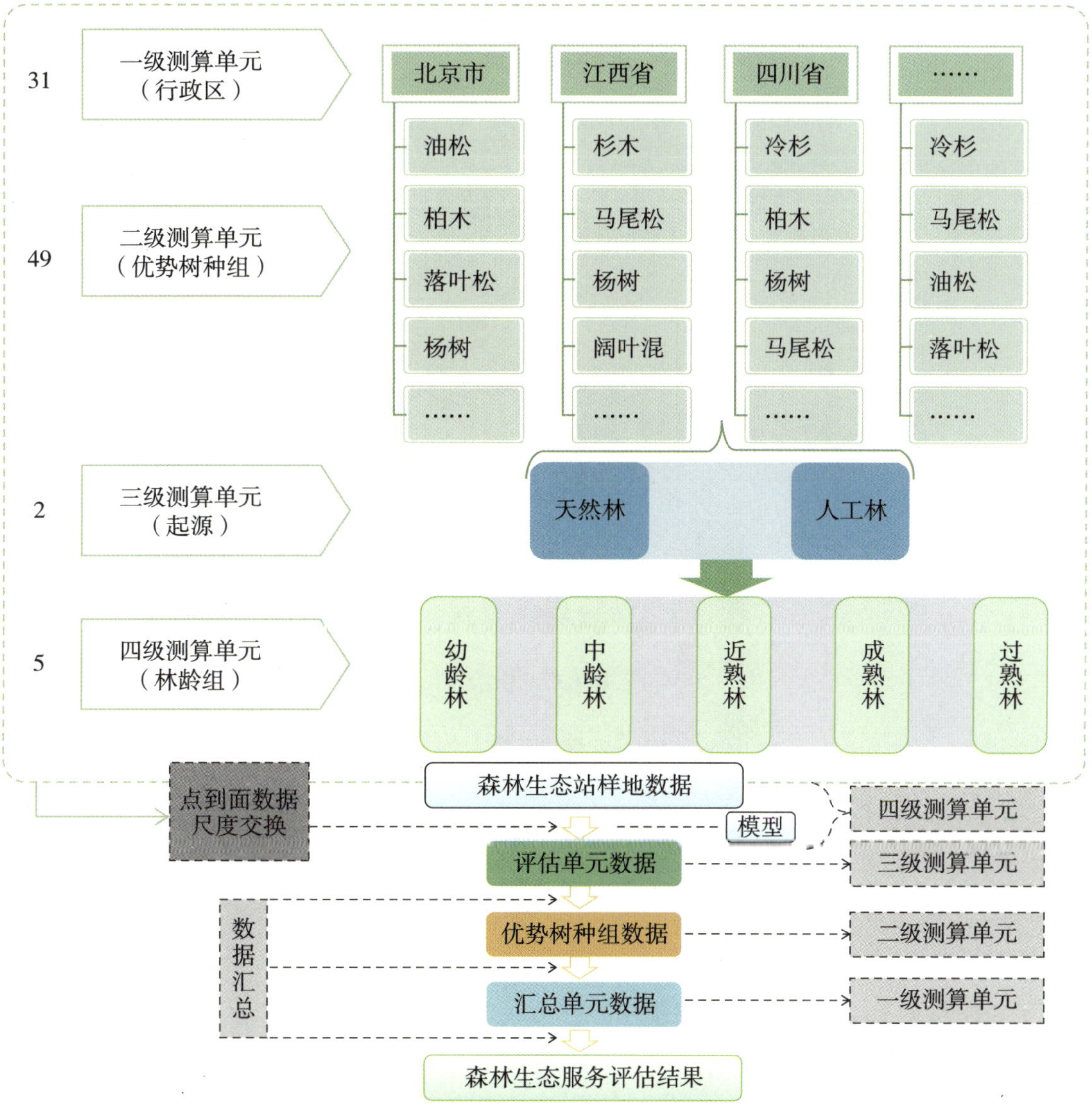

图1-6　中国森林生态系统服务功能评估分布式测算方法

基于生态系统尺度的定位实测数据，运用遥感反演、模型模拟等技术手段，进行由点到面的数据尺度转换，将点上实测数据转换至面上测算数据，得到各生态系统服务评估单元的测算数据；以上均质化的单元数据累加的结果即为中国森林生态系统服务功能评估结果（王兵，2004）。

1.2.2　评估指标体系

森林是地球陆地生态系统的主体，其生态服务体现于生态系统和生态过程所形成的有利于人类生存与发展的生态环境条件与效用（Angelis，2000）。如何真实地反映森林生态系统服务功能的效果，观测评估指标体系的建立非常重要。本研究依据国家标准《森林生态系统服务功能评估规范》（GB/T 38582-2020），选取的指标体系如图1-7所示。

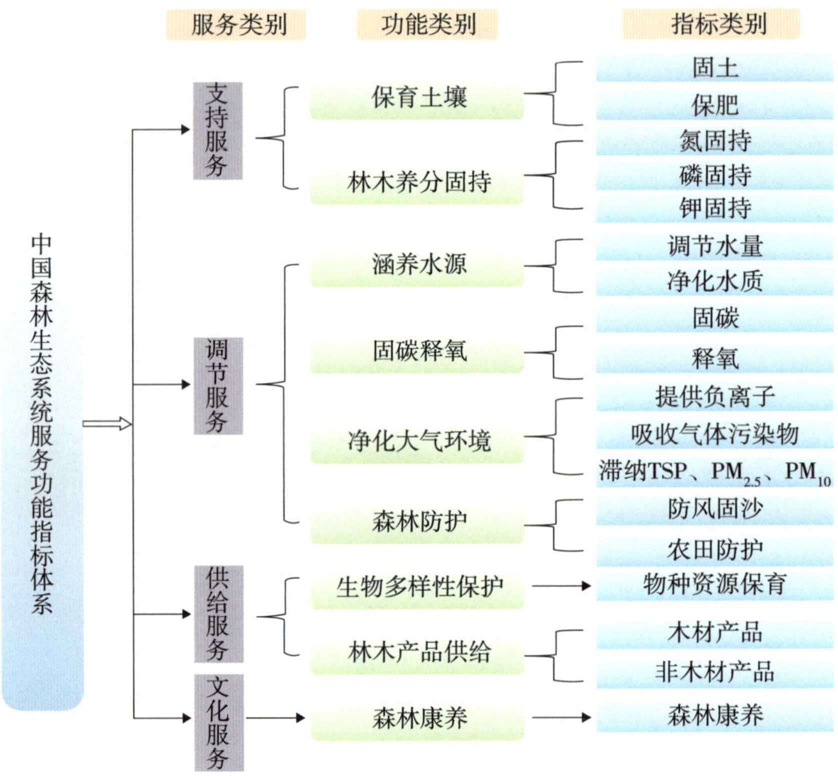

图1-7　中国森林生态系统服务功能评估指标体系

1.2.3　数据来源与集成

采用的数据主要有三个来源。

（1）森林资源连续清查数据集

森林资源数据集来源于国家林业和草原局森林资源管理司通过各种资料发布的9次森林资源连续清查的数据，第一次到第九次森林资源清查数据来源于《全国森林资源统计》(1973—1976)(1977—1981)(1984—1988)(1989—1993)(1994—1998)(1999—2003)和《中国森林资源报告》(2004—2008)(2009—2013)(2014—2018)。同时，森林类型划分的依据为《国家森林资源连续清查技术规定(2004)》。因为其来源较广，且数据类型多样化程度高，对于分析我国森林资源的动态变化具有重要的价值。所以，其属于大数据范畴。

(2)森林生态连清数据集

森林生态连清数据来源于森林生态站，以及辅助观测点和长期固定样地的观测数据。目前的森林生态监测涉及全国107个森林生态站，600个辅助观测点，长期固定样地有10000多块，还用于林地土壤侵蚀指标的观测、不同侵蚀强度的林地土壤侵蚀模数观测等样地。由于在CFERN发展前期，森林生态站点数量较少，会存在生态数据缺失的情况。当这种情况出现时，则基于森林生态系统服务修正系数，采用临近(时间临近和空间临近)森林生态站的观测数据进行补充(王兵，2013)。

(3)社会公共数据集

社会公共数据来源于我国权威机构所公布的社会公共数据，包括《中国水利年鉴》《中华人民共和国水利部水利建筑工程预算定额》、中国农业信息网(http://www.agri.cn/)、《中华人民共和国环境保护税法》中《环境保护税税目税额表》等。

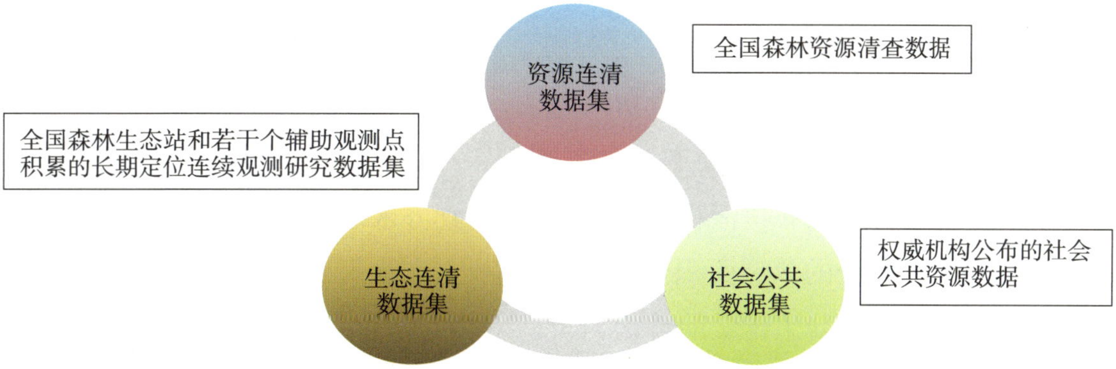

资源连清数据集	·林分面积、林分蓄积年增长量、林分采伐消耗量
生态连清数据集	·年降水量、林分蒸散量、非林区降水量、无林地蒸发散、森林土壤侵蚀模数、无林地土壤侵蚀模数、土壤容重、土壤含氮量、土壤有机质含量、土壤厚度、土壤含钾量、负离子浓度、生物多样性指数、蓄积/生物量、吸收二氧化硫能力、吸收氟化物能力、滞尘能力、木材密度
社会公共数据集	·水资源市场交易价格、水质净化费用、挖取单位面积土方费用、磷酸二铵含氮量、磷酸二铵含磷量、氯化钾含钾量、磷酸二铵化肥价格、氯化钾化肥价格、有机质价格、固碳价格、制造氧气价格、负氧离子产生费用、二氧化硫治理费用、氟化物治理费用、氮氧化物治理费用、降尘清理费用、炭黑尘污染收费标准、大气污染收费标准、排污收费标准

图1-8　中国森林生态系统服务功能评估数据来源

将上述3类数据源有机地耦合集成，应用于一系列的评估公式中，最终获得中国森林生态系统服务功能评估结果。

1.2.4 森林生态系统服务修正系数

在野外数据观测中，研究人员仅能够得到观测站点附近的实测生态数据，对于无法实地观测到的数据，则需要一种方法对已经获得的参数进行修正，因此引入了森林生态系统服务修正系数（Forest Ecosystem Services Correction Coefficient，简称FES-CC）。FES-CC指评估林分生物量和实测林分生物量的比值，它反映森林生态系统服务评估区域森林的生态质量状况，还可以通过森林生态系统服务的变化修正森林生态服务的变化。

森林生态系统服务价值的合理测算对绿色国民经济核算具有重要意义，社会进步程度、经济发展水平、森林资源质量等对森林生态系统服务均会产生一定影响，而森林自身结构和功能状况则是体现森林生态系统服务可持续发展的基本前提。“修正”作为一种状态，表明系统各要素之间具有相对“融洽”的关系。当用现有的野外实测值不能代表同一生态单元同一目标优势树种（组）的结构或功能时，就需要采用森林生态系统服务修正系数客观地从生态学精度的角度反映同一优势树种（组）在同一区域的真实差异。其理论公式为：

$$FES\text{-}CC=\frac{B_e}{B_o}=\frac{BEF\times V}{B_o} \tag{1-1}$$

式中：$FES\text{-}CC$——森林生态系统服务修正系数；

B_e——评估林分的单位面积生物量（千克/立方米）；

B_o——实测林分的单位面积生物量（千克/立方米）；

BEF——蓄积量与生物量的转换因子；

V——评估林分蓄积量（立方米）。

实测林分的生物量可以通过森林生态连清的实测手段来获取，通过评估林分蓄积量和生物量转换因子（BEF），测算评估林分的生物量。

1.2.5 贴现率

森林生态系统服务价值量评估中，由物质量转换价值量时，部分价格参数并非评估年价格参数，因此，需要使用贴现率（discount rate）将非评估年份价格参数换算为评估年份价格参数以计算各项功能价值量的现价。

森林生态服务功能价值量评估中所使用的贴现率指将未来现金收益折合成现

在收益的比率，贴现率是一种存贷均衡利率，利率的大小主要根据金融市场利率来决定，其计算公式为：

$$t=(D_r+L_r)/2 \tag{1-2}$$

式中：t——存贷款均衡利率（%）；

D_r——银行的平均存款利率（%）；

L_r——银行的平均贷款利率（%）。

贴现率利用存贷款均衡利率，将非评估年份价格参数，逐年贴现至评估年的价格参数。贴现率的计算公式为：

$$d=(1+t_n)(1+t_{n+1})\cdots(1+t_m) \tag{1-3}$$

式中：d——贴现率；

t——存贷款均衡利率（%）；

n——价格参数可获得年份（年）；

m——评估年份（年）。

1.2.6　评估公式与模型包

1.2.6.1　保育土壤功能

森林凭借庞大的树冠、深厚的枯枝落叶层及强壮且成网络的根系截留了大气降水，减少或避免雨滴对土壤表层的直接冲击，有效地固持土体，降低了地表径流对土壤的冲蚀，使土壤流失量大大降低。而且森林的生长发育及其代谢产物不断对土壤产生物理及化学影响，参与土体内部的能量转换与物质循环，使土壤肥力提高，森林凋落物是土壤养分的主要来源之一（图1–9）。为此，本研究选用2个指标，即固土指标和保肥指标，以反映森林保育土壤功能。

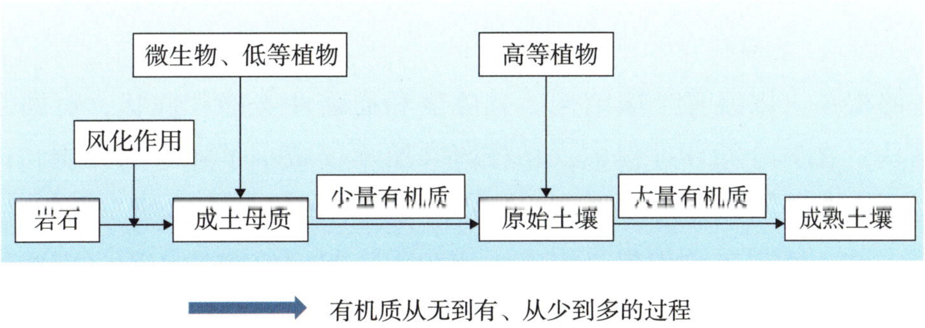

图1–9　植被对土壤形成的作用

1.2.6.1.1　固土指标

因为森林的固土功能是从地表土壤侵蚀程度表现出来的，所以可通过无林地土壤侵蚀程度和有林地土壤侵蚀程度之差来估算森林的固土量。该评估方法是目前国内外多数人使用并认可的。例如，日本在1972年、1978年和1991年评估森林防止土壤泥沙侵蚀效能时，都采用了有林地与无林地之间侵蚀对比的方法来计算。

（1）年固土量

林分年固土量公式为：

$$G_{固土}=A\times(X_2-X_1)\times F \quad (1-4)$$

式中：$G_{固土}$——评估林分年固土量（吨/年）；

X_1——实测林分有林地土壤侵蚀模数[吨/（公顷·年）]；

X_2——实测林分无林地土壤侵蚀模数[吨/（公顷·年）]；

A——林分面积（公顷）；

F——森林生态系统服务修正系数。

（2）年固土价值

由于土壤侵蚀流失的泥沙淤积于水库中，减少了水库蓄积水的体积，因此本研究根据蓄水成本（替代工程法）计算林分年固土价值，公式为：

$$U_{固土}=A\times C_{土}(X_2-X_1)\times F\times d/\rho \quad (1-5)$$

式中：$U_{固土}$——评估林分年固土价值（元/年）；

X_1——实测林分有林地土壤侵蚀模数[吨/（公顷·年）]；

X_2——实测林分无林地土壤侵蚀模数[吨/（公顷·年）]；

$C_{土}$——挖取和运输单位体积土方所需费用（元/立方米）；

ρ——土壤容重（克/立方厘米）；

A——林分面积（公顷）；

F——森林生态系统服务修正系数；

d——贴现率。

1.2.6.1.2 保肥指标

林木的根系可以改善土壤结构、孔隙度和通透性等物理性状，有助于土壤形成团粒结构。在养分循环过程中，枯枝落叶层不仅减小了降水的冲刷和径流，而且还是森林生态系统养分归还的主要途径，可以增加土壤有机质、营养物质（氮、磷、钾等）和土壤碳库的积累，提高土壤肥力，起到保肥的作用。土壤侵蚀带走大量的土壤营养物质，根据氮、磷、钾等养分含量和森林减少的土壤损失量，可以估算出森林每年减少的养分流失量。因土壤侵蚀造成了氮、磷、钾大量流失，使土壤肥力下降，通过计算年固土量中氮、磷、钾的数量，再换算为化肥价格即为森林年保肥价值。

（1）年保肥量

林分年保肥量计算公式：

$$G_N=A\times N\times(X_2-X_1)\times F \tag{1-6}$$

$$G_P=A\times P\times(X_2-X_1)\times F \tag{1-7}$$

$$G_K=A\times K\times(X_2-X_1)\times F \tag{1-8}$$

$$G_{有机质}=A\times M\times(X_2-X_1)\times F \tag{1-9}$$

式中：G_N——评估林分固持土壤而减少的氮流失量（吨/年）；

G_P——评估林分固持土壤而减少的磷流失量（吨/年）；

G_K——评估林分固持土壤而减少的钾流失量（吨/年）；

$G_{有机质}$——评估林分固持土壤而减少的有机质流失量（吨/年）；

X_1——实测林分有林地土壤侵蚀模数［吨/（公顷·年）］；

X_2——实测林分无林地土壤侵蚀模数［吨/（公顷·年）］；

N——实测林分中土壤含氮量（%）；

P——实测林分中土壤含磷量（%）；

K——实测林分中土壤含钾量（%）；

M——实测林分中土壤有机质含量（%）；

A——林分面积（公顷）；

F——森林生态系统服务修正系数。

（2）年保肥价值

年固土量中氮、磷、钾的数量换算成化肥即为林分年保肥价值。本研究的林分年保肥价值以固土量中的氮、磷、钾数量折合成磷酸二铵化肥和氯化钾化肥的价值来体现。公式为：

$$U_{肥}=A\times(X_2-X_1)\times\left(\frac{N\times C_1}{R_1}+\frac{P\times C_1}{R_2}+\frac{K\times C_2}{R_3}+M\times C_3\right)F\times d \tag{1-10}$$

式中：$U_{肥}$——评估林分年保肥价值（元/年）；

X_1——实测林分有林地土壤侵蚀模数［吨/（公顷·年）］；

X_2——实测林分无林地土壤侵蚀模数［吨/（公顷·年）］；

N——实测林分中土壤含氮量（%）；

P——实测林分中土壤含磷量（%）；

K——实测林分中土壤含钾量（%）；

M——实测林分中土壤有机质含量（%）；

R_1——磷酸二铵化肥含氮量（%）；

R_2——磷酸二铵化肥含磷量（%）；

R_3——氯化钾化肥含钾量（%）；

C_1——磷酸二铵化肥价格（元/吨）；

C_2——氯化钾化肥价格（元/吨）；

C_3——有机质价格（元/吨）；

A——林分面积（公顷）；

F——森林生态系统服务修正系数；

d——贴现率。

1.2.6.2 林木养分固持功能

森林植被不断从周围环境吸收营养物质固定在植物体中，成为全球生物化学循环不可缺少的环节。本研究选用林木固持氮、磷、钾指标来反映林木养分固持功能。

1.2.6.2.1 林木年养分固持量

公式为：

$$G_{氮}=A\times N_{营养}\times B_{年}\times F \tag{1-11}$$

$$G_{磷}=A\times P_{营养}\times B_{年}\times F \tag{1-12}$$

$$G_{钾}=A\times K_{营养}\times B_{年}\times F \tag{1-13}$$

式中：$G_{氮}$——评估林分年氮固持量（吨/年）；

$G_{磷}$——评估林分年磷固持量（吨/年）；

$G_{钾}$——评估林分年钾固持量（吨/年）；

$N_{营养}$——实测林木氮元素含量（%）；

$P_{营养}$——实测林木磷元素含量（%）；

$K_{营养}$——实测林木钾元素含量（%）；

$B_{年}$——实测林分年净生产力［吨/（公顷·年）］；

A——林分面积（公顷）；

F——森林生态系统服务修正系数。

1.2.6.2.2 林木年养分固持价值

采取把营养物质折合成磷酸二铵化肥和氯化钾化肥方法计算林木营养积累价值，计算公式为：

$$U_{营养}=A\times B\times\left(\frac{N_{营养}\times C_1}{R_1}+\frac{P_{营养}\times C_1}{R_2}+\frac{K_{营养}\times C_2}{R_3}\right)\times F\times d \tag{1-14}$$

式中：$U_{营养}$——评估林分氮、磷、钾固持价值（元/年）；

$N_{营养}$——实测林木氮元素含量（%）；

$P_{营养}$——实测林木磷元素含量（%）；

$K_{营养}$——实测林木钾元素含量（%）；

R_1——磷酸二铵含氮量（%）；

R_2——磷酸二铵含磷量（%）；

R_3——氯化钾含钾量（%）；

C_1——磷酸二铵化肥价格（元/吨）；

C_2——氯化钾化肥价格（元/吨）；

B——实测林分年净生产力［吨/（公顷·年）］；

A——林分面积（公顷）；

F——森林生态系统服务修正系数；

d——贴现率。

1.2.6.3 涵养水源功能

森林涵养水源功能主要是指森林对降水的截留、吸收和贮存，将地表水转为地表径流或地下水的作用（图1-10）。本研究选定调节水量和净化水质2个指标，以反映森林的涵养水源功能。

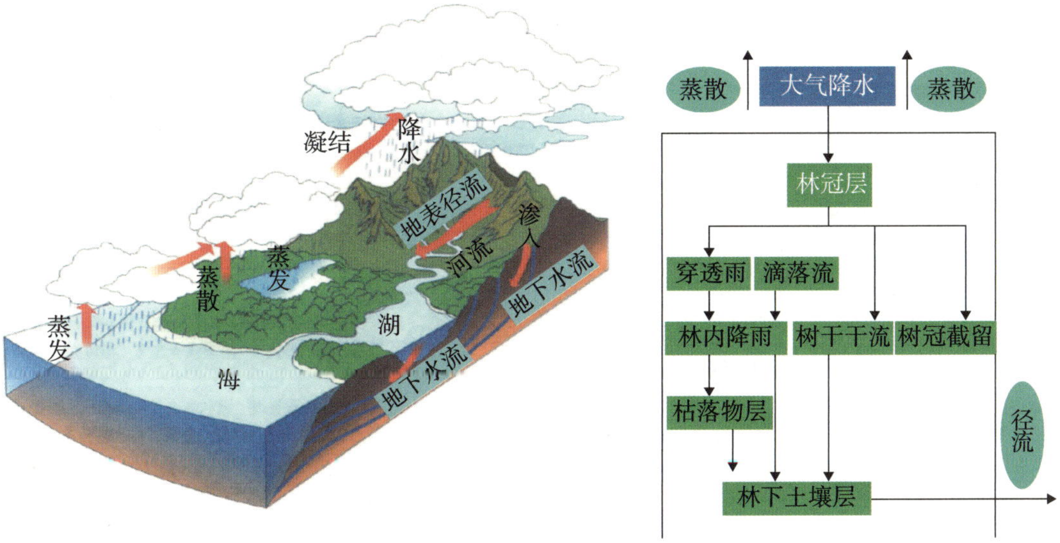

图1-10 全球水循环及森林对降水的再分配示意

1.2.6.3.1 调节水量指标

（1）年调节水量

森林生态系统年调节水量公式为：

$$G_{调}=10A\times(P-E-C)\times F \tag{1-15}$$

式中：$G_{调}$——评估林分年调节水量（立方米/年）；

P——实测林外降水量（毫米/年）；

E——实测林分蒸散量（毫米/年）；

C——实测地表快速径流量（毫米/年）；

A——林分面积（公顷）；

F——森林生态功能修正系数。

（2）年调节水量价值

由于森林对水量主要起调节作用，与水库的功能相似。因此，本研究中森林生态系统调节水量价值依据水库工程的蓄水成本（替代工程法）来确定，采用如下公式计算：

$$U_{调}=10C_{库}\times A\times(P-E-C)\times F\times d \quad (1-16)$$

式中：$U_{调}$——评估林分年调节水量价值（元/年）；

$C_{库}$——水资源市场交易价格（元/立方米）；

P——实测林外降水量（毫米/年）；

E——实测林分蒸散量（毫米/年）；

C——实测地表快速径流量（毫米/年）；

A——林分面积（公顷）；

F——森林生态系统服务修正系数；

d——贴现率。

1.2.6.3.2 净化水质指标

（1）年净化水量

净化水质包括净化水量和净化水质价值两个方面。本研究采用年调节水量的公式：

$$G_{净}=10A\times(P-E-C)\times F \quad (1-17)$$

式中：$G_{净}$——评估林分年净化水量（立方米/年）；

P——实测林外降水量（毫米/年）；

E——实测林分蒸散量（毫米/年）；

C——实测地表快速径流量（毫米/年）；

A——林分面积（公顷）；

F——森林生态系统服务修正系数。

（2）净化水质价值

采用如下公式计算：

$$U_{水质}=10K_{水}\times(P-E-C)\times F\times d \quad (1-18)$$

式中：$U_{水质}$——评估林分净化水质价值（元/年）；

$K_{水}$——水污染物应纳税额（元/立方米）；

P——实测林外降水量（毫米/年）；

E——实测林分蒸散量（毫米/年）；

C——实测地表快速径流量（毫米/年）；

F——森林生态系统服务修正系数；

d——贴现率。

$$K_{水}=(\rho_{大气降水}-\rho_{径流})/N_{水}\times K \quad (1\text{–}19)$$

式中：$K_{水}$——水污染物应纳税额（元/立方米）；

$\rho_{大气降水}$——大气降水中某一水污染物浓度（毫克/升）；

$\rho_{径流}$——森林地下径流中某一水污染物浓度（毫克/升）；

$N_{水}$——水污染物污染当量值（千克）；

K——税额（元）。

1.2.6.4　固碳释氧功能

森林与大气的物质交换主要是二氧化碳与氧气的交换，即森林固定并减少大气中的二氧化碳和提高并增加大气中的氧气（图1–11），这对维持大气中的二氧化碳和氧气动态平衡、减少温室效应以及为人类提供生存的基础都有巨大和不可替代的作用。为此，本研究选用固碳、释氧2个指标反映森林生态系统固碳释氧功能。根据光合作用化学反应式，森林植被每积累1.00克干物质，可以吸收（固定）1.63克二氧化碳，释放1.19克氧气。本研究通过森林的固碳（植被固碳和土壤固碳）功能和释氧功能2个指标计量固碳释氧物质量。

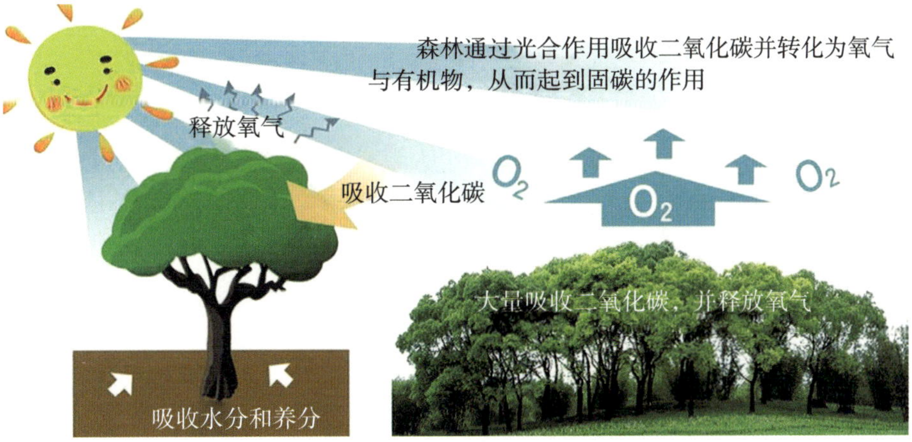

图1–11　森林生态系统固碳释氧作用

1.2.6.4.1　固碳指标

根据光合作用和呼吸作用方程式确定森林每年生产1吨干物质固定吸收二氧化

碳的量，再根据树种的年净初级生产力计算出森林每年固定二氧化碳的总量。

（1）植被和土壤年固碳量

公式为：

$$G_{碳}=A\times(1.63R_{碳}\times B_{年}+F_{土壤碳})\times F \tag{1-20}$$

式中：$G_{碳}$——评估林分年固碳量（吨/年）；

$B_{年}$——实测林分年净生产力［吨/（公顷·年）］；

$F_{土壤碳}$——单位面积林分土壤年固碳量［吨/（公顷·年）］；

$R_{碳}$——二氧化碳中碳的含量，为27.27%；

A——林分面积（公顷）；

F——森林生态系统服务修正系数。

公式计算得出森林的潜在年固碳量，再从其中减去由于森林年采伐造成的生物量移出从而损失的碳量，即为森林的实际年固碳量。

（2）年固碳价值

林分植被和土壤年固碳价值的计算公式为：

$$U_{碳}=A\times C_{碳}(1.63R_{碳}\times B_{年}+F_{土壤碳})F\times d \tag{1-21}$$

式中：$U_{碳}$——评估林分年固碳价值（元/年）；

$B_{年}$——实测林分年净生产力［吨/（公顷·年）］；

$F_{土壤碳}$——单位面积林分土壤年固碳量［吨/（公顷·年）］；

$C_{碳}$——固碳价格（元/吨）；

$R_{碳}$——二氧化碳中碳的含量，为27.27%；

A——林分面积（公顷）；

F——森林生态系统服务修正系数；

d——贴现率。

公式得出森林的潜在年固碳价值，再从其中减去由于森林年采伐消耗量造成的碳损失，即为森林的实际年固碳价值。

1.2.6.4.2 释氧指标

（1）年释氧量

公式为：

$$G_{氧气}=1.19A\times B_{年}\times F \tag{1-22}$$

式中：$G_{氧气}$——评估林分年释氧量（吨/年）；

$B_{年}$——实测林分年净生产力［吨/（公顷·年）］；

A——林分面积（公顷）；

F——森林生态功能修正系数。

（2）年释氧价值

公式为：

$$U_{\text{氧}}=1.19\times C_{\text{氧}}\times A\times B_{\text{年}}\times F\times d \tag{1-23}$$

式中：$U_{\text{氧}}$——评估林分年释氧价值（元/年）；

$B_{\text{年}}$——实测林分年净生产力［吨/（公顷·年）］；

$C_{\text{氧}}$——制造氧气的价格（元/吨）；

A——林分面积（公顷）；

F——森林生态系统服务修正系数；

d——贴现率。

1.2.6.5 净化大气环境功能

近年雾霾天气频繁、大范围的出现，使空气质量状况成为民众和政府部门的关注焦点，大气颗粒物（如 PM_{10}、$PM_{2.5}$）被认为是造成雾霾天气的罪魁出现在人们的视野中。如何控制大气污染、改善空气质量成为科学研究的热点。

森林能有效吸收有害气体、吸滞粉尘、降低噪音、提供负离子等，从而起到净化大气作用（图1–12）。为此，本研究选取提供负离子、吸收气体污染物（二氧化硫、氟化物和氮氧化物）、滞尘、滞纳PM_{10}和$PM_{2.5}$等7个指标反映森林净化大气环境能力。

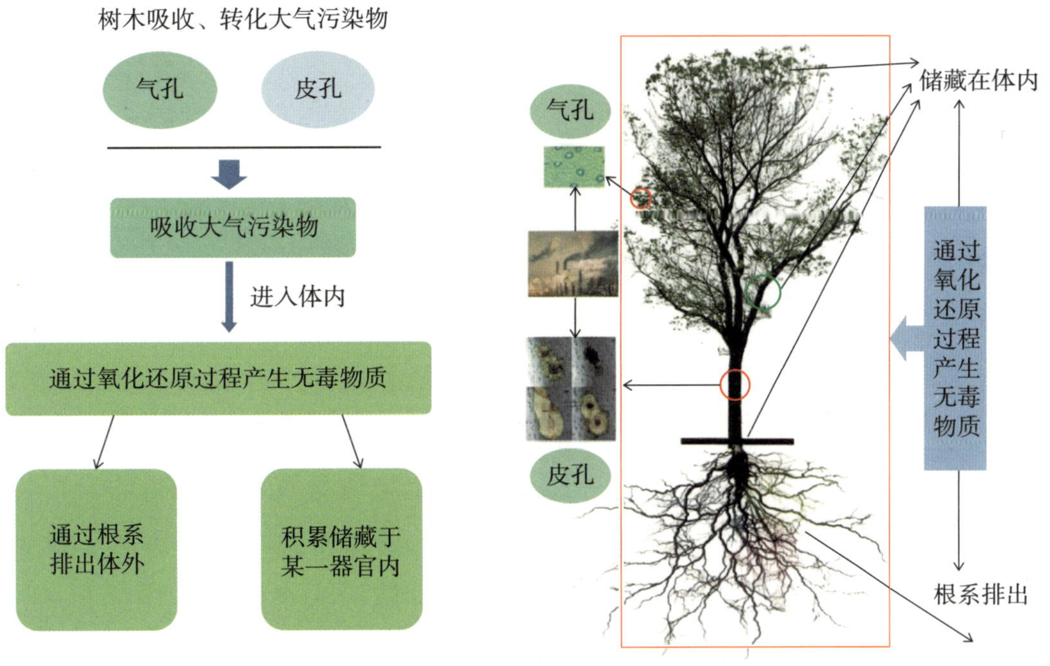

图1–12 树木吸收空气污染物示意

1.2.6.5.1 提供负离子指标

（1）年提供负离子量

公式为：

$$G_{负离子}=5.256\times10^{15}\times Q_{负离子}\times A\times H\times F/L \qquad (1\text{-}24)$$

式中：$G_{负离子}$——评估林分年提供负离子个数（个/年）；

$Q_{负离子}$——实测林分负离子浓度（个/立方厘米）；

H——林分高度（米）；

L——负离子寿命（分钟）；

A——林分面积（公顷）；

F——森林生态功系统服务修正系数。

（2）年提供负离子价值

国内外研究证明，当空气中负离子达到600个/立方厘米以上时，才能有益人体健康，所以林分年提供负离子价值采用如下公式计算：

$$U_{负离子}=5.256\times10^{15}\times A\times H\times K_{负离子}(Q_{负离子}-600)\times F\times d/L \qquad (1\text{-}25)$$

式中：$U_{负离子}$——评估林分年提供负离子价值（元/年）；

$K_{负离子}$——负离子生产费用（元/吨）；

$Q_{负离子}$——实测林分负离子浓度（个/立方厘米）；

L——负离子寿命（分钟）；

H——林分高度（米）；

A——林分面积（公顷）；

F——森林生态系统服务修正系数；

d——贴现率。

1.2.6.5.2 吸收气体污染物指标

二氧化硫、氟化物和氮氧化物是大气污染物的主要物质（图1-13）。因此，本研究选取森林吸收二氧化硫、氟化物和氮氧化物3个指标核算森林吸收气体污染物的能力。森林对二氧化硫、氟化物和氮氧化物的吸收，可使用面积-吸收能力法、阈值法、叶干质量估算法等。本研究采用面积-吸收能力法核算森林吸收气体污染物的总量，采用应税污染物法核算价值量。

图1-13 污染气体的来源及危害

（1）吸收二氧化硫

①林分年吸收二氧化硫量计算公式：

$$G_{二氧化硫}=Q_{二氧化硫}\times A\times F/1000 \quad （1–26）$$

式中：$G_{二氧化硫}$——评估林分年吸收二氧化硫量（吨/年）；

$Q_{二氧化硫}$——单位面积实测林分年吸收二氧化硫量［千克/（公顷·年）］；

A——林分面积（公顷）；

F——森林生态系统服务修正系数。

②林分年吸收二氧化硫价值计算公式：

$$U_{二氧化硫}=Q_{二氧化硫}/N_{二氧化硫}\times K\times A\times F\times d \quad （1–27）$$

式中：$U_{二氧化硫}$——评估林分年吸收二氧化硫价值（元/年）；

$Q_{二氧化硫}$——单位面积实测林分年吸收二氧化硫量［千克/（公顷·年）］；

$N_{二氧化硫}$——二氧化硫污染当量值（千克）；

K——税额（元）；

A——林分面积（公顷）；

F——森林生态系统服务修正系数；

d——贴现率。

（2）吸收氟化物

①林分吸收氟化物年量计算公式：

$$G_{氟化物}=Q_{氟化物}\times A\times F/1000 \quad （1–28）$$

式中：$G_{氟化物}$——评估林分年吸收氟化物量（吨/年）；

$Q_{氟化物}$——单位面积实测林分年吸收氟化物量［千克/（公顷·年）］；

A——林分面积（公顷）；

F——森林生态修正系数。

②林分年吸收氟化物价值计算公式：

$$U_{氟化物}=Q_{氟化物}/N_{氟化物}\times K\times A\times F\times d \quad （1–29）$$

式中：$U_{氟化物}$——评估林分年吸收氟化物价值（元/年）；

$Q_{氟化物}$——单位面积实测林分年吸收氟化物量［千克/（公顷·年）］；

$N_{氟化物}$——氟化物污染当量值（千克）；

K——税额（元）；

A——林分面积（公顷）；

F——森林生态系统服务修正系数；

d——贴现率。

（3）吸收氮氧化物

①林分氮氧化物年吸收量计算公式：

$$G_{氮氧化物}=Q_{氮氧化物}\times A\times F/1000 \quad (1\text{-}30)$$

式中：$G_{氮氧化物}$——评估林分年吸收氮氧化物量（吨/年）；

$Q_{氮氧化物}$——单位面积实测林分年吸收氮氧化物量［千克/（公顷·年）］；

A——林分面积（公顷）；

F——森林生态系统服务修正系数。

②年吸收氮氧化物量价值计算公式：

$$U_{氮氧化物}=Q_{氮氧化物}/N_{氮氧化物}\times K\times A\times F\times d \quad (1\text{-}31)$$

式中：$U_{氮氧化物}$——评估林分年吸收氮氧化物价值（元/年）；

$Q_{氮氧化物}$——单位面积实测林分年吸收氮氧化物量［千克/（公顷·年）］；

$N_{氮氧化物}$——氮氧化物污染当量值（千克）；

K——税额（元）；

A——林分面积（公顷）；

F——森林生态系统服务修正系数；

d——贴现率。

1.2.6.5.3 滞尘指标

森林有阻挡、过滤和吸附粉尘的作用，可提高空气质量。因此滞尘功能是森林生态系统重要的服务功能之一。鉴于近年来人们对 PM_{10} 和 $PM_{2.5}$ 的关注（图1-14），本研究在评估总滞尘量及其价值的基础上，将 PM_{10} 和 $PM_{2.5}$ 从总滞尘量中分离出来进行了单独的物质量和价值量评估。

（1）年总滞尘量

公式：

$$G_{TSP}=Q_{TSP}\times A\times F/1000 \quad (1\text{-}32)$$

式中：G_{TSP}——评估林分年潜在滞纳TSP（总悬浮颗粒物）量（吨/年）；

Q_{TSP}——单位面积实测林分年潜在滞纳TSP量［千克/（公顷·年）］；

A——林分面积（公顷）；

F——森林生态系统服务修正系数。

（2）年滞尘价值

本研究中，用应税污染物法计算林分滞纳 PM_{10} 和 $PM_{2.5}$ 的价值。其中，PM_{10} 和 $PM_{2.5}$ 采用炭黑尘（粒径0.4～1微米）污染当量值结合应税额度进行核算。林分滞纳其余颗粒物中一般性粉尘（粒径＜75微米）污染当量值结合应税额度进行核算。

年滞尘价值计算公式：

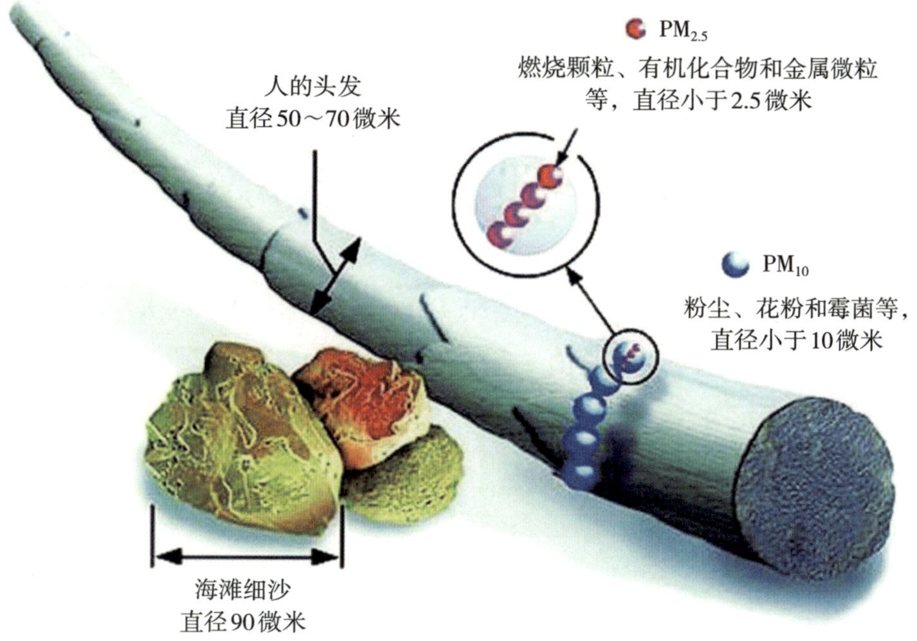

图1–14　$PM_{2.5}$颗粒直径示意

$$U_{滞尘}=(Q_{TSP}-Q_{PM_{10}}-Q_{PM_{2.5}})/N_{一般性粉尘}\times K\times A\times F\times d+U_{PM_{10}}+U_{PM_{2.5}} \tag{1-33}$$

式中：$U_{滞尘}$——评估林分年潜在滞尘价值（元/年）；

Q_{TSP}——单位面积评估林分年潜在滞纳TSP量［千克/（公顷·年）］；

$Q_{PM_{10}}$——单位面积评估林分年潜在滞纳PM_{10}量［千克/（公顷·年）］；

$Q_{PM_{2.5}}$——单位面积评估林分年潜在滞纳$PM_{2.5}$量［千克/（公顷·年）］；

$N_{一般性粉尘}$——一般性粉尘污染当量值（千克）；

K——税额（元）；

A——林分面积（公顷）；

F——森林生态系统服务修正系数；

$U_{PM_{10}}$——评估林分年滞纳PM_{10}价值［元/千克］；

$U_{PM_{2.5}}$——评估林分年滞纳$PM_{2.5}$价值［元/千克］；

d——贴现率。

1.2.6.5.4　滞纳$PM_{2.5}$

（1）年滞纳$PM_{2.5}$量

$$G_{PM_{2.5}}=10\times Q_{PM_{2.5}}\times A\times n\times F\times LAI \tag{1-34}$$

式中：$G_{PM_{2.5}}$——评估林分年潜在滞纳$PM_{2.5}$量（千克/年）；

$Q_{PM_{2.5}}$——实测林分单位叶面积滞纳$PM_{2.5}$量（克/平方米）；

A——林分面积（公顷）；

F——森林生态系统服务修正系数；

n——年洗脱次数（次）；

LAI——叶面积指数。

（2）年滞纳$PM_{2.5}$价值

$$U_{PM_{2.5}}=10\times Q_{PM_{2.5}}/N_{炭黑尘}\times K\times A\times n\times F\times LAI\times d \quad (1-35)$$

式中：$U_{PM_{2.5}}$——评估林分年潜在滞纳$PM_{2.5}$价值（元/年）；

$Q_{PM_{2.5}}$——实测林分单位叶面积滞纳$PM_{2.5}$量（克/平方米）；

$N_{炭黑尘}$——炭黑尘污染当量值（千克）；

K——税额（元）；

A——林分面积（公顷）；

F——森林生态系统服务修正系数；

n——年洗脱次数（次）；

LAI——叶面积指数；

d——贴现率。

1.2.6.5.5 滞纳PM_{10}

（1）年滞纳PM_{10}量

$$G_{PM_{10}}=10\times Q_{PM_{10}}\times A\times n\times F\times LAI \quad (1-36)$$

式中：$G_{PM_{10}}$——评估林分年潜在滞纳PM_{10}量（千克/年）；

$Q_{PM_{10}}$——实测林分单位叶面积滞纳PM_{10}量（克/平方米）；

A——林分面积（公顷）；

F——森林生态系统服务修正系数；

n——年洗脱次数（次）；

LAI——叶面积指数。

（2）年滞纳PM_{10}价值

$$U_{PM_{10}}=10\times Q_{PM_{10}}/N_{炭黑尘}\times K\times A\times n\times F\times LAI\times d \quad (1-37)$$

式中：$U_{PM_{10}}$——评估林分年潜在滞纳PM_{10}价值（元/年）；

$Q_{PM_{10}}$——实测林分单位叶面积滞纳PM_{10}量（克/平方米）；

$N_{炭黑尘}$——炭黑尘污染当量值（千克）；

K——税额（元）；

A——林分面积（公顷）；

F——森林生态系统服务修正系数；

n——年洗脱次数（次）；

LAI——叶面积指数；

d——贴现率。

1.2.6.6　森林防护功能

植被根系能够固定土壤，改善土壤结构，降低土壤的裸露程度；植被地上部分能够增加地表粗糙程度，降低风速，阻截风沙。地上地下的共同作用能够减弱风的强度和扶沙能力，减少因风蚀导致的土壤流失和风沙危害。

（1）防风固沙量

$$G_{防风固沙}=A_{防风固沙}\times(Y_2-Y_1)\times F \tag{1-38}$$

式中：$G_{防风固沙}$——评估林分防风固沙物质量（吨/年）；

Y_1——有林地风蚀模数［吨/（公顷·年）］；

Y_2——无林地风蚀模数［吨/（公顷·年）］；

$A_{防风固沙}$——防风固沙林面积（公顷）；

F——森林生态系统服务修正系数。

（2）防风固沙价值

$$U_{防风固沙}=K_{防风固沙}\times A_{防风固沙}\times(Y_2-Y_1)\times F\times d \tag{1-39}$$

式中：$U_{防风固沙}$——评估林分防风固沙价值量（元/年）；

$K_{防风固沙}$——固沙成本（元/吨）；

Y_1——有林地风蚀模数［吨/（公顷·年）］；

Y_2——无林地风蚀模数［吨/（公顷·年）］；

$A_{防风固沙}$——防风固沙林面积（公顷）；

F——森林生态系统服务修正系数；

d——贴现率。

（3）农田防护价值

$$U_{农田防护}=V\times M\times K \tag{1-40}$$

式中：$U_{农田防护}$——评估林分农田防护功能的价值量（元/年）；

V——农作物、牧草价格（元/千克）；

M——农作物、牧草平均增产量（千克/年）；

K——平均1公顷农田防护林能够实现农田防护面积为19公顷。

1.2.6.7　生物多样性保护功能

①植物物种保育

生物多样性维护了自然界的生态平衡，并为人类的生存提供了良好的环境条件。生物多样性是生态系统不可缺少的组成部分，对生态系统服务的发挥具有十分重要的作用。Shannon-Wiener指数是反映森林中物种的丰富度和分布均匀程度的经典指标。传统Shannon-Wiener指数对生物多样性保护等级的界定不够全面。本研究采用特有种指数、濒危指数及古树年龄指数进行生物多样性保护功能评估（表1-1至表1-3），以利于生物资源的合理利用和相关部门保护工作的合理分配。

生物多样性保护功能评估公式：

$$U_{生}=\left(1+0.1\sum_{m=1}^{x}E_m+0.1\sum_{n=1}^{y}B_n+0.1\sum_{r=1}^{z}O_r\right)\times S_{生}\times A \tag{1-41}$$

式中：$U_{生}$——评估林分年生物多样性保护价值（元/年）；

E_m——评估林分（或区域）内物种m的濒危指数（表1-1）；

B_n——评估林分（或区域）内物种n的特有种指数（表1-2）；

O_r——评估林分（或区域）内物种r的古树年龄指数（表1-3）；

x——计算濒危物种数量；

y——计算特有种物种数量；

z——计算古树物种数量；

$S_{生}$——单位面积物种多样性保护价值量［元/（公顷·年）］；

A——林分面积（公顷）。

本研究根据Shannon-Wiener指数计算生物多样性保护价值，共划分7个等级：

当指数＜1时，为3000元/（公顷·年）；

当1≤指数＜2时，为5000元/（公顷·年）；

当2≤指数＜3时，为10000元/（公顷·年）；

当3≤指数＜4时，为20000元/（公顷·年）；

当4≤指数＜5时，为30000元/（公顷·年）；

当5≤指数＜6时，为40000元/（公顷·年）；

当指数≥6时，为50000元/（公顷·年）。

表1-1　物种濒危指数体系

濒危指数	濒危等级	物种种类
4	极危	参见《中国物种红色名录》第一卷：红色名录
3	濒危	
2	易危	
1	近危	

表1–2　特有种指数体系

特有种指数	分布范围
4	仅限于范围不大的山峰或特殊的自然地理环境下分布
3	仅限于某些较大的自然地理环境下分布的类群，如仅分布于较大的海岛（岛屿）、高原、若干个山脉等
2	仅限于某个大陆分布的分类群
1	至少在2个大陆都有分布的分类群
0	世界广布的分类群

注：参见《植物特有现象的量化》（苏志尧，1999）。

表1–3　古树年龄指数体系

古树年龄	指数等级	来源及依据
100～299年	1	参见全国绿化委员会、原国家林业局文件《关于开展古树名木普查建档工作的通知》
300～499年	2	
≥500年	3	

②旗舰动物物种保育

野生动物是重要的自然资源，在人类社会发展中为人类提供了基本的食物、毛皮、药材、观赏等具有传统市场价值的商品，提供了教育科研等服务功能。同时，野生动物对生态系统的能量流和物质循环的维持起着重要作用，其生态服务功能极其重要。它的生态价值主要体现在维持生态平衡和食物链的完整，如调节物质循环价值、种子传播价值、改善土壤价值和净化环境价值等，以及保持生物多样性（包含遗传多样性、物种多样性和生态系统多样性）。

本研究在Odum提出的能值理论基础上改进了受威胁和濒危物种价值评估方法，整个运算流程如下：首先，计算单个物种能值转换率，能值单位用太阳能焦耳（solar emjoules）单位表示，缩写sej；其次，构建不同濒危等级指数评估模型，并采用逐级分类筛选方式解决重复性计算问题；最后，通过社会经济环境系统的能值分析指标体系，计算中国能值/货币比率，从而得到不同濒危等级物种的能值货币价值。

$$U=\left(1+0.1\sum_{x=1}^{x}E_m+0.1\sum_{y=1}^{y}B_n\right)\times(x+y)\times\frac{\gamma}{\mathrm{EMR}}\times Z \qquad (1\text{–}42)$$

式中：U——特有物种、濒危和受威胁旗舰动物物种保育价值（元/年）；

E_m——评估区域内物种x的濒危指数（表1–1）；

B_n——评估区域内物种y的特有种指数（表1–2）；

x——纳入计算的濒危指数物种数；

y——纳入计算的中国特有种指数物种数；

γ——单个物种能值转换率（sej/种）；

EMR——全国的能值/货币［（sej/¥）/年］（表1–4）；

Z——特定区域内某种物种个体数量占全国同类个体数量的比重（%）。

在地球生物圈2×10^9年的地质进化历史中有1.5×10^9个物种形成，应用Brown等2010年的年地球生物圈能值基准值(15.2×10^{24}sej/年)，并以单个物种分布面积占地球表面积修正得到单个物种能值转换率，计算公式如下：

$$\gamma=\frac{E_b}{\frac{\mu}{\sigma}}\times\theta \tag{1-43}$$

式中：γ——单个物种的能值转换率（sej/种）；

E_b——地球生物圈年能值基准值（sej/年）；

μ——历史中物种形成数量（种）；

σ——地质年代的时间（年）；

θ——物种分布面积占地球表面积的比例（%）。

表1–4　中国社会、经济和环境系统能值分析表（2020年）

类别	项目	单位	2020年实际值	能值转换率	太阳能值
可更新能源	太阳能	焦耳	5.97×10^{22}	1	0.60×10^{23}
	雨水化学能	焦耳	3.03×10^{19}	1.54×10^4	4.67×10^{23}
	雨水势能	焦耳	8.86×10^{19}	8.89×10^3	7.88×10^{23}
	风能	焦耳	5.84×10^{19}	6.63×10^2	0.39×10^{23}
	地球循环能	焦耳	1.39×10^{19}	2.90×10^4	4.03×10^{23}
可更新资源产品	水力发电	千瓦·时	13.04×10^3	4.00×10^4	1.53×10^{23}
	林产品	$\times10^4$吨	8.76×10^2	3.49×10^4	0.04×10^{23}
	农产品	$\times10^4$吨	—	—	—
	稻谷	$\times10^4$吨	2.12×10^4	3.59×10^4	0.09×10^{23}
	小麦	$\times10^4$吨	1.34×10^4	6.80×10^4	0.21×10^{23}
	玉米	$\times10^4$吨	2.61×10^4	8.52×10^6	81.25×10^{23}
	豆类	$\times10^4$吨	2.29×10^{23}	8.30×10^4	0.01×10^{23}
	油料	$\times10^4$吨	3.56×10^3	6.90×10^5	5.32×10^{23}
	蔬菜	$\times10^4$吨	11.97×10^2	5.30×10^5	0.53×10^{23}
	水果	$\times10^4$吨	2.87×10^4	5.30×10^4	0.08×10^{23}

（续）

类别	项目	单位	2020年实际值	能值转换率	太阳能值
可更新资源产品	其他	$\times 10^4$吨	2.57×10^4	2.37×10^4	0.20×10^{23}
	畜牧品	$\times 10^4$吨	—	—	—
	肉类	$\times 10^4$吨	7.75×10^3	2.00×10^6	3.94×10^{23}
	奶类	$\times 10^4$吨	3.53×10^3	1.71×10^6	0.42×10^{23}
	禽蛋	$\times 10^4$吨	3.47×10^3	2.00×10^6	1.18×10^{23}
	羊毛	$\times 10^4$吨	35.7	4.40×10^6	0.24×10^{21}
	其他	$\times 10^4$吨	1.53	2.00×10^6	0.40×10^{20}
	水产品	$\times 10^4$吨	6.55×10^3	2.00×10^6	1.41×10^{23}
不可更新资源产品与消耗	原煤	$\times 10^4$吨	3.9×10^5	3.98×10^4	45.38×10^{23}
	石油	$\times 10^4$吨	6.45×10^4	5.30×10^4	14.74×10^{23}
	天然气	$\times 10^4$吨标准煤	4.18×10^4	4.80×10^4	5.88×10^{23}
	水力发电	$\times 10^4$吨标准煤	3.18×10^4	1.59×10^5	14.85×10^{23}
	钢铁	吨	13.25×10^{17}	1.98×10^{15}	2.62×10^{23}
	生铁	吨	8.89×10^7	1.00×10^{15}	0.89×10^{23}
	原盐	吨	5.58×10^7	1.00×10^{15}	0.56×10^{23}
	水泥	吨	2.39×10^9	1.98×10^{15}	47.42×10^{23}
	化肥	吨	5.5×10^7	4.77×10^{15}	2.62×10^{23}
	塑料	$\times 10^4$吨	10.54×10^3	6.60×10^4	3.00×10^{23}
	纸张	$\times 10^4$吨	12.7×10^3	3.49×10^4	0.53×10^{23}
	焦炭	$\times 10^4$吨	4.71×10^4	1.04×10^4	1.63×10^{23}
	农药	$\times 10^4$吨	2.15×10^2	1.97×10^6	1.88×10^{23}
	表土净损失	吨	1.07×10^5	6.25×10^4	0.67×10^{16}
货币流	GDP	美元	14.41×10^{12}	8.69×10^{12}	1253.76×10^{23}
	进口商品	美元	2.04×10^{11}	2.50×10^{12}	5.10×10^{23}
	国际旅游收入	美元	13.12×10^9	2.50×10^{12}	0.33×10^{23}
	利用外资	美元	14.43×10^{10}	2.50×10^{12}	3.60×10^{23}
	出口商品	美元	25.61×10^{11}	1.16×10^{12}	37.40×10^{23}
	对外劳务	美元	2.16×10^9	8.67×10^{12}	0.19×10[illegible]
废物流	废水	$\times 10^4$吨	5.55×10^6	6.66×10^5	1.84×10^{23}
	废气	$\times 10^4$吨	2.11×10^3	6.66×10^5	2.03×10^{23}
	固体废弃物	$\times 10^4$吨	3.68×10^5	1.80×10^6	48.25×10^{23}
总能值（去除重复项）					1608.29×10^{23}

1.2.6.8 林木产品供给功能

林木产品供给功能采用如下公式进行测算：

$$U_{林木产品}=U_{木材产品}+U_{非木材产品} \tag{1-44}$$

$$U_{木材产品}=\sum_{i}^{n}(A_i\times S_i\times U_i) \tag{1-45}$$

式中：$U_{林木产品}$——林木产品供给功能价值（元/年）；

$U_{木材产品}$——区域内年木材产品价值（元/年）；

A_i——第i种木材产品面积（公顷）；

S_i——第i种木材产品单位面积木材供应量［（立方米/（公顷·年）］；

U_i——第i种木材产品市场价格（元/立方米）。

$$U_{非木材产品}=\sum_{j}^{n}(A_j\times V_j\times P_j) \tag{1-46}$$

式中：$U_{非木材产品}$——区域内年非木材产品价值（元/年）；

A_j——第j种非木材产品种植面积（公顷）；

V_j——第j种非木材产品单位面积产量［（千克/（公顷·年）］；

P_j——第j种非木材产品市场价格（元/千克）。

1.2.6.9 森林康养功能

森林康养是指森林生态系统为人类提供休闲和娱乐场所所产生的价值，包括直接产值和带动的其他产业产值，直接产值采用林业旅游与休闲产值替代法进行核算。计算公式：

$$U_{康养}=(U_{直接}+U_{带动})\times 0.8 \tag{1-47}$$

式中：$U_{康养}$——森林康养价值量（元/年）；

$U_{直接}$——林业旅游与休闲产值，按照直接产值对待（元/年）；

$U_{带动}$——林业旅游与休闲带动的其他产业产值（元/年）；

0.8——森林公园接待游客量和创造的旅游产值约占森林旅游总规模的百分比。

1.2.6.10 森林生态系统服务功能总价值评估

森林生态系统服务功能总价值为上述分项价值量之和，公式：

$$U_I=\sum_{i=1}^{25}U_i \tag{1-48}$$

式中：U_I——森林生态系统服务功能总价值（元/年）；

U_i——森林生态系统服务功能各分项价值量（元/年）。

第2章

森林资源时空动态演变

森林资源是重要的自然资源和林业生态建设的基础，担负着维持国民经济可持续发展、保障人民生活水平稳步提升和保护生态环境的重要使命。森林资源是林业生态建设的重要物质基础，增加森林资源以及保障其稳定持续的发展是林业工作的出发点和落脚点。森林资源消长变化的驱动因子很多（图2-1），包括：森林资源自身生长和枯损的自然规律、自然的破坏、人为经营活动或破坏。森林资源在受到以上因素干扰时，其数量和质量始终处于动态变化中。只有对森林资源开展定期调查，及时地掌握森林资源状况和其消长变化动态，对于科学的经营、利用、保护和管理森林资源具有重要意义。本章依据国家历次森林资源清查期的统计数据和报告、《国家森林资源连续清查技术规定（2014）》《中国森林资源及其生态功能四十年监测与评估》《国家级公益林监测评价报告（2019年）》《退耕还林生态效益监测国家报告》《天然林资源保护工程东北、内蒙古重点国有林区效益监测国家报告（2015）》以及《国家生态屏障区生态系统评估》等报告和研究成果数据，详细阐述近四十年全国尺度森林资源时空动态变化和重点区域森林资源时空分布特征，以为今后森林的健康经营提供依据。

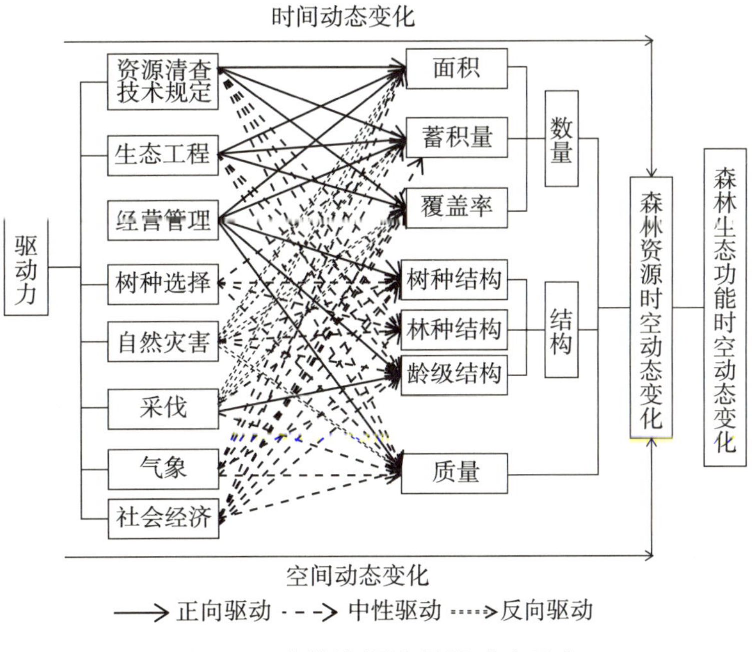

图2-1 森林资源消长驱动力示意

注：引自《中国森林资源及其生态功能四十年监测与评估》。

2.1 森林资源数量禀赋

2.1.1 全国森林资源数量禀赋

2.1.1.1 森林面积

新中国森林资源发展变化经历了过量消耗、治理恢复、快速增长的过程。新中国成立之初到20世纪70年代末，林业作为基础产业，从国家建设需要出发，首要任务是生产木材，森林资源曾出现消耗量大于生长量的状况，造成了20世纪70年代初到90年代初森林资源总体上呈缓慢增长趋势状况。在“普遍护林护山，大力植树造林，合理采伐利用”的方针指导下，森林面积稳步增长。综观近四十年林业政策的变化，大致可分为以下几个阶段。

①20世纪70年代左右，我国林业政策主要是森林采伐和培育相结合，森林采伐方面也由原来的大面积皆伐转变为采育择伐、二次渐伐和小面积皆伐。在这样的大趋势下，我国森林资源消耗过快的局面被逐渐扭转。

②20世纪80年代末期到90年代，我国进入了改革开放的过渡时期，国内开始从计划经济转向实施市场经济体制，一些企业为了自身的经济利益以及森林资源监管制度的自身短板，导致了森林资源被过度采伐，从而引起了森林资源生态效益、社会效益和经济效益的大幅度衰退。

③20世纪90年代末，我国遭受了森林资源破坏所带来的种种自然灾害，我国开始认识到森林资源对环境保护、生态建设的重要作用。我国政府痛定思痛，决定开始实行退耕还林、天然林资源保护等林业生态工程，国家林业局加大了森林资源采伐管理力度，严格控制森林采伐审批制度。森林资源的乱砍滥伐现象得到了有效控制，实现了我国以保护森林资源为主、合理利用为辅的森林经营体制。

④2000—2010年，进入21世纪，为了适应我国现代化建设和可持续发展的要求，我国政府及时调整了林业发展的思路，制定了新的林业政策。国家林业局在深入调研和总结国内外林业发展成功经验的基础上，将原有的林业工程项目重新整合为六大林业重点工程。提出了以实施六大工程为重点，带动我国林业跨越式发展的林业发展思路（王淼，2011）。

依据《中国森林资源及其生态功能四十年监测与评估》《国家森林资源连续清查技术规定（2014）》和《中国森林资源报告（2014—2018）》，我国近四十年森林面积的变化如图2-2所示，从第二次清查期开始，到第九次清查期，我国森林面积增长了1.05亿公顷，增长幅度为91.23%。驱动我国森林资源面积发生变化的主要原因有5个方面。

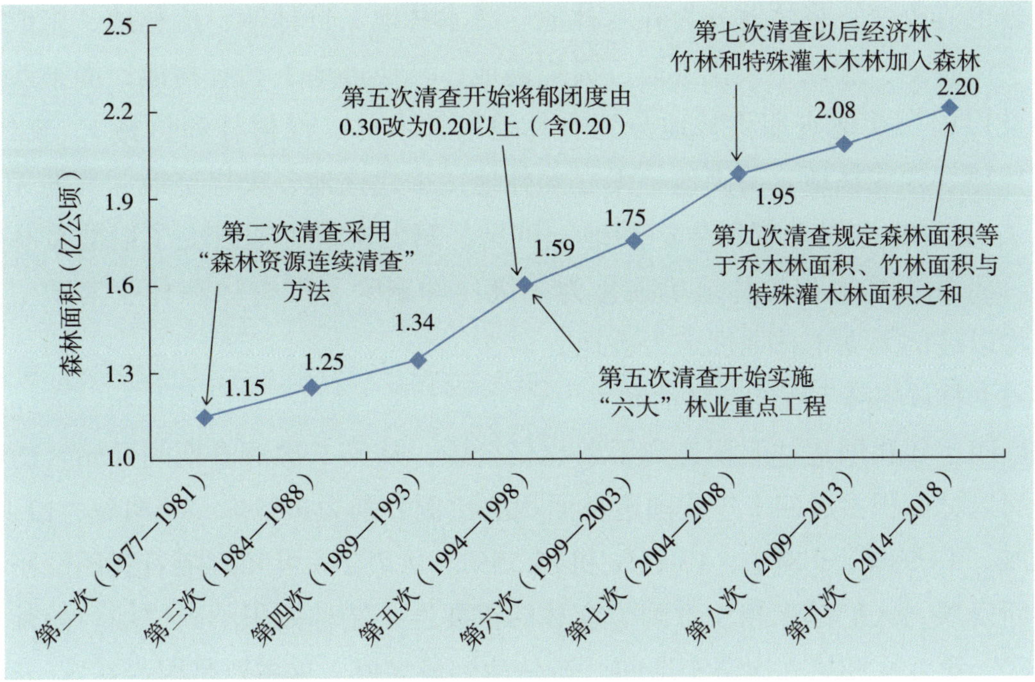

图2-2　历次清查期全国森林面积动态变化

（1）清查期间技术规定的改变

森林面积的增长与我国清查期间技术规定的变化有着直接的联系。第二次清查期比第一次清查期森林面积减少了658.26万公顷。其原因之一是调查方法差异，第一次清查侧重于查清全国森林资源现状，除部分地区按林班、小班开展资源调查外，大部分采用了抽样调查方法。第二次清查期采用世界公认的“森林资源连续清查”方法，以抽样技术为理论基础、以省（自治区、直辖市）为抽样总体的森林资源连续清查基本框架进行调查。另一个原因是国家施行的林业承包责任制度还存在不足，造成森林资源的减少。森林资源面积在第五次清查期有一个较大的飞跃，比前期增加了2523.74万公顷，其中一个主要原因是为了与国际标准接轨，第五次清查采用的标准是林业部1994年颁布的《国家森林资源连续清查主要技术规定》。该技术规定主要将有林地郁闭度的标准从以前的0.30以上（不含0.30）改为0.20以上（含0.20），导致森林面积增加。第五次清查期后，我国森林面积稳步增长，主要是历届政府对林业的重视，并展了各种增加森林面积的活动，特别是在全国范围实施的“六大”林业重点工程，极大提高了全国森林面积。第七次清查期间，将经济林、竹林和灌木林列入了森林的范畴，这是第七次清查期间森林面积增长的重要原因。第九次清查期规定森林面积等于乔木林面积、竹林面积与特殊灌木林面积之和，将经济林中属于乔木的划入乔木林面积，将经济林中属于灌木的划入特殊灌木林。此外，在第九次清查期对林业用地的地类划分也有改变，将林地分为乔木林地、灌木林地、竹林地、疏林地、未成林造林地、苗圃地、迹地（采伐迹地、火烧迹地、其他迹地）和宜林地，而第八次清查期及以前历次清查期将林地分为有林地（乔木林、红树林和竹林）、疏林地、灌木林地、未成林地、苗圃地、无立木林地（采伐迹地、火烧迹地、其他无立木林地）、宜林地和林业辅助生产用地。可见，第九次清查期改变了以前有林地的规定，将乔木林地和竹林地单独化为一级，并删除了红树林和林业辅助生产用地，将以往的无立木林地规定为迹地。

（2）林业生态工程的造林活动

近四十年我国造林面积达到了2.28亿公顷，从第二次清查期间开始，历次清查期间造林面积占近四十年我国造林面积的比例分别为9.85%、14.41%、12.19%、11.10%、13.98%、9.81%、13.11%和15.55%。从表2-1可知，随着我国经济社会的不断发展，人们越来越注意到了森林的重要性，造林面积不断增加。另外，在第三次、第六次和第九次清查期间，造林达到最大值，这主要是因为在这一时期，国家启动了诸多林业生态工程和新一轮退耕还林工程，并实施了国家级公益林成效评价，这些政策的变化都对造林面积的增加具有推动作用。

1979—1987年生态工程造林面积为1790.54万公顷；从第四次清查期间开始，历次清查期间生态工程造林面积分别为991.37万公顷、1474.52万公顷、2475.50万公顷、1688.98万公顷、2428.96万公顷和1762.57万公顷，分别占同期造林面积的35.71%、58.30%、77.73%、75.62%、81.33%和49.77%（表2-1）。另外，天然林资源保护工程、退耕还林工程、京津风沙源治理工程、三北及长江流域等重点防护林体系工程和速生丰产用材林建设工程造林面积所占比例分别为9.59%、12.54%、3.95%、25.14%和4.16%。从以上数据中可以看出，三北及长江流域等重点防护林体系工程、退耕还林工程和天然林资源保护工程对于我国森林面积的增长所起到的作用最大。

表2-1　我国历次清查期间造林面积

单位：万公顷

<table>
<tr><th rowspan="2">清查期</th><th rowspan="2">全国</th><th colspan="6">全国重点林业生态工程</th></tr>
<tr><th>天然林资源保护工程</th><th>退耕还林工程</th><th>京津风沙源治理工程</th><th>三北及长江流域等重点防护林体系工程</th><th>速生丰产用材林建设工程</th><th>总计</th></tr>
<tr><td>第二次（1979—1981）</td><td>2244.09</td><td rowspan="2">—</td><td rowspan="2">—</td><td rowspan="2">—</td><td rowspan="2">1334.53</td><td rowspan="2">456.01</td><td rowspan="2">1790.54</td></tr>
<tr><td>第三次（1984—1988）</td><td>3281.19</td></tr>
</table>

（续）

清查期	全国	全国重点林业生态工程					
		天然林资源保护工程	退耕还林工程	京津风沙源治理工程	三北及长江流域等重点防护林体系工程	速生丰产用材林建设工程	总计
第四次（1989—1993）	2776.01	—	—	13.28	926.59	51.5	991.37
第五次（1994—1998）	2529.26	29.04	—	92.09	1156.34	197.05	1474.52
第六次（1999—2003）	3184.88	339.64	1262.23	221.00	608.53	44.1	2475.50
第七次（2004—2008）	2233.60	358.3	841.22	207.52	272.34	9.60	1688.98
第八次（2009—2013）	2986.47	872.85	388.37	258.69	908.58	0.47	2428.96
第九次（2014—2018）	3541.53	584.35	363.47	107.74	518.18	188.83	1762.57

注：第二次和第三次清查期间的造林面积为国营造林面积。

退耕还林工程在长江中上游和黄河中上游造林面积分别为924.06万公顷和725.09公顷，分别占其流域内森林面积的13.98%和48.47%，从以上数据中可以看出，退耕还林工程造林对于我国森林资源增长的重要性，尤其是黄河流域，几乎占了一半的森林面积。

退耕还林工程在北方沙化土地区造林面积为1592.29万公顷，其中，在沙化土地上的造林面积为401.10万公顷，严重沙化土地上造林面积为300.61万公顷；截至2013年，防风固沙型生态功能区（图2-3）（新疆、内蒙古、宁夏、甘肃、陕西）的森林面积为723.00万公顷，退耕还林工程在沙化土地造林面积和严重沙化土地造林面积占防风固沙型功能区森林面积的比重分别为42.33%和38.87%，这足以说明我国退耕还林工程起到了极其重要的防风固沙功能，为我国的生态环境建设发挥了积极的作用。

截至2013年，天然林资源保护工程（图2-4）（以下简称“天保工程”）在东北、内蒙古重点国有林区的造林面积为7.35万公顷（国家林业科学数据平台），占东北、内蒙古重点国有林区所在省份自天保工程启动以来森林面积增加量的3%左右。同时，截至2015年，天保工程东北、内蒙古重点国有林区的管护面积为770.09万公顷，占东北、内蒙古重点国有林区所在省份森林面积和天然林面积的比重分别为16.47%和20.71%左右。从以上分析数据中可以看出，天保工程对于东北、内蒙古重点国有林区所在省份森林资源保护的重要性，尤其是对于天然林的保护作用更为明显。

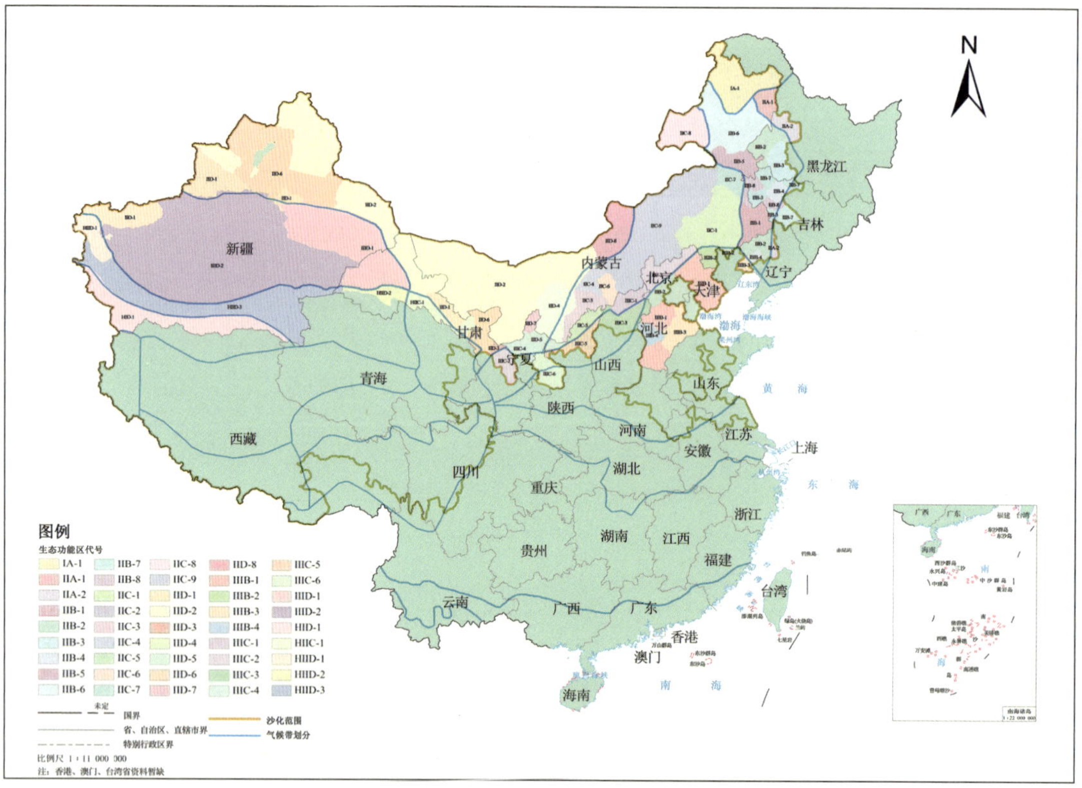

图2-3　北方沙化土地退耕还林工程生态功能区划示意图

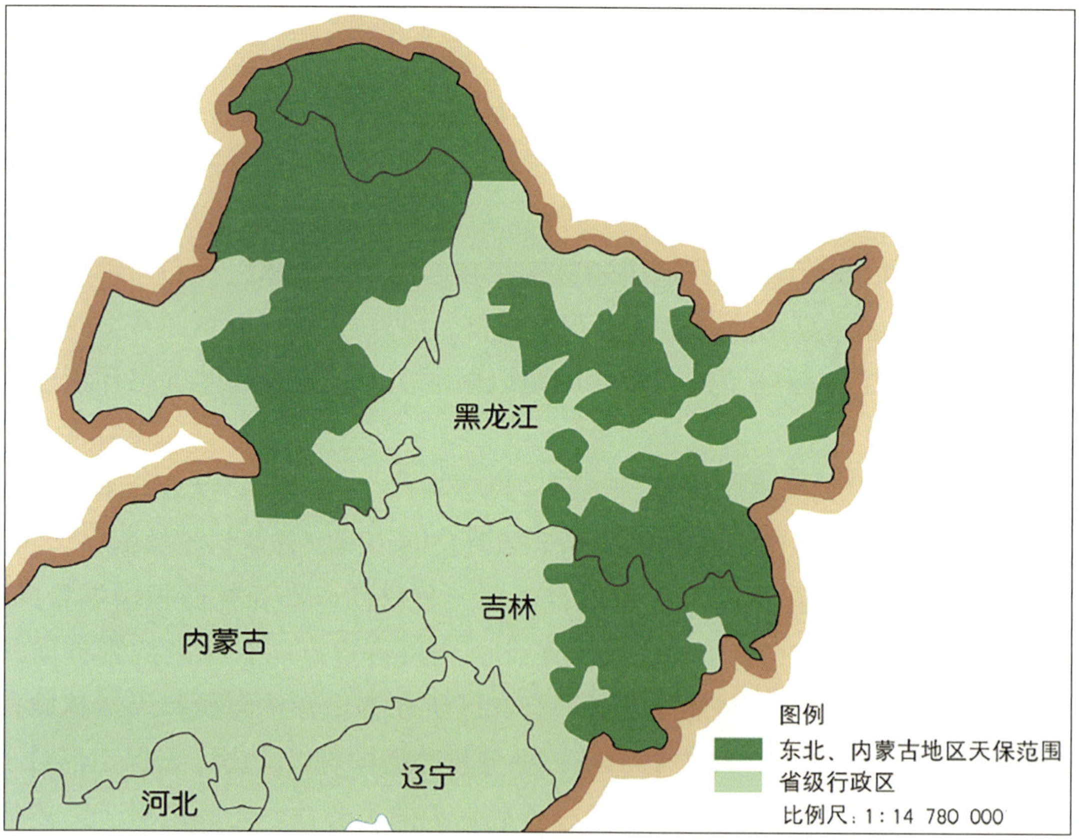

图2-4　东北、内蒙古重点国有林区天保工程范围示意图

（3）社会经济等其他因素

社会经济等因素亦会对森林资源的变化产生影响，人口数量、人口密度和经济发展水平是制约森林资源消长的重要因子。研究表明：农民人均家庭纯收入对有林地面积和活立木蓄积都具有显著的正向影响。这是因为农民收入水平的提高，会减少农民的生存压力，从而减少了毁林开荒的可能性以及对森林资源的过度依赖，这在很大程度上缓解了森林资源的压力。

①广东省林业用地面积总量在1983年到2005年之间，1987年最小，这是因为改革开放以来，随着人口的增加和经济的迅速发展，各项建设用地迅速增加，加上一些地方领导干部存在重耕地轻林地的错误思想，对林地的管理重视不够，没有把林地放在与耕地同等重要的位置来对待，造成全省林地面积逐年减少（国家林业局，2018）。

②20世纪90年代中后期，由于河北城市化进程快速发展，对建设用地需求的增加是减少林地面积的最主要因素。然而当工业化进入高度发展之后，对林木资源经济价值的需求仍然存在，同时对森林发挥生态功能的需求不断增加，二者共同作用拉动了林地面积的增长。

③2010—2015年，江苏乔木林地面积新增40.67万公顷。但是，苏北平原地区早期发展的杨树（*Populus*）林大面积进入采伐期，且杨树木材价格和同种植农作物相比比价效益明显下降，农民对耕地上和房前屋后栽植的杨树进行采伐后不再栽植，致使全省杨树林面积由2010年的82.63万公顷减少至2015年的53.90万公顷，年均净减率8.42%。

④随着沿海地区经济的发展，江西剩余劳动力向沿海转移，1995年全省第一产业和第三产业的劳动者比1980年分别下降了26.7%、14.0%。人口的下降，一定程度上削减了耕地开发对林地资源的侵占。1980—1995年江西林地面积增加近3.6万公顷。

（4）特定树种大面积种植

某些树种的大面积种植也是提升森林资源面积的重要原因之一。随着我国经济建设对木材需求的增加和天然林资源的减少，国家十分重视速生丰产林的建设。我国自20世纪50年代开始大面积营造人工林，到80年代把大面积营造速生丰产林作为解决木材不足的战略任务之一（国家林业局，2018）。20世纪80～90年代林业部先后实施了速生丰产用材林基地建设项目和中国国家造林项目，其中，杨树造林面积240多万亩①，分布在湖北、山东、河北等省。20世纪末21世纪初，由于改善气候环境的生态需求，造纸、板材、家具生产的工业原材料需求和农村产

① 1亩=1/15公顷，以下同。

业结构的调整，使杨树速生丰产栽培出现迅速发展的新局面。桉树（*Eucalyptus robusta*）是世界著名的速生树种，因其适应性强、容易繁育、用途广泛、经济价值高的特点而被许多国家和地区引种栽培。20世纪60年代中期，迎来了桉树引种和栽培造林的第一次高峰期；第二次高峰期出现在20世纪80年代中期，全国桉树人工林造林面积达到154.7万公顷，“四旁”种植18亿株（国家林业局，2018）。

2.1.1.2 森林蓄积

由图2-5可知，森林蓄积量由第二次清查期的90.28亿立方米，增加到第九次清查期的175.60亿立方米，40年的时间增加量为85.32亿立方米，增幅为94.51%；相对于第八次清查期，第九次清查期森林蓄积量增加了24.23亿立方米，增幅为16.01%。第二次至第三次清查期间，森林蓄积量增加缓慢，这一时期林业主要以木材生产为主，没有把全部资源当作经营对象来经营。尤其是建国初期，森林多是天然形成的，资源“无价”，可以随便砍伐，也不用计入生产成本，对森林资源采取掠夺式采伐。尽管这一时期也进行了各种造林、营林工程，如“三北”防护

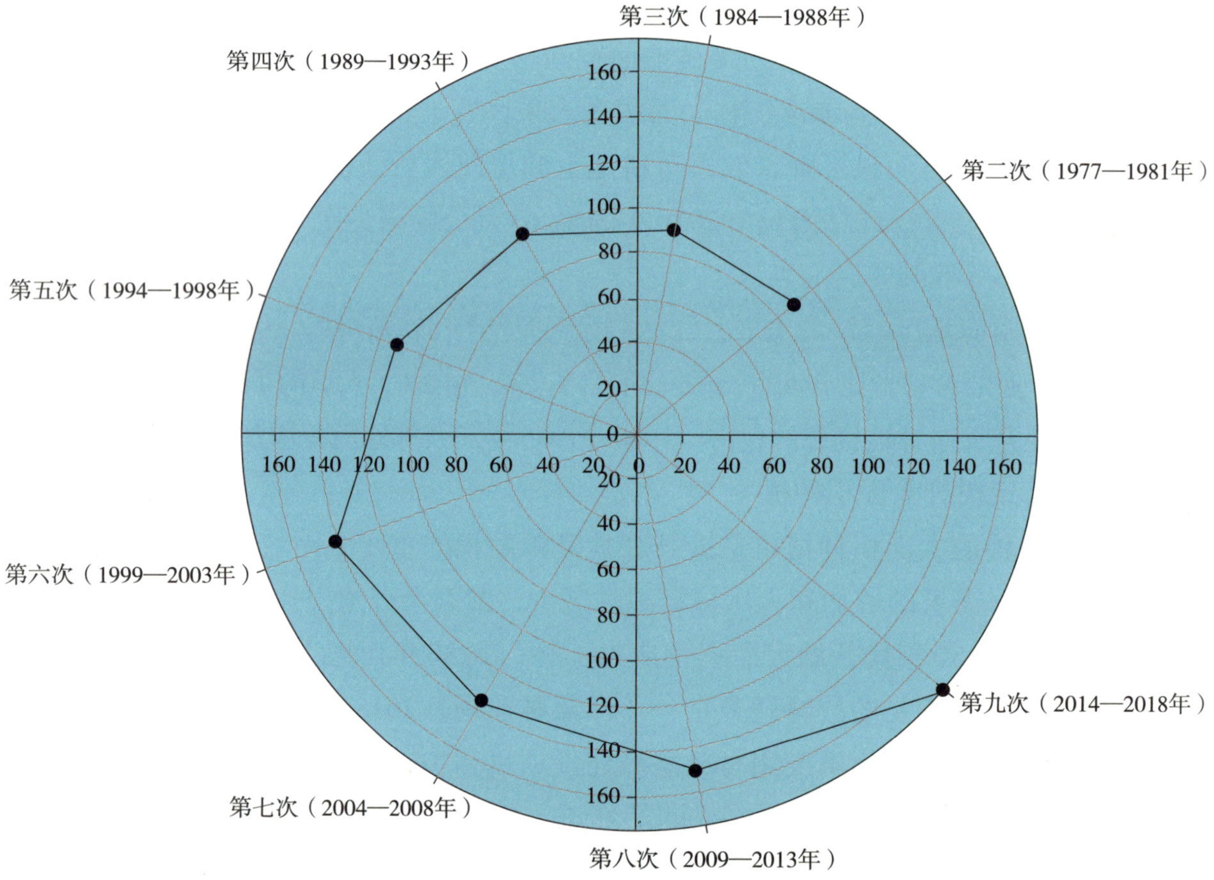

图2-5 历年全国清查森林蓄积量（单位：亿立方米）

林工程建设等，还是导致了林业战线的“两危”局面。第四次清查期间，我国实施林业分类经营、森林保护、限制采伐额度等政策，并加强了经营力度，使全国森林蓄积总量得以大幅度提高。相对于第八次清查期，第九次清查期森林蓄积量增加了24.23亿立方米，增幅为16.01%。

各林业生态工程的实施，在增大了森林面积的同时，也提升了我国森林蓄积量：截至2019年底，全国退耕还林面积达到3193.84万公顷，其中，退耕地还林面积1312.97万公顷，宜林荒山荒地造林面积1575.30万公顷，封山育林面积305.57万公顷。天然林保护工程的实施，使得我国防护林面积所占比重逐年上升，从第二次清查期的9.36%上升到了第九次清查期的49.37%，这对我国森林蓄积量的增长提供了重要的基础。自天保工程实施以来，我国天然林资源得到了有效保护和发展，天然林面积从1988年的8846.59万公顷逐年稳步增长到2018 年的14041.52万公顷，蓄积量从75.62亿立方米增长到141.18亿立方米。

部分速生树种的大面积推广，也是森林蓄积量增长的原因之一，例如：自2000年以来，随着木材需求量的日益增大，杨树人工林在我国北方发展极为迅速。以山东为例，2000 年其总面积和蓄积量分别为22.53万公顷、1544万立方米，2007年已达到89.33万公顷、4549万立方米，分别增加了296.5%和194.6%（贾黎明等，2013）。桉树是我国三大速生树种（桉树、杨树、松树）之一，桉树凭借速生的优势，当年营造即可达到当年成林的效果。所以，进入21世纪以来，桉树的种植面积大幅度增长，例如：广西自2001年开始，桉树的种植面积以每年200万亩（13.33万公顷）的速度增长，更为显著的是从2005年到2009年，其蓄积量增长了近6倍，2018年广西桉树面积达256.05万公顷，蓄积量为1.10亿立方米。

我国森林蓄积的变化主要是由每年蓄积增加量和蓄积采伐量相互作用的结果，第三次清查期间的蓄积量与第二次相比，采伐量急剧增加，幅度为23.06%。所以，导致了我国森林蓄积量在第二次与第三次清查期间增加最少（图2-6）。从图2-6中还可以看出，自我国改革开放以来，随着经济的发展，木材采伐量逐渐增长，直到20世纪80年代末90年代初，我国实行了林业分类经营、森林保护、限制采伐额度等政策，才扭转了木材采伐量居高不下的局面。但是，这种情况并没有持续太长时间，到20世纪90年代末又达到了7000万立方米/年，森林资源遭到巨大的破坏，导致了大洪水的发生。之后，我国实施了天然林资源保护工程，减少木材采伐，因而在第六次清查期间的木材采伐量急速下降，并且森林面积比第五次清查期高出了1600万公顷。另外，第七次清查和第八次清查期间，我国木材采伐量保持在8000万立方米/年，达到了历史之最，但是森林资源并没有减少，这主要是因为南方大面积种植桉树和北方大面积种植杨树的重要作用，经分析数据发现，近四十年来，桉树和杨树的面积和蓄积量分别增加了420.20万公顷、1.54亿立方米和753.73万公顷、5.17亿立方米。

历次清查期森林单位面积蓄积量统计结果如图2-6所示，从8次全国森林资源清查可以看出第二次清查期全国森林单位面积蓄积量为90.00立方米/公顷，这主要是因为这一时期我国林业实行了“三定”政策以及农业方面实施了“家庭联产承包责任制”等促进农民生产积极性的政策，使得一些残次林和质量不高的森林被砍伐或转成农田，从而使得第二次清查期间的森林单位面积蓄积量陡然提升。第五次清查期后，单位面积森林蓄积量明显降低，这主要是因为我国清查期间技术规定主要将有林地郁闭度的标准从以前的0.30以上（不含0.30）改为0.20以上（含0.20），从而导致了森林单位面积蓄积量的降低。第七次清查期森林单位面积蓄积量再次降低，这与我国退耕还林、天然林资源保护等生态工程建设有关，大部分造林都还处于有幼龄林阶段，第八次清查期间单位面积蓄积量的上升也恰恰证明了这一点。第九次森林资源清查全国森林单位面积蓄积量达最大的94.83立方米/公顷，相对第八次清查期增加了5.04立方米/公顷，这说明在2014—2018年我国森林质量得到较大提升，与这一时期的林业政策相关。

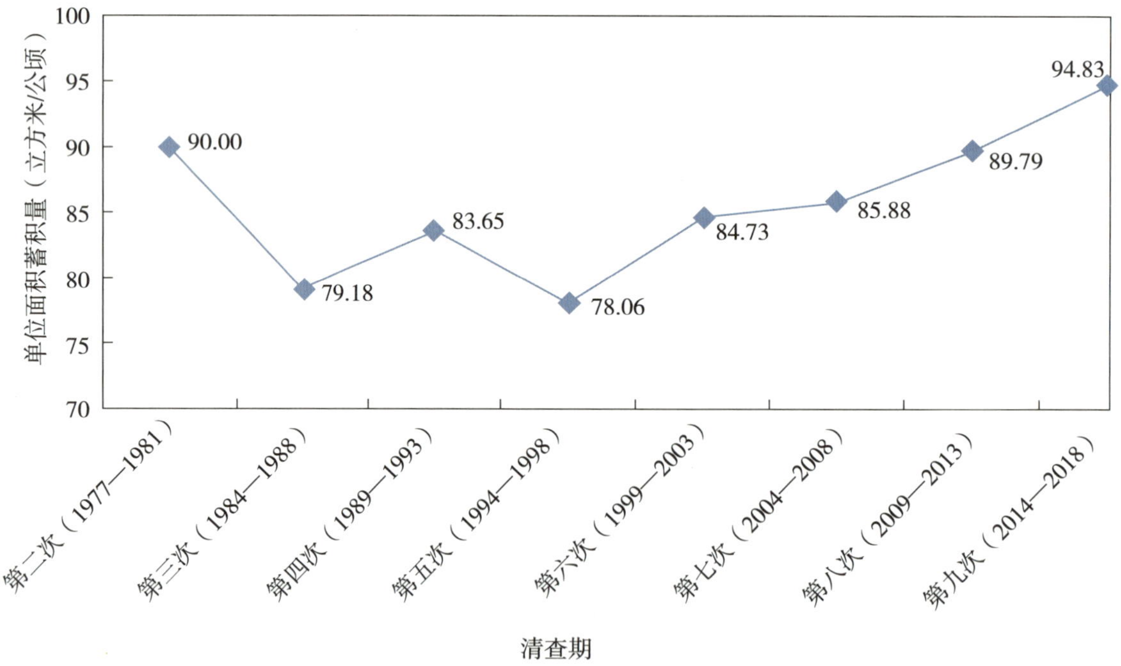

图2-6 全国森林单位面积蓄积量变化

2.1.1.3　森林覆盖率

森林覆盖率逐年增加，1973—1993年间增加缓慢，都低于1%，且第二次清查期间有所降低，下降了0.54%，主要由于这一时期，林业处于“重采轻造”的以木材生产为主的时期，对森林进行无节制采伐；1994—2013年增长速度较快，都高于1%，且在第三次与第四次清查期之间有一较大飞跃，超过了2%，这除了与国家相关林业政策有关外，还与林业调查标准与国际接轨及森林标准的改变有关，这些是造成森林统计面积增长的一个重要原因。第九次森林资源清查显示我国森林覆盖率已达到22.96%（图2–7）。FAO发布的《全球森林资源评估报告》显示，我国的森林覆盖率仍然低于世界森林覆盖率30.70%的平均水平，更是低于俄罗斯（49.80%）和巴西（59.00%）等国家的森林覆盖率。但从全球看，全球森林覆盖率由1990年的31.60%降低至2015年的30.70%，而我国的森林覆盖率是逐年增加的，森林面积也在增大。

森林覆盖率亦称森林覆被率，指一个国家或地区森林面积占土地面积的百分比，是反映一个国家或地区森林面积占有情况或森林资源丰富程度及实现绿化程度的指标，又是确定森林经营和开发利用方针的重要依据之一。

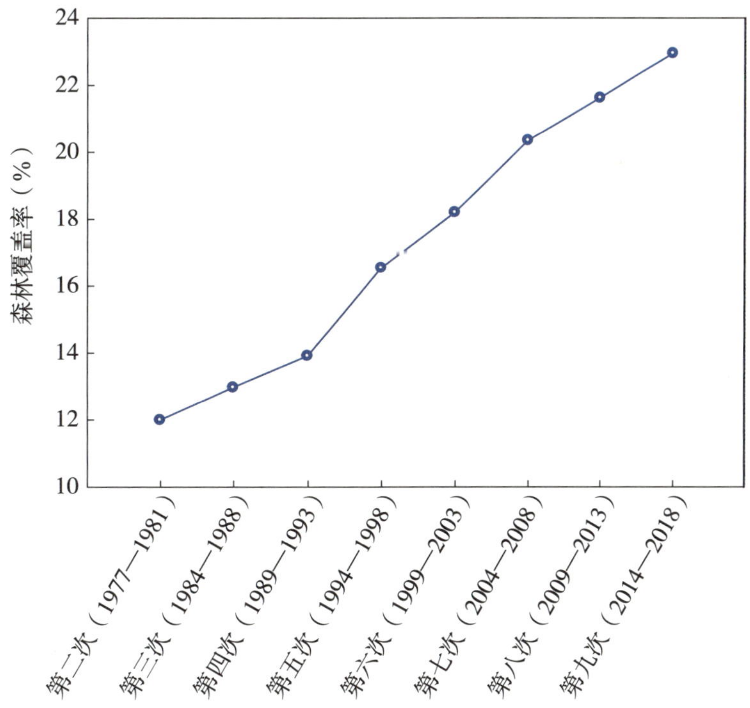

图2–7　全国森林覆盖率

2.1.2 重点区域森林资源数量禀赋

2.1.2.1 重点生态功能区

重点生态功能区是指在涵养水源、保持水土、调蓄洪水、防风固沙、维系生物多样性等方面具有重要作用的重要生态功能区内，有选择地划定一定面积予以重点保护和限制开发建设的区域。

——《国家重点生态功能保护规划纲要》

重点生态功能区的森林资源时间变化见表2-2，重点生态功能区的森林面积、森林蓄积和森林覆盖率均呈现增长的变化趋势，森林面积由第八次清查期的8399.00万公顷增加至第九次清查期的8790.37万公顷，增长率为4.66%。森林蓄积量、单位面积蓄积量和森林覆盖率的增长率分别为10.67%、3.81%和5.50%。这一方面是造林面积的增加，同时也与国家实施的林业生态工程有关；重点生态功能区的规划不但增加了森林面积，而且使森林质量得到提升。

表2-2 重点生态功能区森林资源数量时间变化

时间	森林面积（万公顷）	森林蓄积量（亿立方米）	每公顷蓄积量（立方米/公顷）	森林覆盖率（%）
第八次（2009—2013年）	8399.00	71.15	108.68	24.35
第九次（2014—2018年）	8790.37	78.74	112.82	25.69

2.1.2.2 长江经济带

长江经济带是指沿长江为轴构成的沿江经济圈。覆盖上海、江苏、浙江、安徽、江西、湖北、湖南、重庆、四川、云南、贵州11省份，横跨中国东中西三大区域，面积约205万平方千米，是推动东中西协调发展，沿江沿海沿边的对外开放带。

——《长江经济带发展规划纲要》

第九次清查期长江经济带森林资源面积为9047.53万公顷，其中，乔木林为7110.19万公顷、占78.58%，竹林为440.38万公顷、占4.87%，特灌林为1496.96万公顷、占16.55%。森林面积、单位面积蓄积量和森林覆盖率如图2-8，森林覆盖率44.38%，高于全国平均水平。

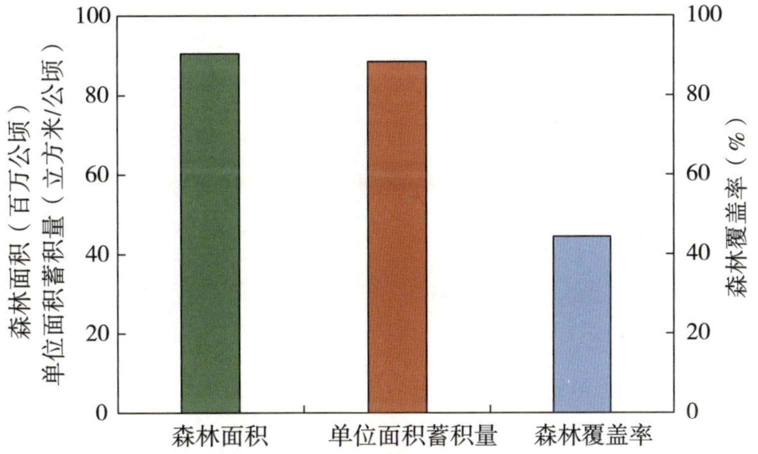

图2-8　第九次清查期长江经济带森林资源数量

2.1.2.3　黄河流域

> 黄河流域是指黄河干支流流经的青海、四川、甘肃、宁夏、内蒙古、山西、陕西、河南、山东省区相关县级行政区，国土面积约130万平方千米，是我国重要的生态安全屏障。
>
> ——《黄河流域生态保护和高质量发展规划纲要》

黄河流域在第四次至第九次清查期森林资源面积呈现持续增加的变化趋势（图2-9），由第四次清查期的440.44万公顷增加至第九次清查期的1629.48万公顷，增长了2.70倍；特别是第七次清查期后黄河流域森林面积增长迅速，由850.93万公顷增加到1496万公顷。

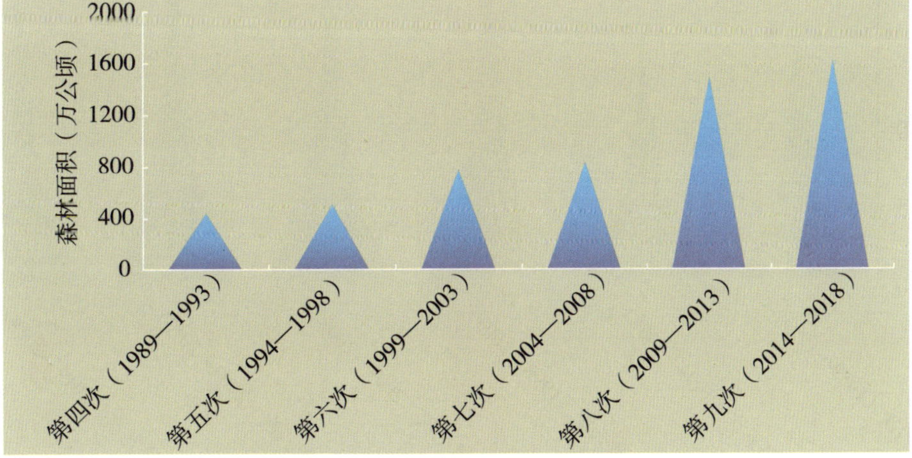

图2-9　黄河流域不同清查期森林面积

第四次到第九次清查期黄河流域的森林蓄积量呈现出稳步增长的变化趋势（图2–10），森林蓄积量从第四次清查期的2.00亿立方米逐步增长到第九次清查期的6.53亿立方米。第五次清查期到第六次清查期森林蓄积量增加迅速，增长了1.47亿立方米；之后的第七次、第八次和第九次清查期森林蓄积量约增加1亿立方米。

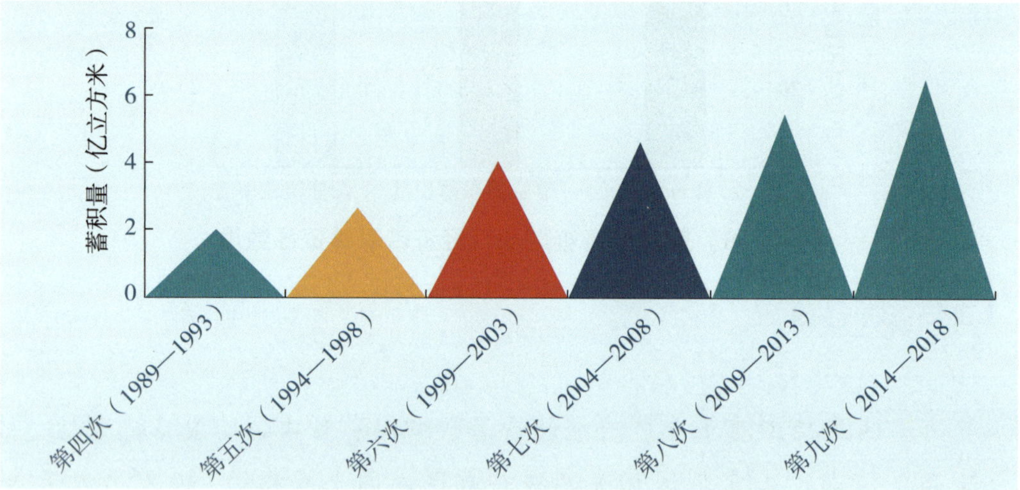

图2–10　黄河流域不同清查期森林蓄积量

黄河流域森林单位面积蓄积量从第四次清查期开始逐渐增加，虽中间的第五次清查期相比第四次清查期减少0.15立方米/公顷，但总体呈现增加的趋势，由第四次清查期的52.73立方米/公顷，增加到第九次清查期的71.95立方米/公顷，近三十年的 时间增加了19.22立方米/公顷，增幅达36.46%（图2–11）。

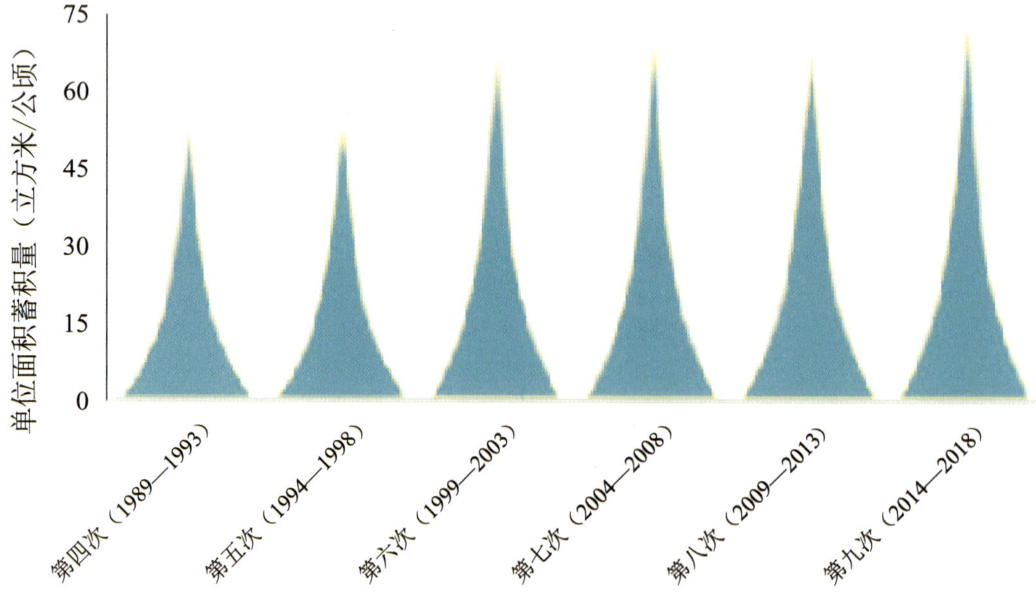

图2–11　黄河流域森林单位面积蓄积量

第四次至第九次清查期黄河流域森林覆盖率也呈现稳步增长的趋势（图2–12），从第四次清查期的5.85%逐步增长到第九次的19.74%；总体看呈现先快速增长，后逐步缓慢平稳增长，第四次至第六次清查期森林覆盖率增速最快，第七次清查期以后森林覆盖率增速平缓。

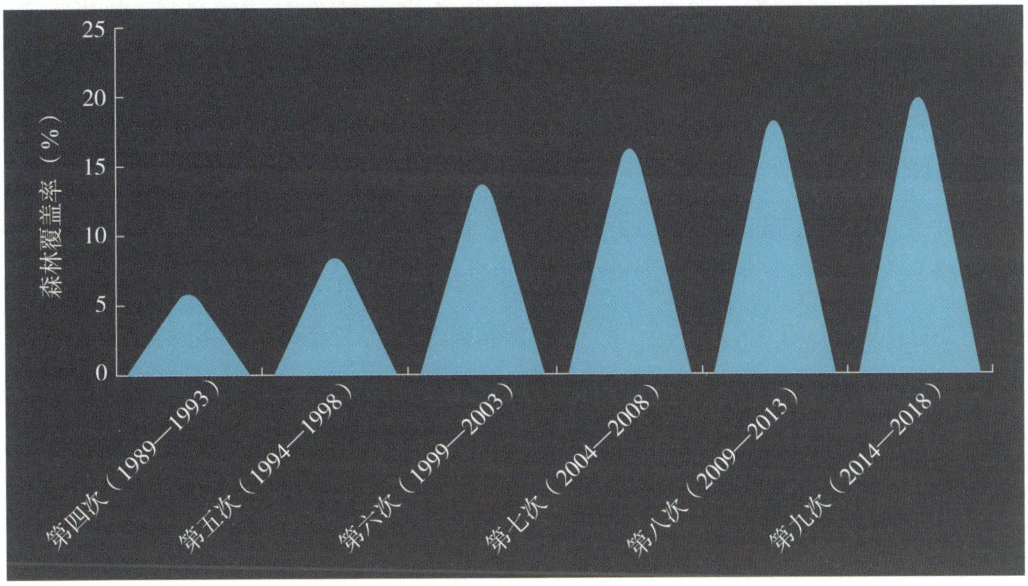

图2–12　黄河流域不同清查期森林覆盖率

2.1.2.4　国家级公益林

国家级公益林经过试点区划、全面区划、补充区划和区划落界四个阶段，由2001年的1333.33万公顷，扩大到2004年的10520.00万公顷，于2010年补充再次扩大到11866.67万公顷，2013年增加至12433.33万公顷，2017年根据新修订的《国家级公益林区划界定办法》（林资发〔2017〕34号），将非林地和无林地等调出，落界面积11394.07万公顷。2019年国家级公益林面积11360.22万公顷，占国土总面积的11.83%，与2017年落界成果相比，净减少33.85万公顷。国家级公益林中森林面积10232.54万公顷，占国家级公益林总面积的90.07%，占全国森林面积的46.89%；其中，减少面积49.37万公顷，主要原因是大兴安岭林业集团和内蒙古森工集团按照中央国家机构改革精神和自然资源调查统一标准要求，推进林业分类标准与国土三调分类标准衔接，进一步剔除了国家级公益林中的无林地，同时，各地按照管理办法核减了建设项目使用国家级公益林的面积；且因林农意愿等调出了部分国家级公益林。面积增加的15.52万公顷，主要来源于退耕还林工程中补进符合区划标准的防护林和特用林。

2.1.2.5　集中连片特困区

《中国农村扶贫开发纲要（2011—2020年）》确定的中国14个集中连片特困

地区林地面积总体上呈增加的趋势（王宏等，2018），集中连片特困区林地面积由2002年的8934.81万公顷增加到2013年的10000.35万公顷，净增加1065.55万公顷，增长率为11.93%，集中连片特困区森林进入面积净增加的阶段。

2.1.2.6 两屏三带

“十一五”期间，我国提出全国主体功能区划，明确了我国以“两屏三带”为主体的生态安全战略格局。以青藏高原生态屏障带、黄土高原—川滇生态屏障带、东北森林带屏障带、北方防沙屏障带和南方丘陵土地屏障带为骨架的“两屏三带”对我国生态安全具有重要意义。“两屏三带”的森林面积从2000年开始逐渐增大，10年的时间增加了46.41万公顷，增长率为0.52%（傅伯杰等，2017）。从森林的各林型来看，阔叶林面积的增加幅度最大，由2000年的41.96万平方千米增加到了2010年的42.27万平方千米，其面积占比由2000年的13.48%增加到了2010年的13.58%。而稀疏灌丛面积的减小幅度最大，由2000年的2021万平方千米减小到了2010年的1.88万平方千米，其面积占比由2000年的0.71%减小到了2010年的0.60%。阔叶灌丛的面积呈现出先增加后减小的趋势，稀疏林的面积则呈现出先减小后增加的趋势，其他林分类型面积的变化幅度相对较小（图2-13）。

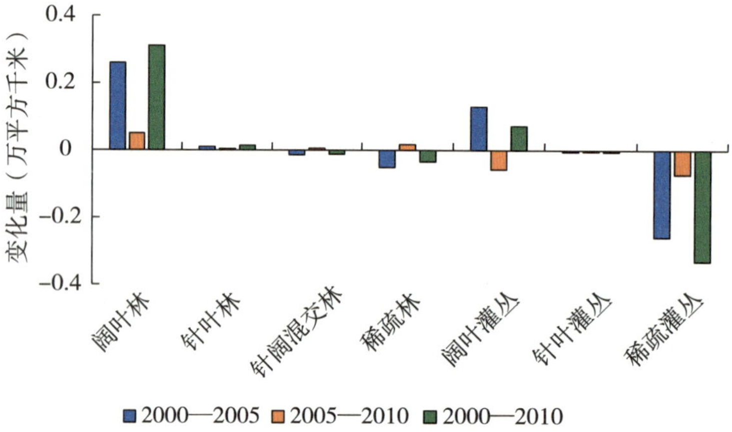

图2-13 2000年、2005年和2010年两屏三带区各林分类型变化对比图

2.2 森林资源空间格局

2.2.1 全国森林资源空间格局状况

第二次至第九次清查期森林资源面积格局如图2-14所示，31个省（自治区、直辖市）森林资源面积均呈现持续增加的变化趋势，其中江苏在第八次清查期森林资源面积达最大值，其他30个省（自治区、直辖市）森林资源面积均在第九次清查期达最大值。从省级区域看，内蒙古、黑龙江、云南、四川、西藏和广西的

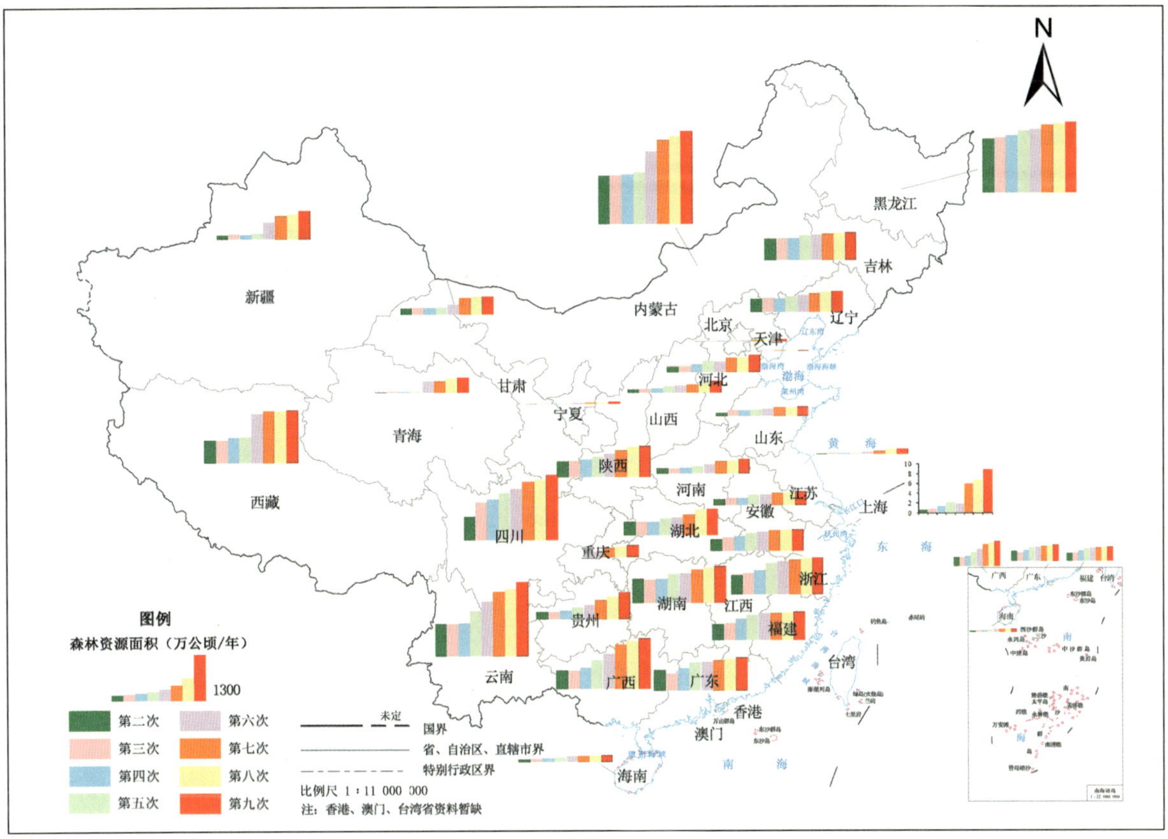

图2-14　第二次至第九次清查期森林资源面积空间分布

森林资源面积最大；北京、宁夏、上海和天津的森林资源面积较小。

第二次清查期（仅限于1979—1981年），森林面积发展较快，特别是在东北区域，这与中国的“三北”防护林工程建设密不可分。在此清查期间，我国国营造林面积为207.65万公顷，内蒙古、黑龙江和安徽造林面积最大，其所占比例分别为16.88%、18.39%和11.46%。

第三次清查期，东北、西南发展森林资源面积增加速度较快，在此清查期间，我国国营造林面积为415.49万公顷，造林面积主要集中在内蒙古、黑龙江和广东，所占比例分别为11.47%、18.29%、9.99%。

第四次清查期，东北、西南森林资源面积增加速度继续加快，黑龙江、内蒙古和四川位居前三；由于本次清查期间，有多项林业生态工程陆续开始实施，并且由于每个林业生态工程的实施区域不同，使得各省造林面积都大幅度增加。

第五次清查期，东北、西南地区森林资源面积发展速度继续加快，黑龙江、内蒙古、四川及云南名列前茅；此次清查期间，我国总造林面积为1404.76万公顷，占同期森林面积的8.84%。

第六次清查期，森林面积在全国范围普遍增加，东北、西南发展速度继续加快。东南也有大面积增加。本次清查期间，我国造林面积达到了2833.13万公顷，占同期森林面积的16.20%，其造林面积主要集中在河北、内蒙古、四川和陕西，占全国造林面积的比例均在7%以上。从本次清查期间开始，我国正式实施六大林业生态工程。

第七次清查期森林面积在全国范围继续增加，西南、东南发展速度继续加快。本次清查期间，我国总造林面积为2121.51万公顷，占同期森林面积的10.85%，其造林面积主要集中在河北、内蒙古、四川和云南，占全国造林面积的比例均在7%以上。期间实施的六大林业生态工程总造林面积为1559.86万公顷，占同期全国造林面积的73.53%。

第八次清查期森林面积在全国范围依旧保持增加态势，黑龙江林地面积最大，为1949.7万公顷；上海林地面积最小，为4.36万公顷。本次清查期间，我国总造林面积为2986.47万公顷，占同期森林面积的14.38%，其造林面积主要集中在内蒙古自治区和云南省，占全国造林面积的比例均在10%以上。期间实施的六大林业生态工程总造林面积为1668.26万公顷，占同期全国造林面积的55.86%。

第九次清查期森林面积在全国范围普遍增加，内蒙古、云南和黑龙江的森林面积最大，分别为2614.85万、2106.16万和1990.46万公顷；上海林地面积最小，为8.90万公顷。本次清查期间，我国总造林面积为3541.53万公顷，占同期森林面积的16.07%，其造林面积主要集中在河北、内蒙古、湖南和云南，占全国造林面积的比例均在10%以上。期间实施的六大林业生态工程总造林面积为1762.57万公顷，占同期全国造林面积的49.77%。

第二次至第九次清查期森林单位面积蓄积量如图2-15所示，31个省（自治区、直辖市）森林资源单位面积蓄积量总体均呈现持续增加的变化趋势，绝大多数省份森林资源单位面积蓄积量均在第二次清查期为最小值，在第八次和第九次清查期达最大值。从省级区域看，西藏、新疆、四川、吉林、云南和青海的森林单位面积蓄积量最大；上海、天津、河北、山东、重庆和北京的森林单位面积蓄积量较小。

第二次清查期表现为西南地区森林单位面积蓄积量明显大于其他地区，西藏单位面积蓄积量仍然最大，为221.56立方米/公顷。第三次清查期，全国地区森林单位面积蓄积量总体提高，这个时期正是我国转变林业经营理念，由“采伐利用”到以经营为主的“保护利用”时期，森林质量全面提升。第四次清查期，西南地区森林单位面积蓄积量明显大于其他地区，西藏单位面积蓄积量有所提高；但东北、东南等地方提高较小，甚至有所下降；这次调查采用了新的有林地标准，有

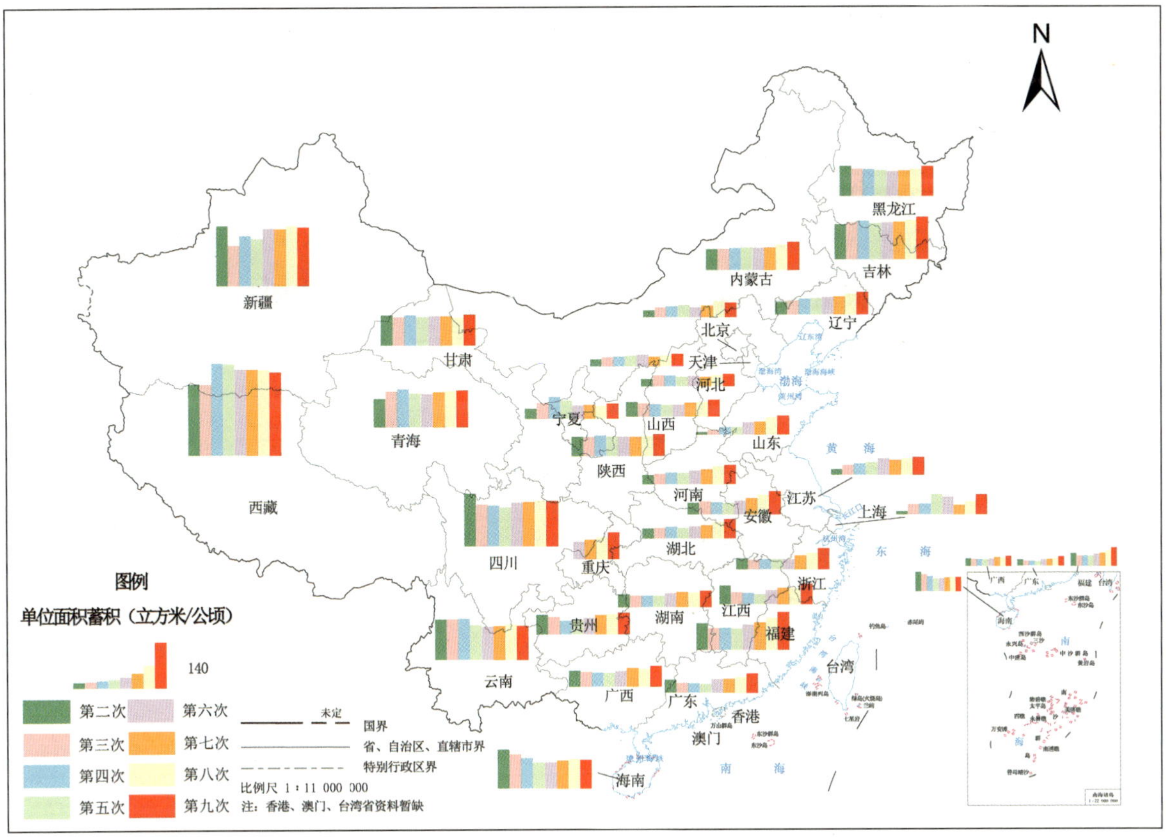

图2-15　第二次至第九次清查期森林单位面积蓄积量空间分布

林地郁闭度的标准从以前的0.30以上（不含0.30）改为0.20以上（含0.20），以与国际标准接轨，这是导致森林单位面积蓄积量下降的重要原因。第五次至第七次清查期，全国森林整体质量保持稳定，提高幅度较小，西部地区明显高于东部地区；第六次和第七次清查期，中原地区较低，第五次清查期我国实施了多项林业重大工程，如退耕还林工程、速生丰产林工程等，这些人工林都还处于幼龄期，单位面积蓄积量较低。第八次清查期全国森林整体质量比第七次清查期有一定幅度增加，西南区域仍保持强劲增长势头，中原地区森林质量增加明显。第九次清查期全国森林单位面积蓄积量达到了较大的94.83立方米/公顷，相比第八次增加了5.04立方米/公顷，增幅为5.61%，我国森林质量持续提升，在新疆和青海增加显著。

2.2.2　重点区域森林空间格局状况

2.2.2.1　重点生态功能区

不同类型生态功能区的森林资源空间变化见表2-3，四大类生态功能区的森林面积、森林蓄积量和森林覆盖率均呈现增长的变化趋势，水源涵养型、水土保持型、防风固沙型和生物多样性维护型生态功能区的森林面积分别在第八次清查期的基础上增加了127.39万、63.34万、57.50万和143.14万公顷，增长率为3.08%、7.63%、7.95%和5.29%，森林蓄积量增长率为10.51%、33.22%、29.84%和8.15 %，森林覆盖率增长率为3.06%、7.69%、7.97%和5.27%。单位面积蓄积量仅有生物多样性维护型生态功能区下降，其他类型生态功能区均增加，水源涵养型、水土保持型、防风固沙型生态功能区的单位面积蓄积增长率为7.85%、13.37%和23.52%。可见，重点生态功能区森林质量和覆盖率都持续增加，尤以水土保持型和防风固沙型生态功能区的森林面积、森林蓄积量、单位面积蓄积量和森林覆盖率增加明显。

表2–3　重点生态功能区森林资源数量变化

生态功能区	森林面积（万公顷）		森林蓄积量（亿立方米）		单位面积蓄积量（立方米/公顷）		森林覆盖率（%）	
	第八次	第九次	第八次	第九次	第八次	第九次	第八次	第九次
水源涵养型	4139.00	4266.39	34.61	38.25	96.27	103.83	33.67	34.70
水土保持型	830.00	893.34	2.77	3.69	53.37	60.51	33.55	36.13
防风固沙型	723.00	780.50	1.28	1.66	38.67	47.79	6.27	6.77
生物多样性维护型	2707.00	2850.14	32.49	35.14	154.57	150.43	23.89	25.15

2.2.2.2　长江经济带

由图2–16可知，长江经济带森林面积在1000万公顷以上的省级区域有云南、四川、湖南和江西，其中，以云南省的森林面积最大，为2106.16万公顷；森林面积在600万～800万公顷的省为贵州、湖北和浙江；森林面积在300万～400万公顷的省级区域为安徽和重庆；森林面积在200万公顷以下的有江苏和上海，其中上海的森林面积最小，为8.90万公顷。

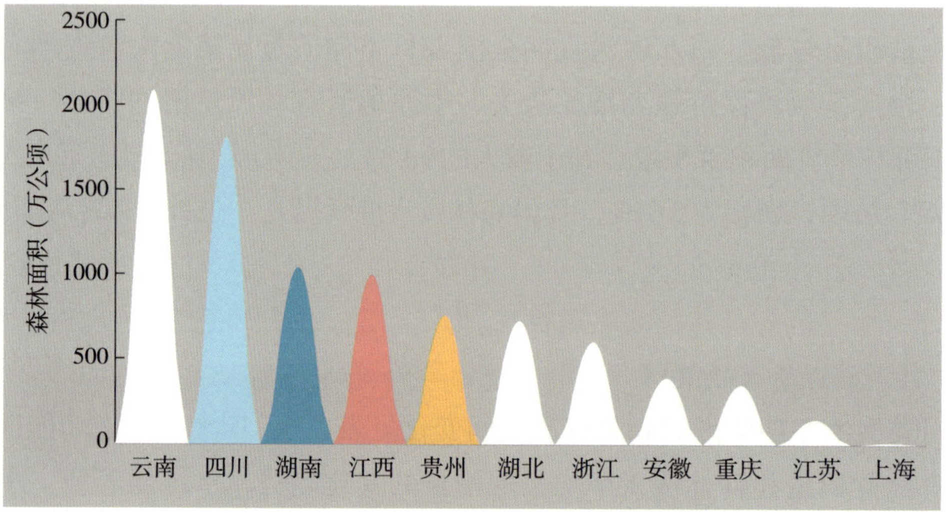

图2–16　长江经济带不同区域森林面积

长江经济带森林总蓄积量在10亿立方米以上的有云南和四川；总蓄积量在1亿立方米以下的省级区域为江苏和上海，其中上海市森林总蓄积量最少，为0.04亿立方米；江西、湖南、贵州、湖北、浙江、安徽和重庆的森林总蓄积量分布在2.07亿～5.07亿立方米这一区间（图2-17）。

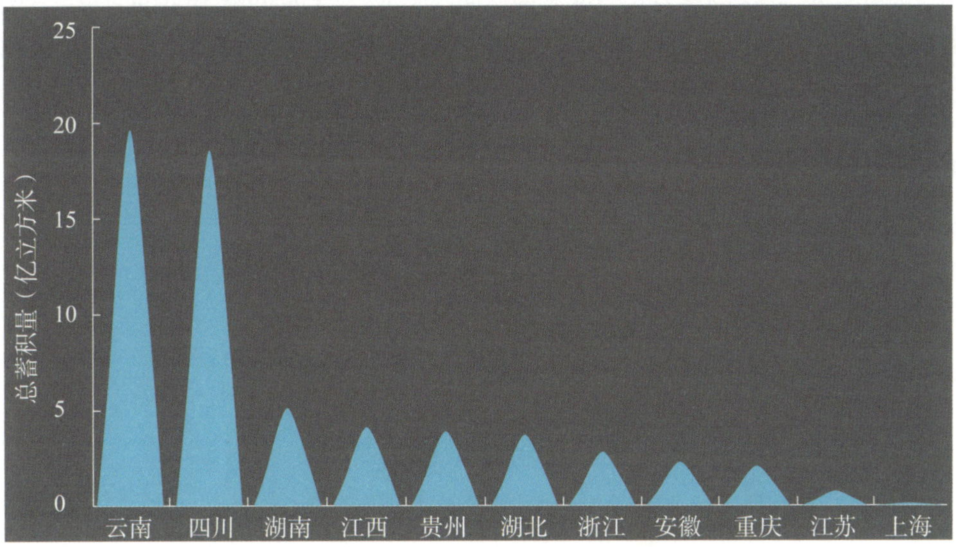

图2-17　长江经济带不同区域森林蓄积量

森林单位面积蓄积量在100立方米/公顷以上的有四川和云南，以四川最高，为139.67立方米/公顷；单位面积蓄积量在70～90立方米/公顷的为重庆和安徽；而其余省级区域的森林单位面积蓄积量都分布在50～70立方米/公顷这一区间（图2-18）。

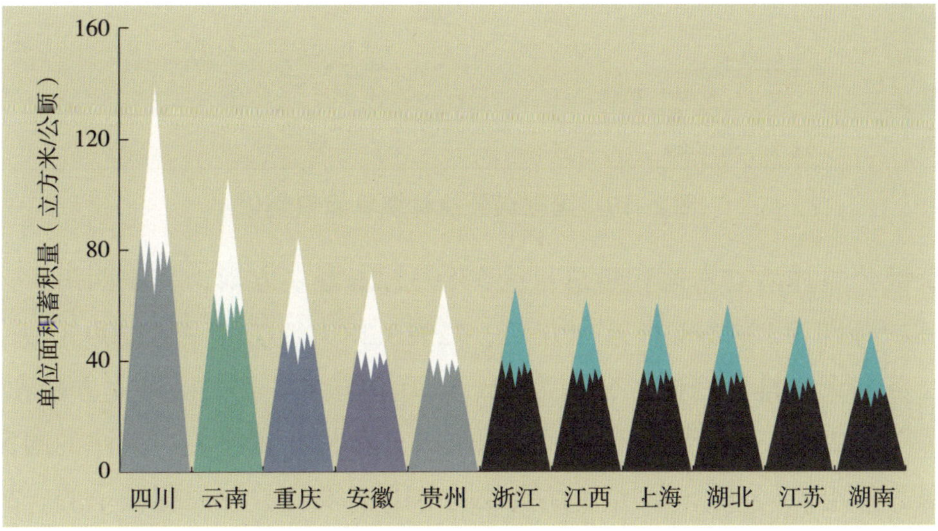

图2-18　长江经济带不同区域森林单位面积蓄积量

2.2.2.3 国家级公益林

2019年国家级公益林面积为11360.22万公顷，相比2017年减少了49.37万公顷（图2–19），其中：大兴安岭林业集团减少26.68万公顷，内蒙古森工集团减少11.44万公顷，甘肃减少2.92万公顷，山东减少2.53万公顷，四川减少1.88万公顷，龙江森工集团减少1.81万公顷。国家级公益林面积增加的有9个省，其中增加超过1万公顷的省级区域有：山西8.17万公顷，陕西3.31万公顷，辽宁1.20万公顷，安徽1.12万公顷，广西1.12万公顷。江苏、浙江、江西、湖北、贵州和西藏这6个省级区域的国家级公益林面积无变化。

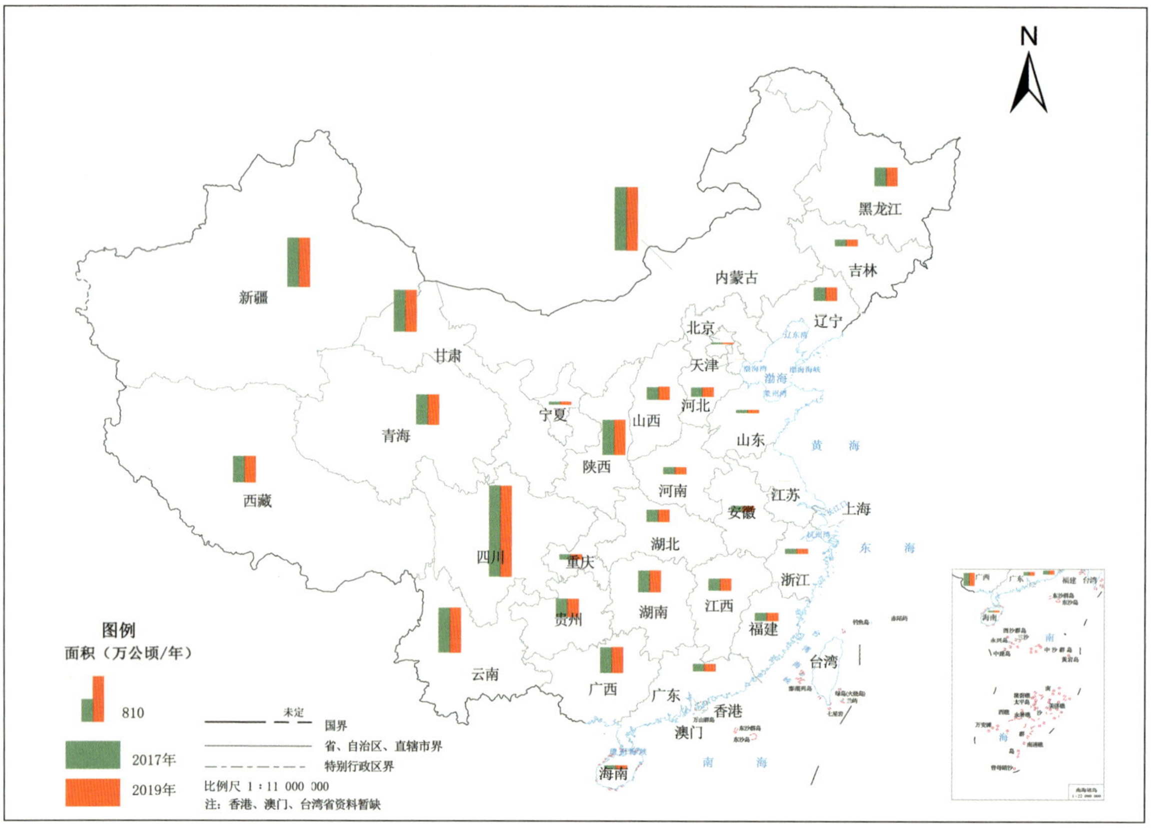

图2–19 国家级公益林森林面积变化

国家级公益林活立木蓄积量总量为578937.26万立方米，其中四川、云南和西藏排前三，分别为128738.98万立方米、72313.28万立方米和62200.33万立方米；宁夏、江苏和天津排后三位，分别为521.55万立方米、133.42万立方米和25.52万立方米（图2–20）。这主要与不同区域国家级公益林面积有关，天津的国家级公益林面积仅为9448.07公顷，是所有省级区域中国家级公益林面积最小的，故其活立木总蓄积量也最小。

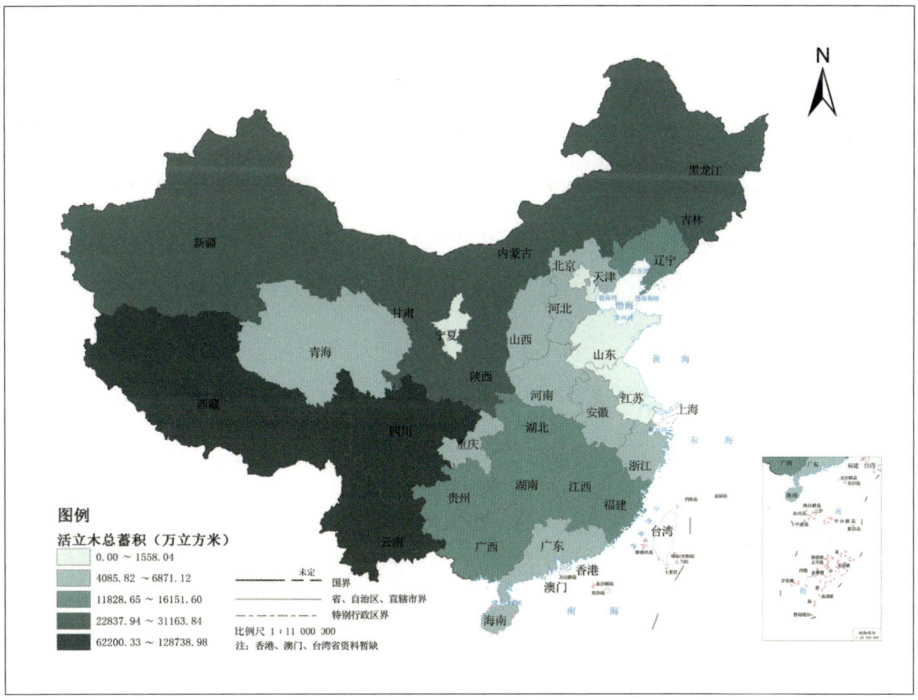

图2-20　国家级公益林省级区域活立木蓄积量

国家级公益林乔木林单位面积蓄积量如图2-21所示，单位面积蓄积量平均为93.58立方米，最高的是西藏，为269.15立方米/公顷；其次是新疆，为193.40立方米/公顷和四川172.81立方米/公顷；排在后三位的是山东（46.41立方米/公顷）、天津（45.23立方米/公顷）和北京（34.83立方米/公顷）。

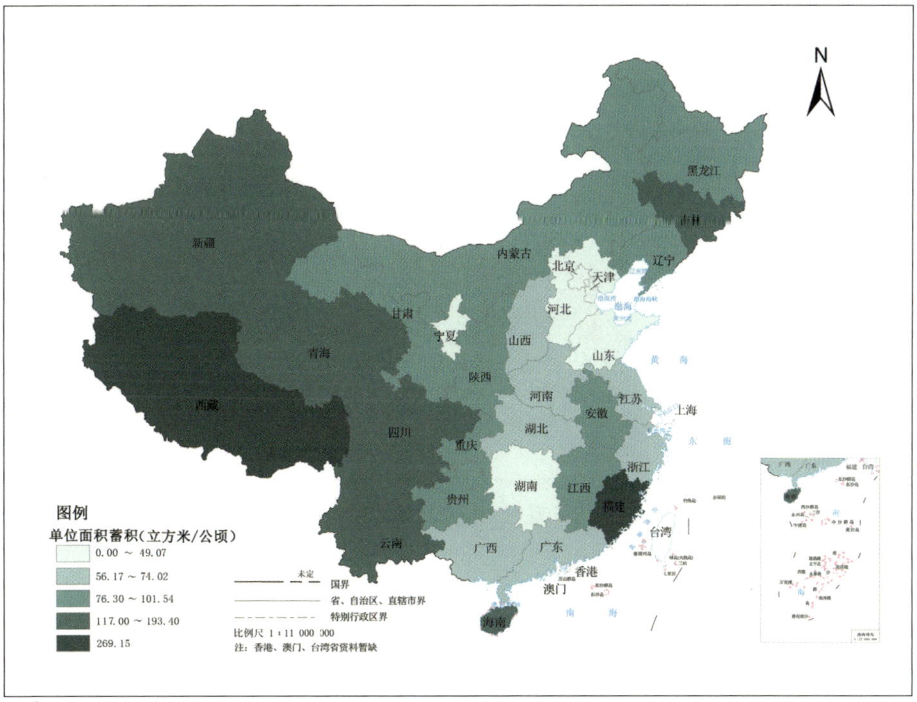

图2-21　国家级公益林省级区域单位面积蓄积量

2.2.2.4 集中连片特困区

由图2-22可知，集中连片特困区林地面积最多的区域为滇桂黔石漠化区、滇西边境山区、秦巴山区和武陵山区，2013年林地面积均在1000万公顷以上；增加最多的是秦巴山区，增加了311.37万公顷；其次是武陵山区，增加了201.89万公顷，两个地区林地增加量几乎达到整个连片特困地区林地增加量的一半（48.17%）。而林地面积增加较少的为南疆四地州、吕梁山区和大兴安岭南麓山区，分别增加了3.72万、4.87万和12.85万公顷。林地增长率较高的地区为南疆四地州（62.98%）和燕山—太行山区（60.45%），增长率较低的地区为滇西边境山区（5.03%）和滇桂黔石漠化区（5.25%）。林地增长率与林地面积分布具有一定的差异性，林地增长速率较快的区域出现在林地分布较少的地区，林地分布较多的区域林地增长速率较低。原因在于国家将三北地区作为重点林业投资区，在林地恢复上取得一定成效，使得这些地区的林地面积有所增加；另一方面，同其他地区相比，虽然三北地区林地增长的绝对值并不高，但由于其林地面积基数小，增长率反而显得相对较高（王宏等，2018）。

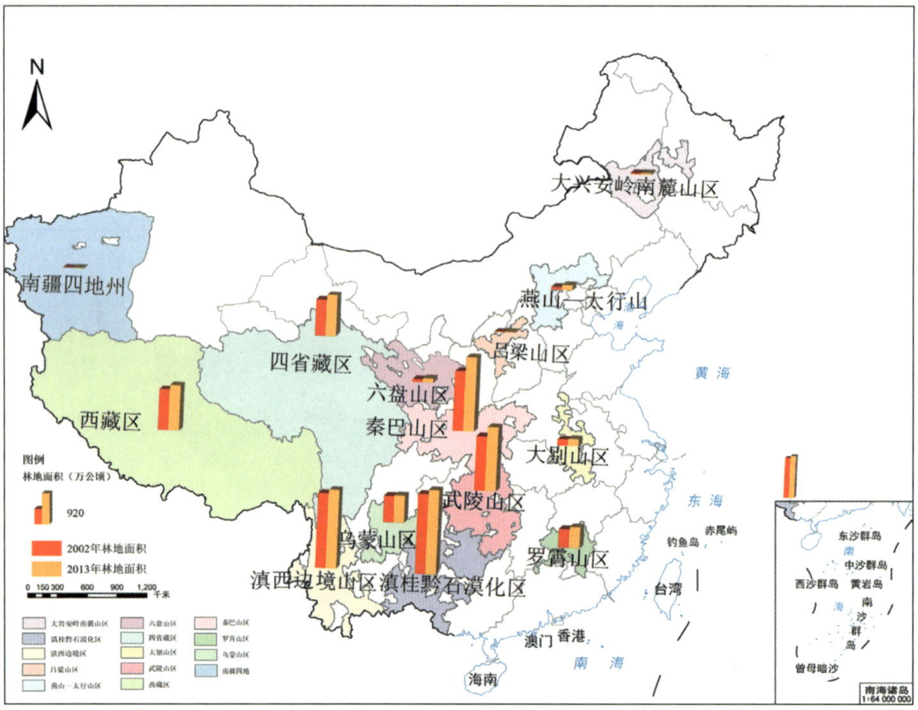

图2-22 国家集中连片特困区林地面积

2.2.2.5 两屏三带

两屏三带不同区域的面积分布如图2-23，东北森林带面积最大，占整个两屏三带森林总面积的40%以上；其次是黄土高原-川滇生态屏障带和南方丘陵山地带，北方防沙带的森林面积排第四，森林面积最小的是青藏高原生态屏障带，占比约为1%（傅伯杰等，2017）。从2000年、2005年和2010年三个时期来看，两屏三带的5个区域不同时期森林面积变化较小，从2000年到2010年黄土高原－川滇生态屏障带和北方防沙带的森林面积略有增加，增幅分别为0.22%和0.06%；青藏高原生态屏障、东北森林带和南方丘陵山地带森林面积有小幅减少，减少率分别为0.01%、0.18%和0.03%。

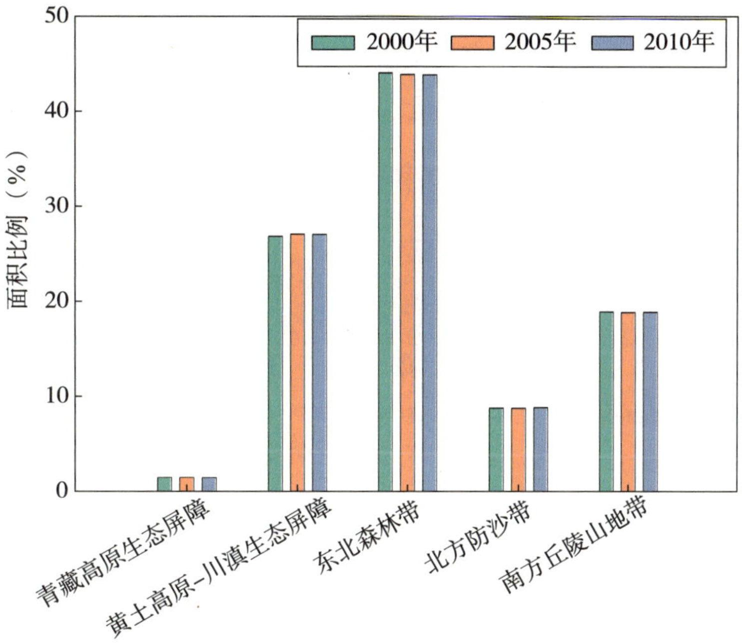

图2-23　两屏三带不同区域森林面积变化

2.3　森林资源结构状况

2.3.1　全国森林资源结构状况

2.3.1.1　树种结构

2.3.1.1.1　主要优势树种（组）面积

乔木林按优势树种（组）统计，面积比重前10位的有栎类（*Quercus*）、桦木（*Betula*）、杉木（*Cunninghamia lanceolata*）、落叶松（*Larix gmelinii*）、马尾松（*Pinus massoniana*）、杨树、云南松（*Pinus yunnanensis*）、桉树、云杉（*Picea asperata*）和柏木（*Cupressus funebris*）。其各时期的面积见表2-4。

栎类林、桦木林、杉木林、杨树林、云杉林的面积呈现先增大后减小的变化趋势，均在第五、第六和第七次清查期森林面积达到最大值，之后开始减小。落叶松林呈现先减小后持续增大的变化趋势，第四次清查期面积最小，第九次清查期面积最大；马尾松林面积表现为先减小后增大再持续减小的变化趋势，第五次清查期马尾松林面积最大，之后持续减小至第九次清查期的最小值，这是因为马尾松是我国南方珍贵用材树种，经济价值高，用途广，松木是工农业生产上的重要用材，主要供建筑、家具及木纤维工业原料，使得马尾松林面积在保护和破坏中曲折变化，呈现出先减少后增加而后又减少的局面；云南松林面积表现为先减小后增大再减小的变化趋势，这是因为2009—2013年，我国西南地区出现了有史以来最为严重的秋冬春连旱现象，仅云南林地受灾面积就达286万公顷，在云南松分布主产区出现了云南松单株或成片死亡的现象（郑元等，2013）；桉树林和柏木林的面积从第二次清查期开始持续增大，到第九次清查期森林面积达最大值。

表2-4　主要优势树种（组）面积时间动态变化

单位：万公顷

优势树种（组）	第二次（1977—1981）	第三次（1984—1988）	第四次（1989—1993）	第五次（1994—1998）	第六次（1999—2003）	第七次（2004—2008）	第八次（2009—2013）	第九次（2014—2018）
栎类	543.24	1551.56	1726.23	1847.69	1821.77	1610.03	1662.71	1656.26
桦木	489.97	854.09	923.30	1070.98	1138.83	1079.85	1126.34	1038.34
杉木	607.12	768.31	911.15	1239.52	1381.59	1126.87	1096.36	1138.66
落叶松	996.18	938.80	917.18	1044.24	1049.39	1063.11	1069.46	1083.51
马尾松	1424.37	1300.85	1434.43	1807.49	1739.20	1203.50	1000.63	804.30
杨树	243.73	545.47	537.87	628.40	704.44	1010.26	997.26	825.49
云南松	577.87	375.87	351.33	455.41	477.94	460.59	454.70	425.74
桉树	21.32	29.19	43.15	60.94	82.19	254.62	445.52	546.74
云杉	346.92	384.69	423.99	506.54	450.07	430.96	421.22	439.34
柏木	134.12	190.55	181.83	231.07	319.79	324.37	365.85	370.82

2.3.1.1.2　主要优势树种（组）蓄积

主要优势树种（组）各时期的蓄积量见表2-5。栎类林、落叶松林和云杉林的蓄积量最大，蓄积量最小的是柏木林和桉树林；第二次清查期蓄积量最大的是落叶松林，第三至第九次清查期蓄积量均是栎类林最大。桦木林、杉木林、杨树林、桉树林和柏木林的蓄积量自第二次清查期起呈持续增加的变化趋势，到第九次清查期蓄积量达最大值。栎类林蓄积量总体上呈现先增长后减少再增长的变化趋势，以第二次清查期间蓄积量最小，为4.65亿立方米，第九次清查期蓄积量最大，为14.18亿立方米，并在第三次清查期后，栎类林的森林蓄积量总体变化较小，趋于持平态势。落叶松林蓄积量呈现先减少后增加的波动，以第二次到第三次清查期的蓄积差距最大，差值为1.28亿立方米，第九次清查的落叶松林蓄积量最大。云南松森林蓄积在40年中，呈现了锐减而后增加的趋势，由第二次清查期的4.32亿立方米降到第四次清查期的2.40亿立方米，下降了近50%，之后逐步回升，由第四次清查期的2.40亿立方米上升到第六次清查期的5.18亿立方米，提高了近216%。云杉林蓄积呈现出先增大后减小的变化趋势，最低点出现在第二次清查期间，为9.04亿立方米，最高值出现在第五次清查期间，为12.79亿立方米。

表2–5　主要优势树种（组）蓄积量时间动态变化

单位：亿立方米

优势树种（组）	第二次（1977—1981）	第三次（1984—1988）	第四次（1989—1993）	第五次（1994—1998）	第六次（1999—2003）	第七次（2004—2008）	第八次（2009—2013）	第九次（2014—2018）
栎类	4.65	11.02	12.09	13.36	13.21	12.08	12.95	14.18
桦木	3.09	6.00	6.72	7.76	8.46	7.99	9.17	9.23
杉木	2.37	2.69	3.43	4.74	7.35	7.34	7.26	8.52
落叶松	10.00	9.40	8.72	9.41	9.21	9.55	10.01	11.23
马尾松	4.86	4.07	4.30	5.59	6.72	5.88	5.91	6.26
杨树	1.07	2.46	2.82	3.59	4.26	5.49	6.24	6.12
云南松	4.32	2.54	2.40	2.79	5.18	4.69	5.02	5.01
桉树	0.06	0.04	0.08	0.14	0.19	0.46	1.60	2.16
云杉	9.04	9.05	11.27	12.79	10.38	10.02	9.99	9.73
柏木	0.45	0.56	0.68	0.84	1.47	1.63	2.00	2.32

2.3.1.2　龄组结构

2.3.1.2.1　历次清查期不同龄组面积

各时期不同年龄组的森林面积见表2–6。幼龄林面积总体呈现出先减少后增加的趋势，从第二次清查到第三次清查期，幼龄林的面积逐渐减少，以第三次清查期间幼龄林面积最小，为31.52 × 10^6公顷，之后历次清查的栎类幼龄林的面积较之第三次都有大幅度增加。在历次的清查中，以第九次清查期面积最大，为5878万公顷。幼龄林面积在前三次的清查中呈现逐渐减少的趋势，这是因为在这段清查期间，人们没有理解到森林的多种效益，没有突出造林育林，加上某些政策上的失误，导致毁林开荒，乱砍滥伐，使得幼龄林的面积逐渐减少（《1949—1986年林业统计年鉴》）。从第四次清查开始，幼龄林的面积一直呈现增加，并逐步趋于平稳的变化。

中龄林面积总体呈现出先减少而后又增加的趋势，从第三次清查到第九次清查期，中龄林的面积逐渐增加，仅在第三次清查期间中龄林面积突然减少。中龄林面积从第三次至第九次清查期逐渐增加，这是因为从第二次清查开始我国清查期间形成体系，清查数据相对准确（《1949—1986年林业统计年鉴》），使得中龄林的面积增加。从第二次至第三次清查中，中龄林的面积呈现减少的趋势，这是因为在第三次清查期间，社会对木材及其产品的需求已超过当时森林资源的承受能力，加上造林速度慢，资源管理失控，使得成熟林、过熟林过快的消耗，并投入了对中龄林的消耗（《1988年林业统计年鉴》），使得中龄林面积减少。从第三次至第九次清查期间，中龄林的面积呈现逐渐增加的趋势，并逐渐趋于稳定。

表2–6　不同林龄组面积时间动态变化

单位：百万公顷

龄组	第二次（1977—1981）	第三次（1984—1988）	第四次（1989—1993）	第五次（1994—1998）	第六次（1999—2003）	第七次（2004—2008）	第八次（2009—2013）	第九次（2014—2018）
幼龄林	33.45	31.52	41.33	48.76	47.24	52.62	53.32	58.78
中龄林	34.74	27.14	36.13	45.40	49.64	52.01	53.12	56.26
近熟林	0.00	7.21	11.06	14.80	19.99	23.05	25.83	28.61
成熟林	27.44	10.68	12.69	16.48	17.15	18.71	21.76	24.68
过熟林	0.00	3.51	7.42	6.95	8.77	9.19	10.58	11.56
小计	95.62	80.07	108.64	132.41	142.79	155.59	164.60	179.89

近熟林面积呈现出逐渐增加的趋势，从第三次至第九次清查期，近熟林的面积一直呈现出增加的趋势。从第四次清查期开始我国开始由采伐天然林为主转向以营林为主，加强人工林建设，加快森林培育，加强森林保护，强化林企管理，合理利用资源（《1989年林业统计年鉴》），使得近熟林面积逐渐增加。

成熟林的面积呈现出先减少后增加的趋势。从第二次至第三次清查期，成熟林的面积呈现出减少的趋势，从第四次至第九次清查期，成熟林的面积一直呈现增加的趋势；整个清查期以第三次清查的成熟林的面积最小，为10.68万公顷，以第二次清查期成熟林的面积最大，为27.44万公顷。从第二次至第三次清查期，成熟林的面积减少，这是因为在前三次清查期间，人们对木材及其产品的需求强烈，使得成熟林面积急剧减少的趋势。从第四次清查开始，成熟林面积逐渐增加。

从第三次至第九次清查期，过熟林的面积总体呈现增加的趋势，这与我国逐渐建立的森林和野生动物自然保护区，加强林政管理，严格控制木材的消耗有关（《1989年林业统计年鉴》）。

2.3.1.2.2　历次清查期不同龄组蓄积量

在历次清查期不同龄组森林蓄积量见表2–7。在历次清查期幼龄林的蓄积量总体呈现增加的趋势，只是在第六次清查时有略微的下降。幼龄林的蓄积量一直呈现增加的趋势与国家为尽早解决木材的供需矛盾，有重点地培育速生丰产林，实施人工林丰产林基地建设有关（《1949—1986年林业统计年鉴》）。

在历次清查期，中龄林的蓄积量总体呈现增加的趋势，但在第三次清查期出现减少的现象。中龄林的蓄积量总体呈现增加的趋势是因为中龄林面积的逐渐增加，中龄林的管护和抚育得到加强，森林的结构类型更加合理，林分更加健康，森林生态系统更加稳定，中龄林蓄积逐渐得到增加。在第三次清查期，中龄林蓄积出现减少的现象，这是因为在第三次清查期间，社会对木材及其产品的需求已超过当时森林资源的承受能力，加上造林速度慢，资源管理失控，使得成熟林、过熟林过快的消耗，并投入了对中龄林的消耗，使得中龄林蓄积减少。

表2-7　不同年龄组蓄积量动态变化

单位：亿立方米

龄组	第二次（1977—1981）	第三次（1984—1988）	第四次（1989—1993）	第五次（1994—1998）	第六次（1999—2003）	第七次（2004—2008）	第八次（2009—2013）	第九次（2014—2018）
幼龄林	7.00	8.54	10.23	13.70	12.85	14.88	16.3	21.39
中龄林	26.87	19.28	26.6	30.94	34.26	38.61	41.06	48.21
近熟林	0.00	7.68	12.21	14.44	22.46	26.5	30.34	35.14
成熟林	45.92	18.49	22.04	29.23	30.17	31.59	35.64	40.11
过熟林	0.00	7.74	19.79	20.77	21.25	22.05	24.45	25.72
小计	79.78	61.73	90.87	109.08	120.98	133.63	147.79	170.58

从第三次到第九次清查期，近熟林的蓄积呈现一直增加的规律，以第三次的蓄积量最小，为7.68亿立方米；以第九次的蓄积量最大，为35.14亿立方米。森林蓄积量呈现一直增加的趋势，这与近熟林面积的逐步增加，以及对近熟林的保护加强有关。

成熟林的蓄积量呈现先减少而后增加的规律，以第三次清查期的蓄积量最小，为18.49亿立方米；以第二次清查期的蓄积量最大，为45.92亿立方米。成熟林蓄积量在第二次到第三次清查期呈现下降的趋势，这是因为为了支援我国大规模的经济建设，较多地从天然林中伐取成熟林木材（《1949—1986年林业统计年鉴》），使得成熟林的蓄积量出现下降。从第四次清查开始，成熟林蓄积量逐渐增加，这与该时期我国开始由采伐天然林为主转向以营林为主，加快森林培育，加强森林保护有关（《1989年林业统计年鉴》）。

第三次至第九次清查期，过熟林的蓄积量呈现逐渐增加的趋势，以第三次的蓄积量最小，为7.74亿立方米，以第九次的蓄积量最大，为25.72亿立方米。

2.3.1.2.3　历次清查期不同龄组单位面积蓄积量

在历次清查期，不同林龄组的单位面积蓄积量见表2-8。幼龄林单位面积的蓄积量总体呈现逐渐增加的趋势，以第二次清查的单位面积蓄积量最小，为20.92立方米/公顷；以第九次的单位面积蓄积量最大，为36.39立方米/公顷。幼龄林单位面积蓄积量一直增加是因为人们对幼龄林保护力度的增强，保护措施的增加，使得幼龄林的林分结构类型更加合理，森林更加的健康，从而表现为单位面积的蓄积量逐渐增加。

中龄林单位面积的蓄积量总体呈现先减少而后又逐渐增加的趋势，以第五次清查期的单位面积蓄积量最小，为68.14立方米/公顷；以第九次清查期的单位面积蓄积量最大，为85.69立方米/公顷。中龄林单位面积的蓄积从第二次到第五次清查期持续下降，第五次到第九次清查期有大幅度的提升，这是因为从第二次清查后，对木材及其产品的需求已超过当时森林资源的承受能力，造成成熟林、过熟林过快的消耗，并投入了对中龄林的消耗（国家林业局，2018），使得中龄林单位面积蓄积减少。

表2-8　不同龄组单位面积蓄积量动态变化

单位：立方米/公顷

龄组	第二次（1977—1981）	第三次（1984—1988）	第四次（1989—1993）	第五次（1994—1998）	第六次（1999—2003）	第七次（2004—2008）	第八次（2009—2013）	第九次（2014—2018）
幼龄林	20.92	27.09	24.75	28.10	27.20	28.27	30.58	36.39
中龄林	77.35	71.06	73.63	68.14	69.01	74.24	77.30	85.7
近熟林	0.00	106.50	110.43	97.57	112.35	114.94	117.49	122.82
成熟林	167.37	173.06	173.68	177.35	175.92	168.8	163.75	162.55
过熟林	0.00	220.20	266.50	298.79	242.29	239.91	231.09	222.44
小计	83.44	77.10	83.65	82.39	84.73	85.88	89.79	94.82

从第三次到第九次清查期，近熟林单位面积的蓄积量总体呈现增加的趋势，但在第五次清查期有小幅度的下降趋势。以第五次清查期的单位面积蓄积量最小，为97.57立方米/公顷；以第九次的单位面积蓄积量最大，为122.82立方米/公顷。在历次清查中，成熟林单位面积的蓄积量总体呈现先增加后减少的趋势，以第五次清查的单位面积蓄积量最大，为177.35立方米/公顷，以第九次清查期的单位面积蓄积量最小，为162.52立方米/公顷。过熟林单位面积的蓄积量总体呈现先增加后减少的趋势，以第五次清查的单位面积蓄积量最大，为298.79立方米/公顷；以第三次的单位面积蓄积量最小，为220.20立方米/公顷。

2.3.1.2.4　历次清查期不同龄组面积比例

历次清查期不同龄组面积所占比例如图2-24至图2-31所示：全国各清查期不

同龄组面积比例变化较大。第二次清查期龄组较为均匀；第三次到第五次清查期成熟龄组面积减少；第六次到第七次清查期幼龄林面积剧增，中龄林资源也剧增；第八次和第九次清查期，各林龄结构趋于合理。

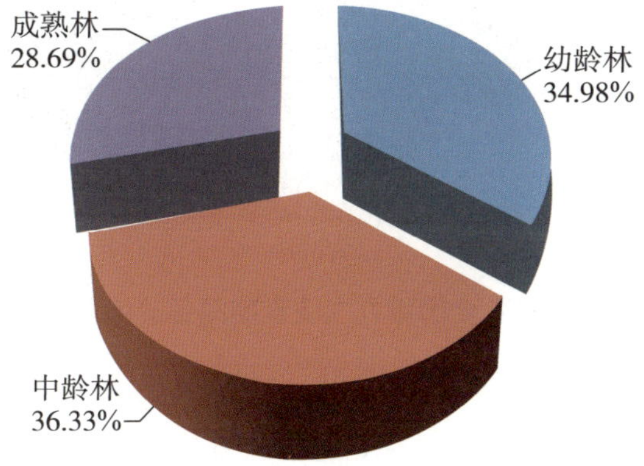

图2-24　全国第二次清查期间各龄组面积比例

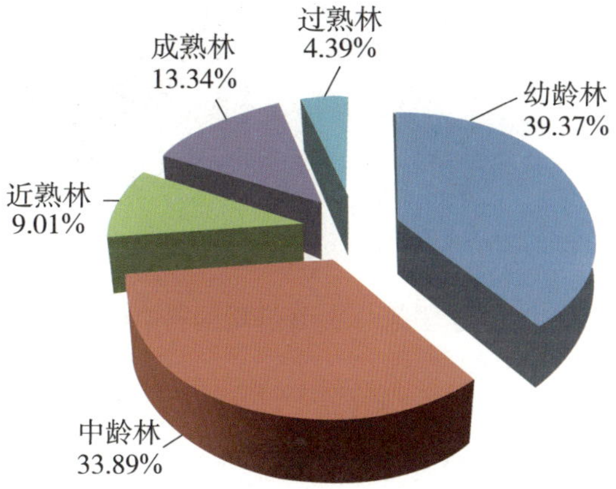

图2-25　全国第三次清查期间各龄组面积比例

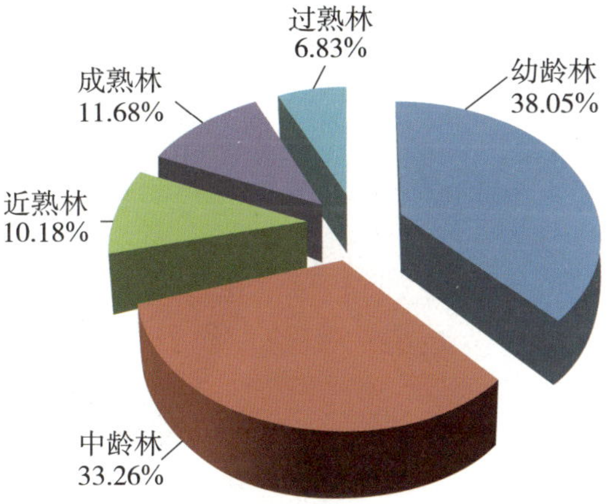

图2-26　全国第四次清查期间各龄组面积比例

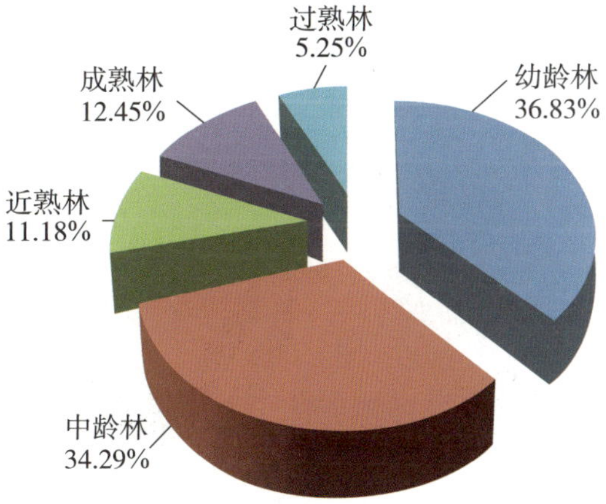

图2-27　全国第五次清查期间各龄组面积比例

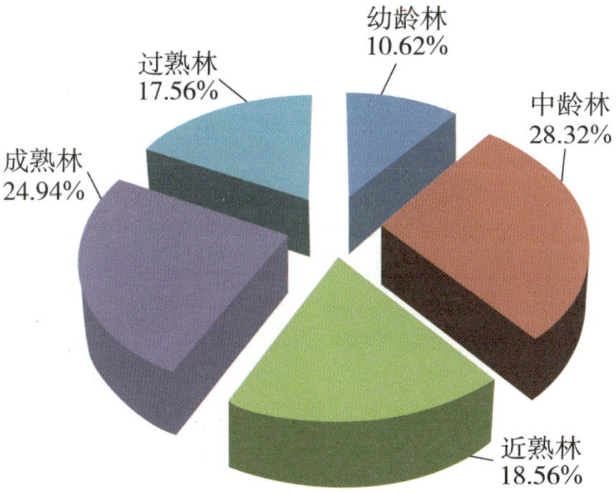

图2-28　全国第六次清查期间各龄组面积比例

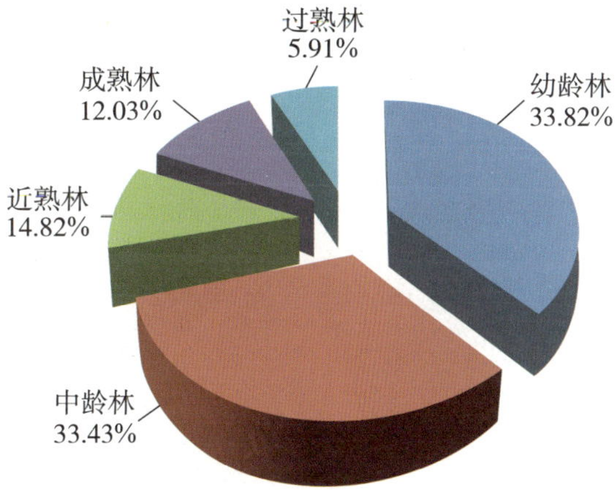

图2-29　全国第七次清查期间各龄组面积比例

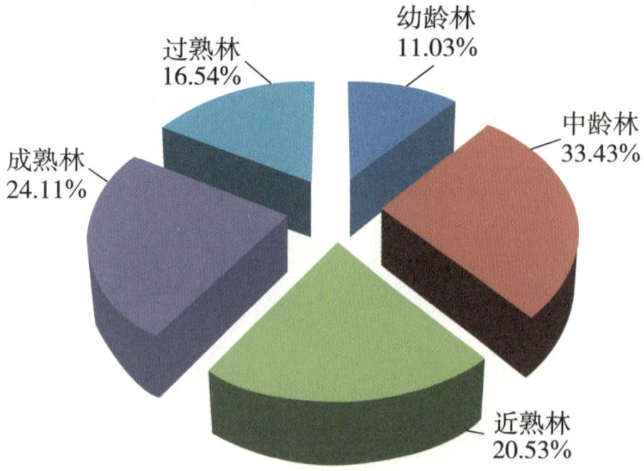

图2-30　全国第八次清查期间各龄组面积比例

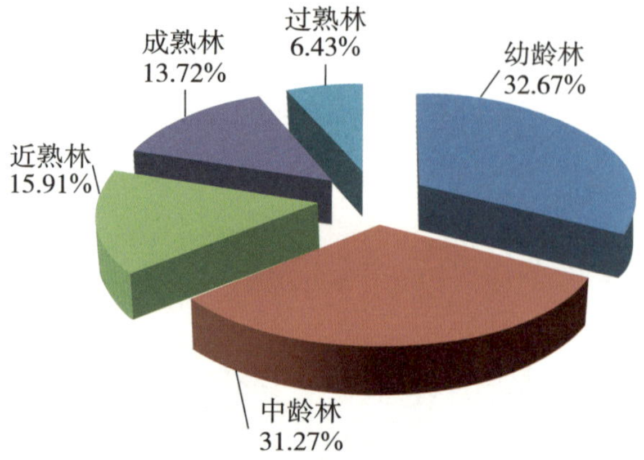

图2-31　全国第九次清查期间各龄组面积比例

2.3.1.2.5　历次清查期不同龄组蓄积结构

历次清查期不同龄组蓄积所占比例如图2-32至图2-39所示，全国各期清查期间不同龄组蓄积量比例变化较大。前期成熟林资源占绝对优势，第二次清查期成熟林资源占57.56%，到第九次清查期成熟林资源仅占23.52%。

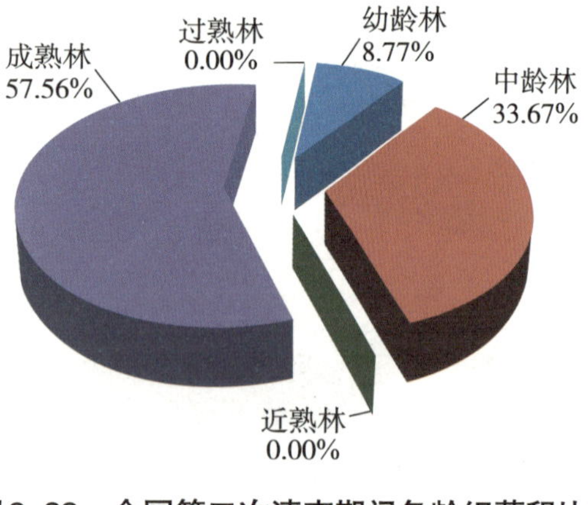

图2-32　全国第二次清查期间各龄组蓄积比例

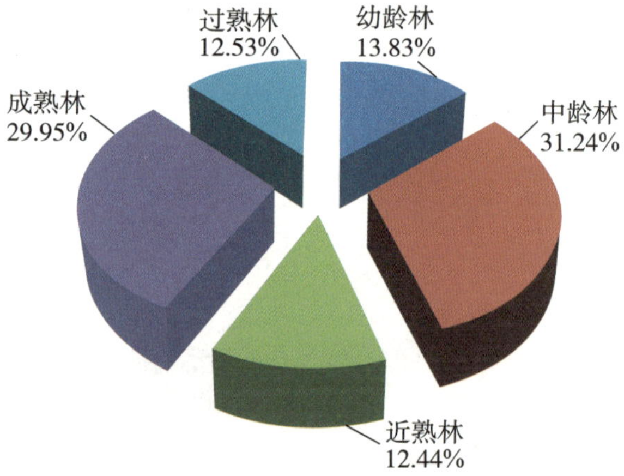

图2-33　全国第三次清查期间各龄组蓄积比例

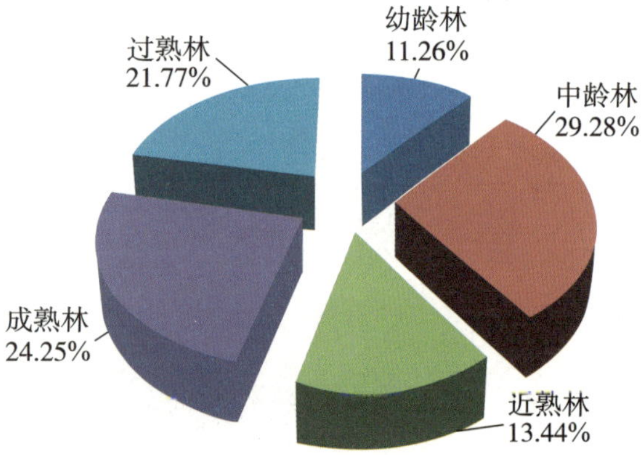

图2-34　全国第四次清查期间各龄组蓄积比例

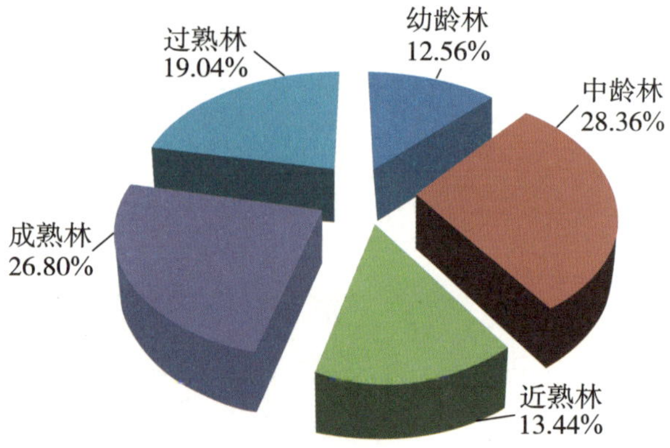

图2-35　全国第五次清查期间各龄组蓄积比例

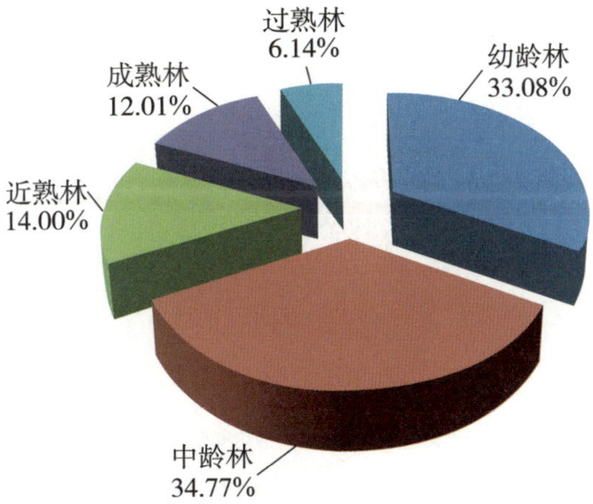

图2-36　全国第六次清查期间各龄组蓄积比例

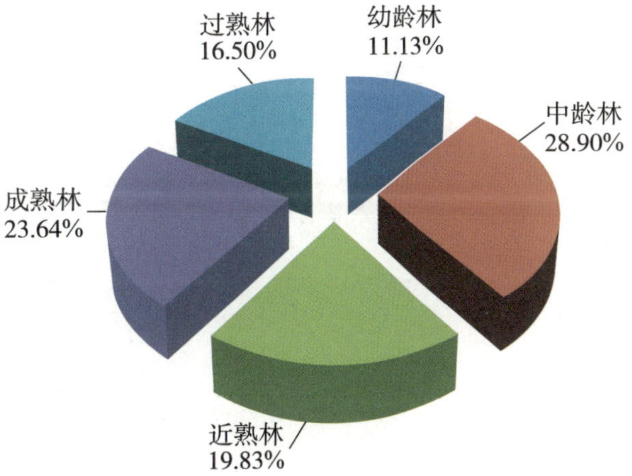

图2-37　全国第七次清查期间各龄组蓄积比例

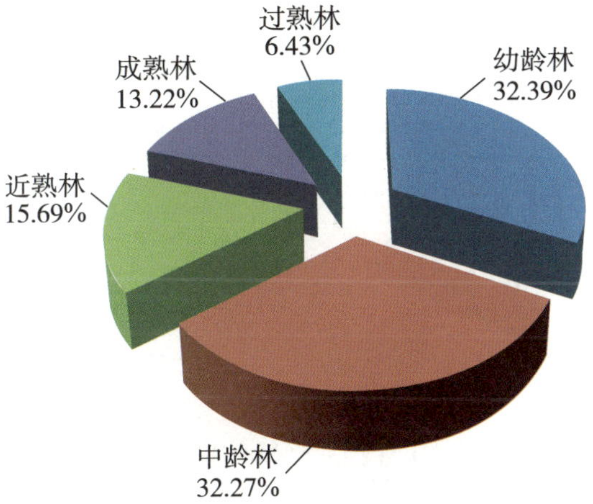

图2-38　全国第八次清查期间各龄组蓄积比例

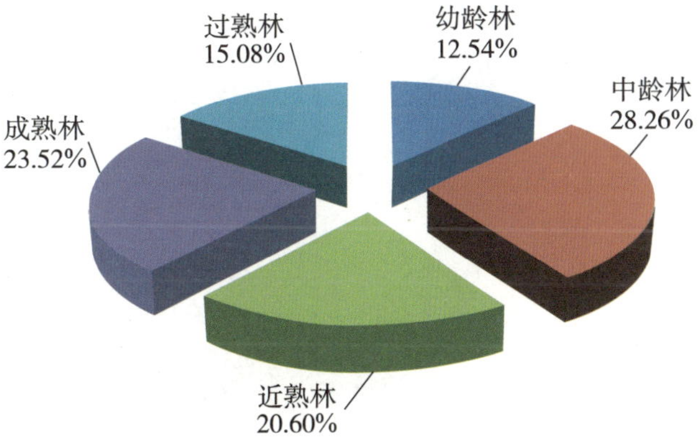

图2-39　全国第九次清查期间各龄组蓄积比例

2.3.1.3　林种结构

2.3.1.3.1　历次清查期不同林种面积

历次清查期不同林种面积比例如图2-40至图2-47所示，各林种面积比例变化较大，主要表现在用材林面积锐减，由第二次清查期的75.42%降到第九次清查期的37.82%。与此同时，防护林面积急剧增加，由第二次清查期的9.36%猛增到第九次清查期的49.37%。这说明我国对森林多种效益日益重视，而且三北地区及长江流域等重点防护林体系工程和天然林资源保护工程大大增加了防护林的面积，为维护我国生态环境安全起到了非常重要的作用。

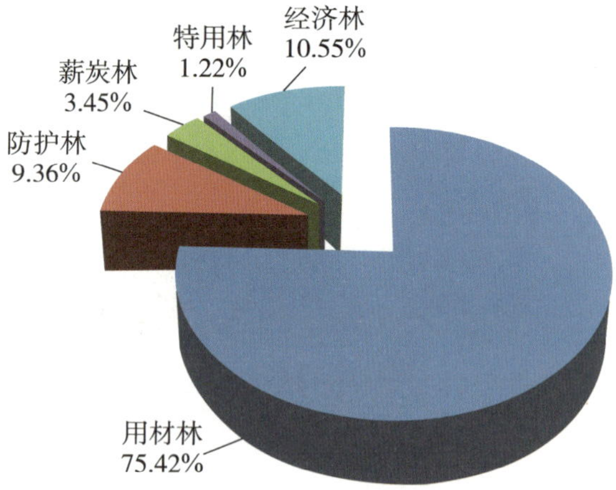

图2–40　全国第二次清查期间各林种面积比例

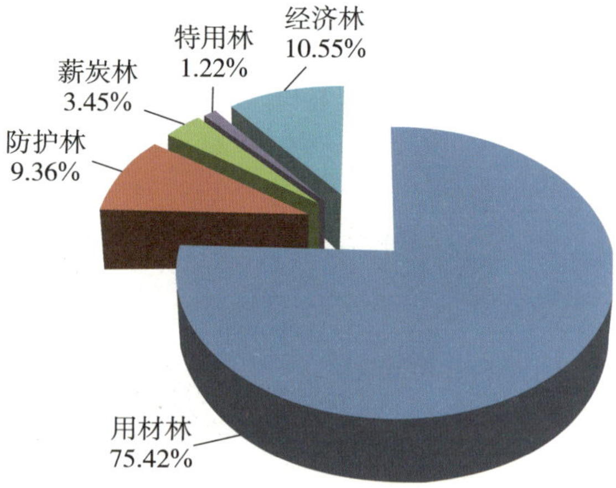

图2–41　全国第三次清查期间各林种面积比例

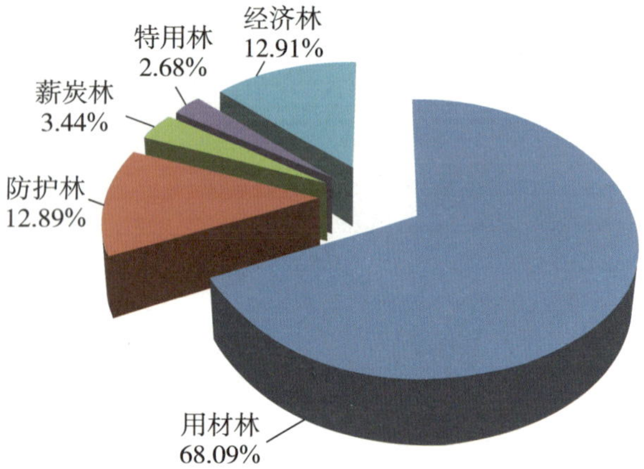

图2–42　全国第四次清查期间各林种面积比例

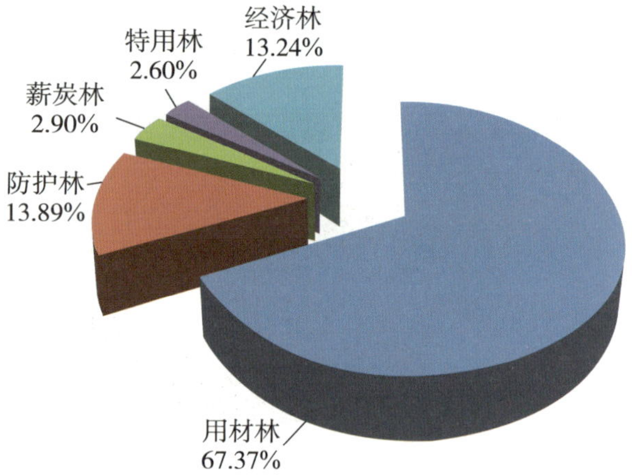

图2–43　全国第五次清查期间各林种面积比例

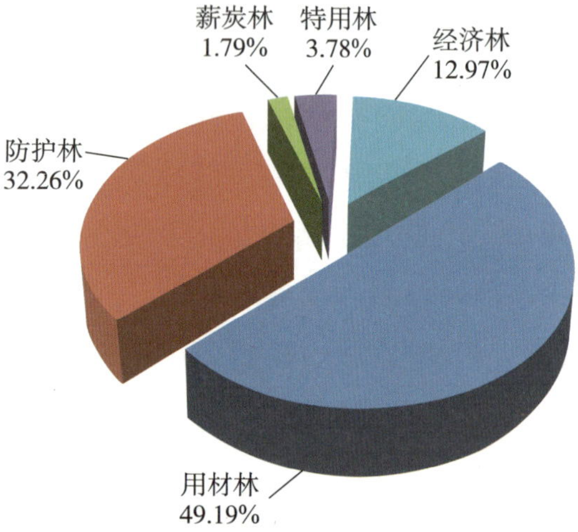

图2–44　全国第六次清查期间各林种面积比例

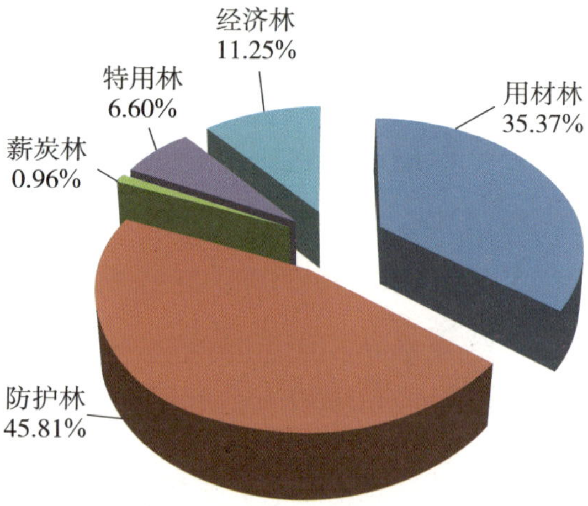

图2–45　全国第七次清查期间各林种面积比例

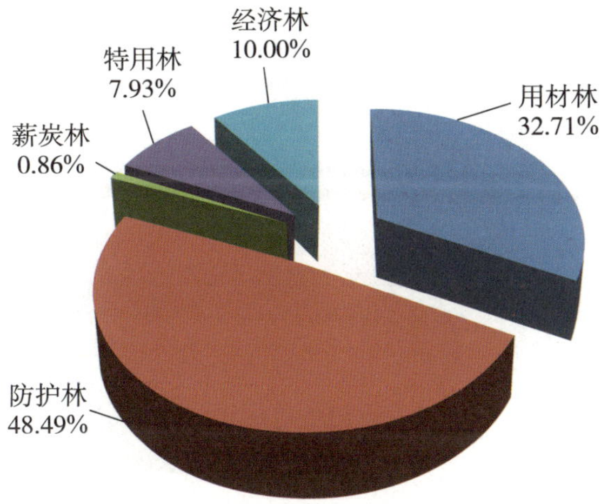

图2-46　全国第八次清查期间各林种面积比例

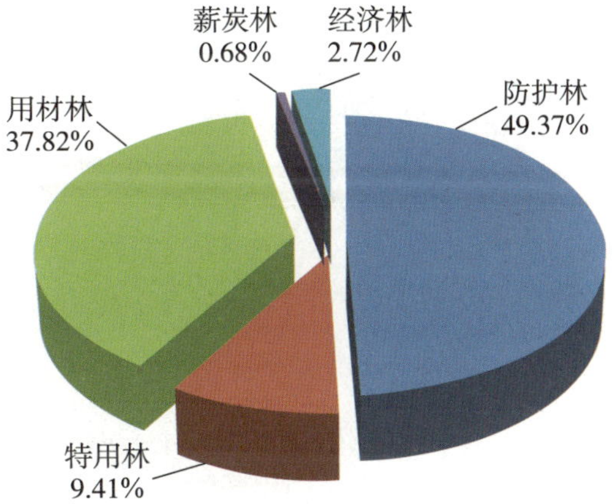

图2-47　全国第九次清查期间各林种面积比例

2.3.1.3.2　历次清查期不同林种蓄积

历次清查期不同林种蓄积量比例如图2-48至图2-55所示，各林种蓄积量比例变化较大，主要表现在用材林蓄积量锐减，由第二次清查期的86.26%降到第九次清查期的31.75%。与此同时，防护林蓄积量急剧增加，由第二次清查期的11.08%猛增到第九次清查期的51.69%，防护林蓄积量所占比重大幅度提升主要是因为三北地区及长江流域等重点防护林体系工程和天然林资源保护工程的实施。另外，防护林蓄积量增长幅度大于其面积增长幅度的原因是防护林大部分分布在大江大河的源头或者上游，这些区域多是地势险要、人迹罕至的区域，所有这些区域保留了森林质量较好的原始林或者天然次生林，因而防护林的蓄积量会随着面积的增加而迅速提升。

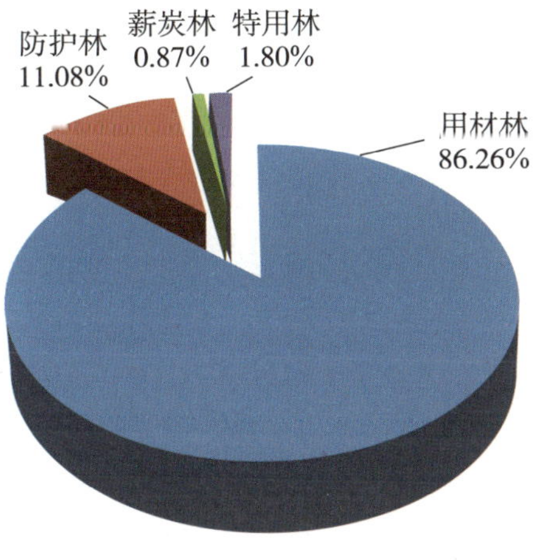

图2-48　全国第二次清查期间各林种蓄积量比例

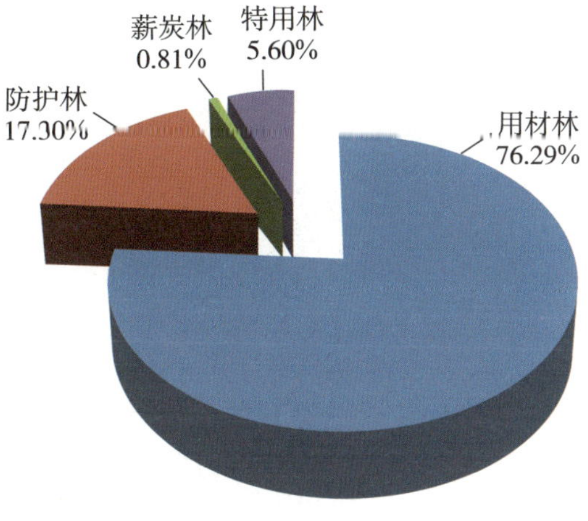

图2-49　全国第三次清查期间各林种蓄积量比例

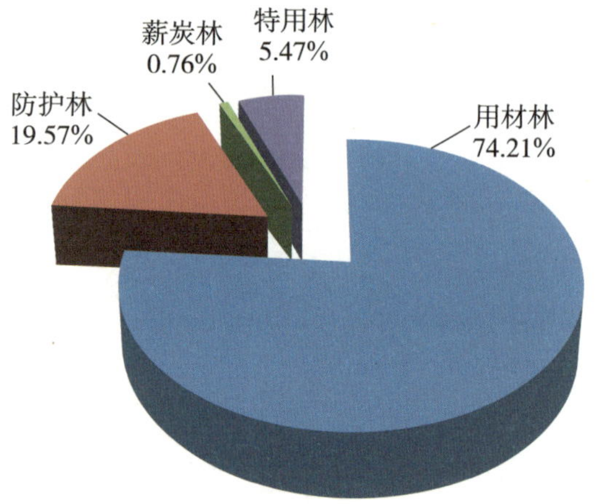

图2-50　全国第四次清查期间各林种蓄积量比例

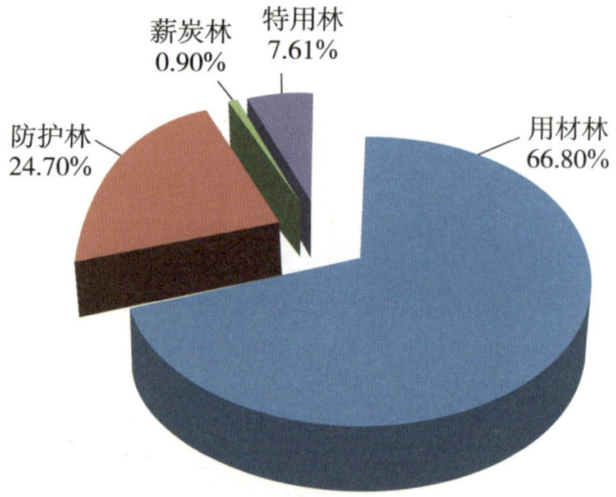

图2-51　全国第五次清查期间各林种蓄积量比例

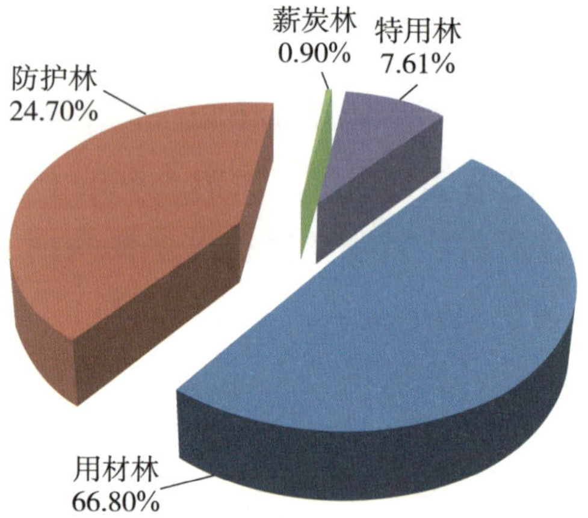

图2-52　全国第六次清查期间各林种蓄积量比例

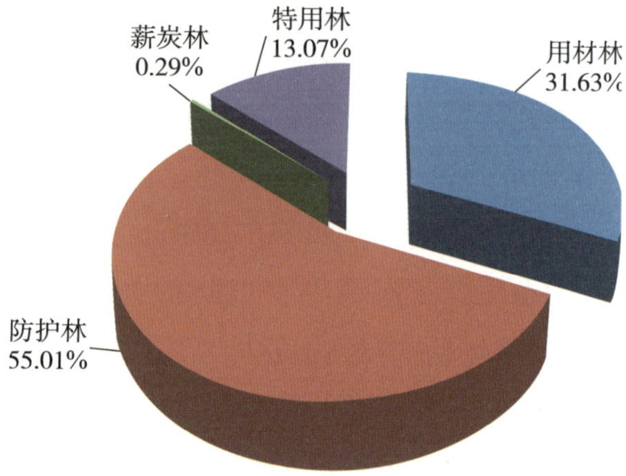

图2-53　全国第七次清查期间各林种蓄积量比例

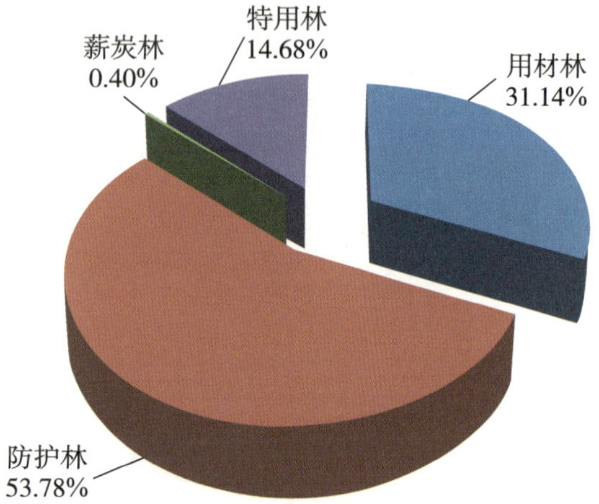

图2-54　全国第八次清查期间各林种蓄积量比例

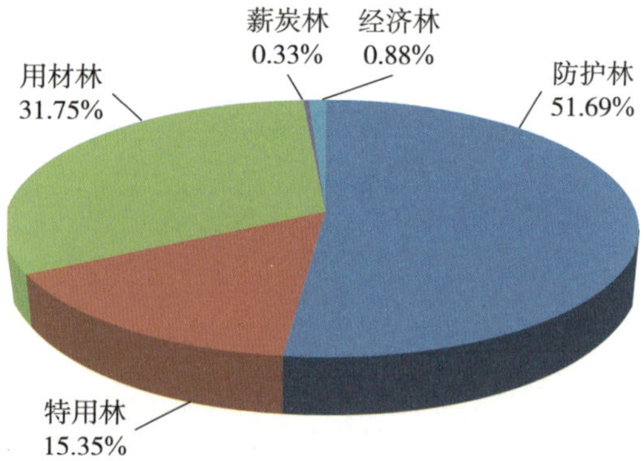

图2-55　全国第九次清查期间各林种蓄积量比例

2.3.2　重点区域森林资源结构状况

2.3.2.1　重点生态功能区

2.3.2.1.1　龄组结构

重点生态功能区不同龄组森林面积变化如图2-56，幼龄林和中龄林的面积最大，其次是近熟林和成熟林，过熟林的面积最小。重点生态功能区不同龄组森林面积均有所增加，幼龄林由第八次清查期的1629万公顷增加至第九次清查期的1703.46万公顷，增加率为4.57%，中龄林、近熟林、成熟林和过熟林的面积增加率分别为5.55%、12.51%、7.99%和1.82%；近熟林的增加量最大，第九次清查期相比第八次清查期增加了143.27万公顷，这说明随着时间的延长，重点生态功能区的林龄结构更加合理，近熟林和成熟林增加比例较大，有利于今后重点生态功能区生态功能的提升。

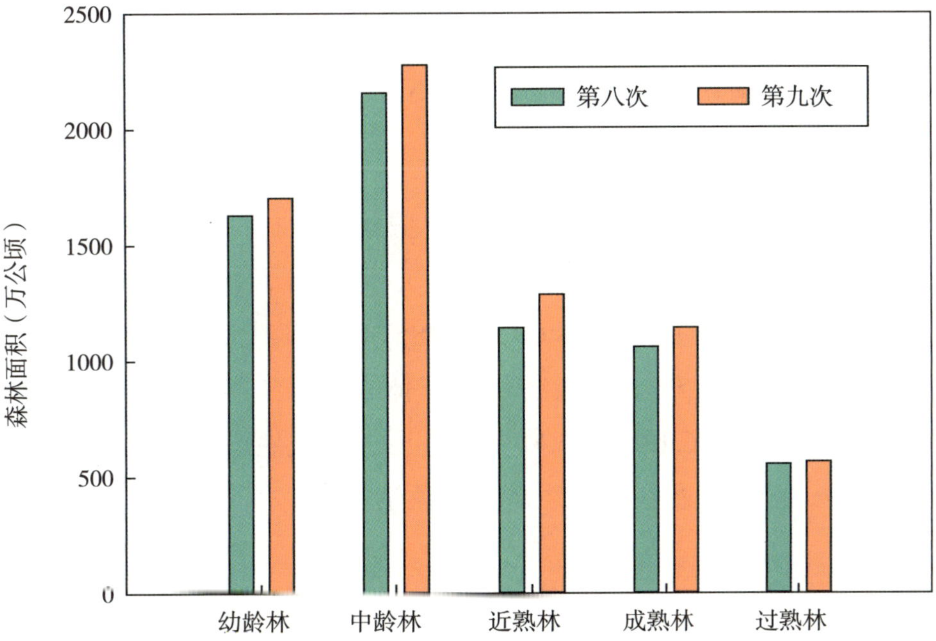

图2-56　重点生态功能区不同龄组面积变化

重点生态功能区以中龄林和成熟林的蓄积量最大，其次是近熟林和过熟林，幼龄林的蓄积量最小（图2-57）。不同龄组蓄积量均有所增加，第九次清查期相比第八次清查期幼龄林、中龄林、近熟林、成熟林和过熟林的蓄积量分别增加了1.44亿、2.75亿、2.19亿、1.14亿和0.07亿立方米，增长率分别为27.19%、15.21%、14.34%、5.73%和0.53%。可见，重点生态功能区幼龄林和中龄林的蓄积量增加较快，这是因为中幼龄林正处于生长的旺盛期，生长量较大。

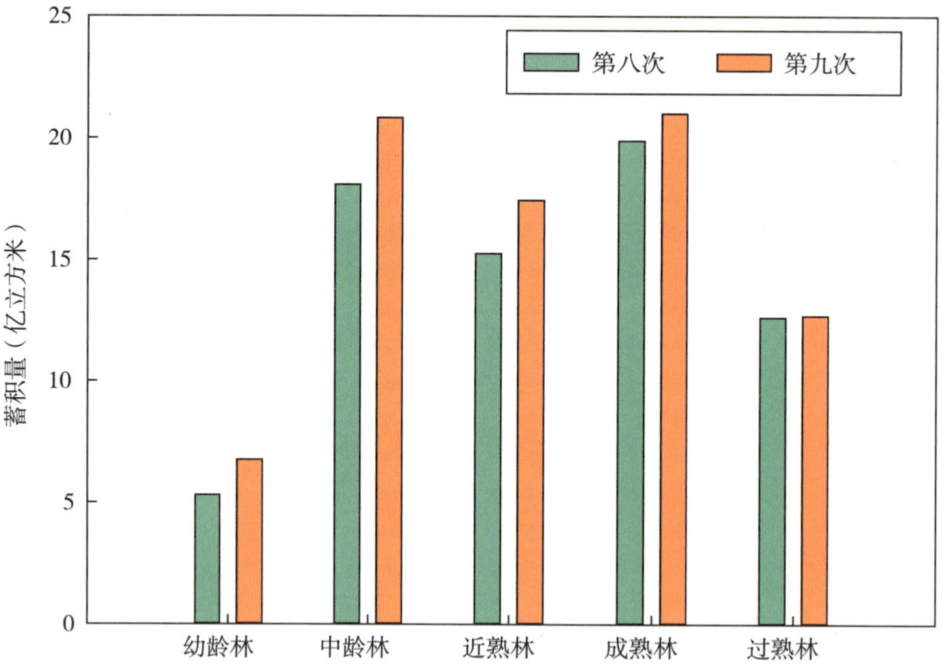

图2-57 重点生态功能区不同龄组蓄积量变化

2.3.2.1.2 林种结构

重点生态功能区不同林种结构表现为防护林和用材林的面积最大，其次是特用林和经济林，薪炭林的面积最小（图2-58），防护林、特用林和用材林的面积第九次在第八次的基础上分别增加18.00万、185.30万和215.70万公顷，增长率分别为0.35%、19.18%和11.15%。薪炭林和经济林的面积分别减少13.58万和14.05万公顷，减少率为分别为26.12%和3.80%。可见，重点生态功能区的规划实施增加了特用林的面积，减少了薪炭林和经济林的营造。

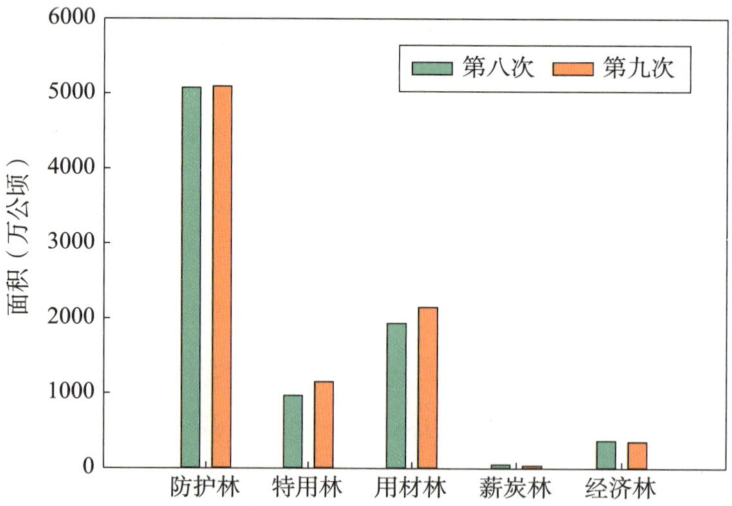

图2-58 重点生态功能区不同林种面积变化

2.3.2.2　长江经济带

2.3.2.2.1　龄组结构

由表2-9可知，第九次清查期长江经济带不同龄组面积表现为幼龄林最大，占总面积的38.61%；其次是中龄林，占总面积的30.20%；近熟林和成熟林的面积分别为989.07万公顷和798.41万公顷；成熟林的面积最小，仅为429.84万公顷，占总面积的6.05%；这说明长江经济带的森林中幼龄林占有绝对优势，正处于生长旺盛期。蓄积量最大的是中龄林，占28.61%；其次是成熟林，占19.08%；幼龄林、近熟林和过熟林的蓄积量占比接近，幼龄林的最小，占比为17.17%。

表2-9　第九次清查期长江经济带龄组结构

面积/蓄积	幼龄林	中龄林	近熟林	成熟林	过熟林	合计
面积（万公顷）	2745.47	2147.40	989.07	798.41	429.84	7110.19
面积比例（%）	38.61	30.20	13.91	11.23	6.05	100.00
蓄积量（亿立方米）	10.80	17.99	10.82	12.00	11.28	62.89
蓄积量比例（%）	17.17	28.61	17.20	19.08	17.94	100.00

2.3.2.2.2　林种结构

第九次清查期长江经济带不同林种面积表现为防护林最大，占43.35%；其次是用材林，占38.21%；经济林排第三，占10.06%；特用林占7.68%；薪炭林最小，占0.70%。

2.3.2.3　黄河流域

2.3.2.3.1　龄组结构

黄河流域在第四次至第九次清查期各龄组面积均呈增加趋势（图2-59），近

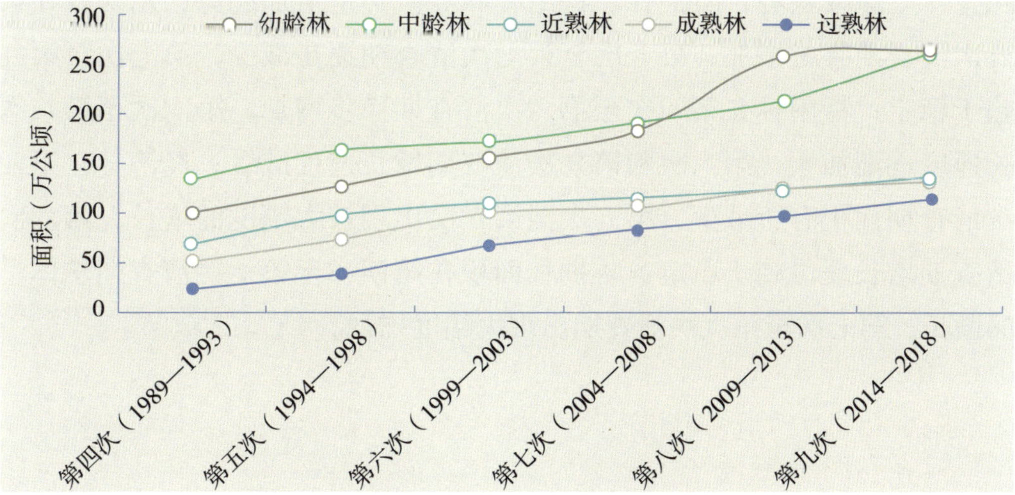

图2-59　黄河流域不同清查期各龄组面积

熟林、成熟林和过熟林呈稳步增加；幼龄林森林面积在第四次至第七次清查期中稳定增加，第七次至第八次清查期增幅较大，第八次后趋于稳定；中龄林森林面积在第四次至第五次清查期增长较快，第七次清查期后增长速度逐渐加快。

黄河流域在第四次至第九次清查期各龄组蓄积量均呈增加趋势（图2-60），其中幼龄林、中龄林和近熟林森林蓄积量呈现逐步递增状态；成熟林和过熟林森林蓄积量在第四次和第五次清查期增长相对其他龄组差异较小，第五次和第六次清查期出现大幅增长，后趋于稳步增长。

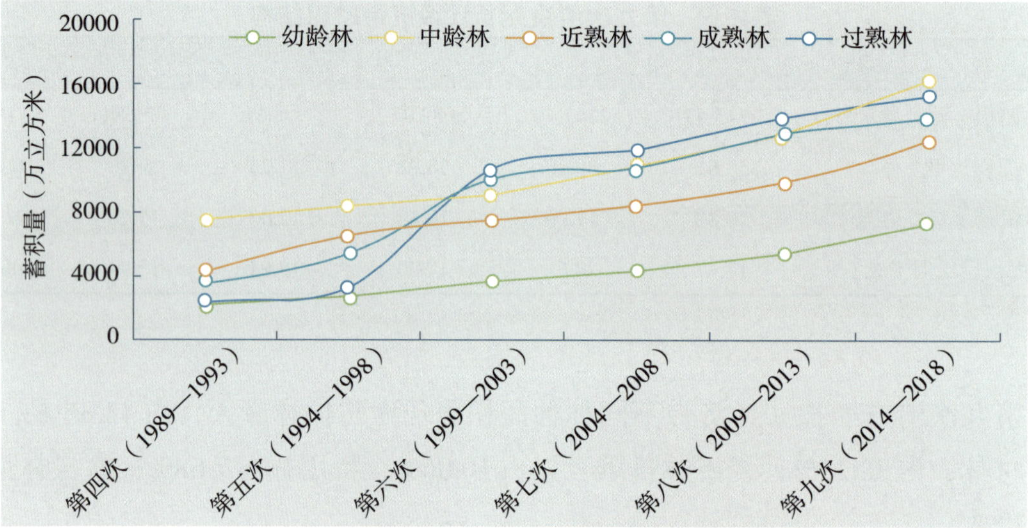

图2-60　黄河流域不同清查期各龄组蓄积量

2.3.2.3.2　林种结构

黄河流域第四次至第九次清查期不同林种面积变化如图2-61，用材林和薪炭林面积整体呈递减趋势，防护林、特用林和经济林呈增加趋势；用材林在第四次至第五次清查期有所增加，第五次至第七次清查期逐步减少，第七次至第九次清查期趋于稳定；特用林在第四次至第六次清查期稳步增加，第六次至第八次清查期增长速度逐渐加大，第八次和第九次清查期增长速度减缓；经济林在第四次至第五次清查期面积有所减少，第五次至第六次出现较大幅度的增长，第六次至第九次清查期增长缓慢趋于稳定；防护林面积在第四次至第七次清查期整体呈相对稳定的增长，第七次至第九次清查期出现大幅度增加。

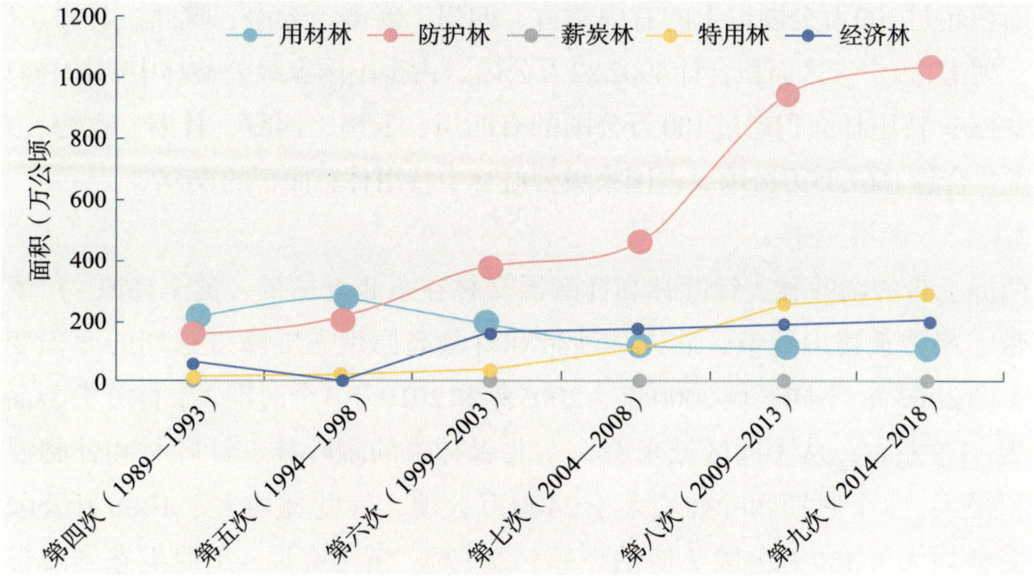

图2-61　黄河流域不同清查期各林种面积

2.3.2.4　国家级公益林

2.3.2.4.1　龄组结构

国家级公益林中，乔木林面积6790.01万公顷，其中幼龄林1713.80万公顷，占25.24%；中龄林2340.74万公顷，占34.48%；近熟林1157.85万公顷，占17.05%；成熟林1074.34万公顷，占15.82%；过熟林503.28万公顷，占7.41%（图2-62）。全国国家级公益林乔木林以中、幼龄林为主，主要分布在四川、云南、陕西、内蒙古、甘肃，5个省区面积合计1557.88万公顷，占全国国家级公益林中、幼龄林总面积的38.42%。

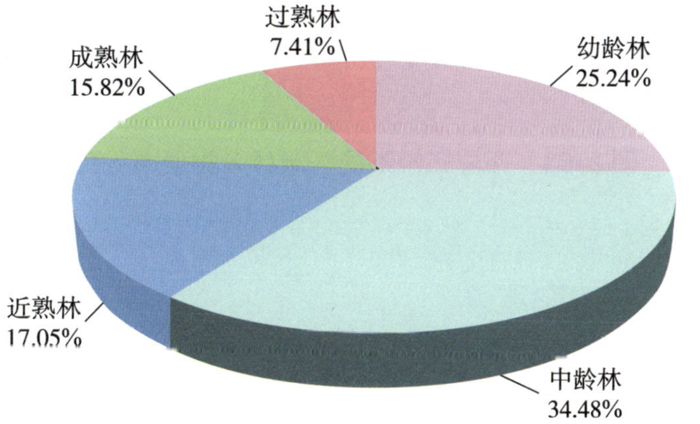

图2-62　国家级公益林乔木林龄组构成

2.3.2.4.2　林种结构

国家级公益林中，防护林7742.15万公顷，占68.15%；特种用途林2490.39万公顷，占21.92%；其他公益林地1127.68万公顷，占9.93%。国家级公益林以防护林为主，面积超过300万公顷以上的有内蒙古、四川、新疆、云南、陕西、甘肃、广西、青海、湖南，9个省区面积合计4902.82万公顷，占全国国家级公益林中防护林总面积的63.33%；特用林面积超过100万公顷的有四川、云南、西藏、甘肃、青海、新疆、内蒙古，合计1667.85万公顷，占国家级公益林中特用林总面积的66.97%。

2.3.2.5 两屏三带

两屏三带的阔叶林、针叶林和针阔混交林在东北森林带、黄土高原–川滇生态屏障带、南方丘陵山地带、北方防沙带和青藏高原生态屏障带三期的面积变化均较小（图2–63）；不同区域2000年、2005年和2010年3个时期3个林分类型面积占比均为33%左右；从不同区域来看，东北森林带的阔叶林、针叶林和针阔混交林的面积最大，3个时期阔叶林均大于2400万公顷，针叶林均大于1000万公顷，针阔混交林均大于360万公顷（傅伯杰等，2017）。黄土高原–川滇生态屏障带和青藏高原生态屏障以针叶林的面积较大，黄土高原–川滇生态屏障带在8万公顷以上，青藏高原生态屏障在1万公顷以上；其他屏障带以阔叶林的面积较大。

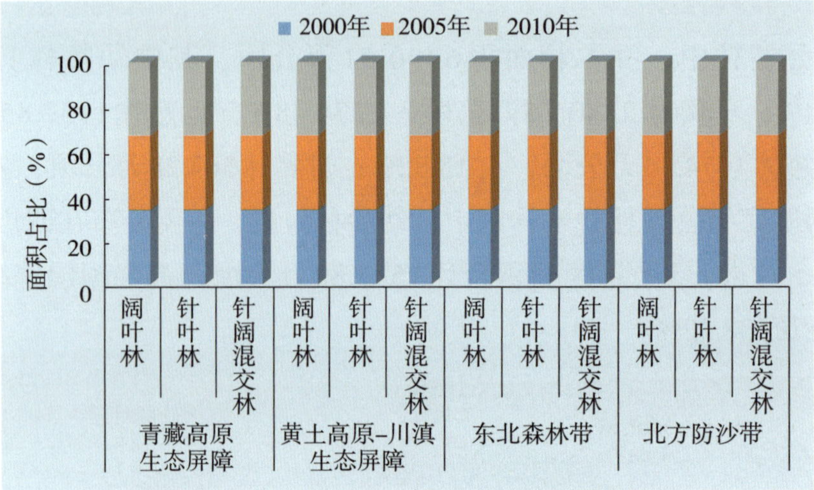

图2–63 两屏三带不同区域林分类型面积变化

2.4 森林质量状况与稳定性

2.4.1 森林质量状况

森林质量的高低是决定森林生态系统功能能否有效发挥的关键因素，在保证木材产量供给、维护国家生态安全方面具有重要作用。不同的学者根据不同的研究目的，选择适合的指标评价森林资源质量状况，如森林单位面积蓄积量、单位面积生长量、森林健康状况等。本研究以国家林草生态综合监测数据和生态产品评估结果为依据，并结合千年生态系统评估（MA）、英国生态系统评估（UK-NEA）、Costanza的生态系统健康研究，选择景观格局、绿色活力和生态功能三大类一级指标，数量分布、景观结构、区域生产力、物种丰富性、生态系统结构、水土保持功能、碳中和功能和生物多样性保育功能等8个二级指标和NDVI指数、净初级生产力、涵养水源量和平均固碳速率等16个三级指标，作为森林质量状况的主要指标，利用熵值赋权法和“AI集成学习+生态大数据”赋值算法对各指标进行量值计算和权重赋值，确定不同区域森林质量状况，以为政府制定森林可持续经营战略和策略、提高森林资源管理水平提供科学依据。

2.4.1.1　指标体系

参考国家林草生态综合监测生态空间质量状况的指标体系，选择景观格局、绿色活力和生态功能三大类指标作为森林质量状况的主要指标，计算出森林质量指数和质量等级。森林质量指标体系见表2-10。

表2-10　森林质量指标体系

一级指标	二级指标	三级指标
景观格局	数量分布	NDVI指数
		生物量
	景观结构	景观多样性指数
		景观破碎度ED指数
绿色活力	区域生产力	净初级生产力
	物种丰富性	物种多度
	生态系统结构	林层结构
		树种结构
		郁闭度
生态功能	水土保持功能	涵养水源量
		固土量
	碳中和功能	平均固碳速率
		平均碳密度
	生物多样性保育功能	丰富度与均匀度
		濒危指数
		特有种指数

2.4.1.2　指标分类标准

利用林草综合监测数据和森林生态产品评估结果，按相对重要性来综合反映森林质量等级，各项指标及分类标准见表2-11。

表2-11　森林质量指标因子及分类标准

一级指标	二级指标	三级指标	单位	划分标准		
				Ⅰ	Ⅱ	Ⅲ
景观格局	数量分布	NDVI指数		≥0.8	0.60～0.8	<0.6
		生物量	亿吨	≥8	3～8	<3
	景观结构	景观多样性指数		≥1.5	1～1.5	<1
		景观破碎度ED指数	立方米/公顷	≥450	200～450	<200
绿色活力	区域生产力	净初级生产力	克/（平方米·年）	≥600	300～600	<300
	物种丰富性	物种多度	%	≥20	5～20	<5
	生态系统结构	林层结构		完整结构	较完整结构	简单结构
		树种结构		类型6、7	类型3、4、5	类型1、2
		郁闭度		≥0.70	0.40～0.69	0.20～0.39
生态功能	水土保持功能	涵养水源量	亿立方米/年	≥250	150～250	<150
		固土量	亿吨/年	≥3.5	2～3.5	<2
	碳中和功能	平均固碳速率	吨/（公顷·年）	≥2.4	1.4～2.4	<1.4
		平均碳密度	吨/公顷	≥45	20～45	<20
	生物多样性保育功能	丰富度与均匀度		≥3.0	1.5～3.0	<1.5
		濒危指数		≥3.0	2.0～3.0	<2.0
		特有种指数		≥3.0	2.0～3.0	<2.0

注：林层结构：完整结构指具有乔木层、下木层、地被物层（含草本、苔藓、地衣）3个层次的林分；较完整结构指具有乔木层和其他1个植被层的林分；简单结构指只有乔木1个植被层的林分。

树种结构：类型1为针叶纯林（单个针叶树种蓄积≥90%）；类型2为阔叶纯林（单个阔叶树种蓄积≥90%）；类型3为针叶相对纯林（单个针叶树种蓄积占65%～90%）；类型4为阔叶相对纯林（单个阔叶树种蓄积占65%～90%）；类型5为针叶混交林（针叶树种总蓄积≥65%）；类型6为针阔混交林（针叶树种或阔叶树种总蓄积占35%～65%）；类型7为阔叶混交林（阔叶树种总蓄积≥65%）。

2.4.1.3　因子权重

为了提高森林质量研究的精准度，针对单一生态系统的单个或多个指标与森林质量的关系，本研究将“AI集成学习+生态大数据”赋值算法和熵值赋权法组合使用，集成多个基学习器进行迭代运算，通过增强算法的全局搜索能力和局部搜索能力，实现深度数据挖掘，获取全局最优的森林质量指标权重。熵值赋权法是1948年Shannon将熵的概念引入信息论而产生的方法。被引入信息论后，被定义为反映随机变量不确定性的程度。其中信息熵越小，指标所含的信息无序程度越低，指标信息的效用值就越高，指标对评价的目标的贡献值就越大，相应的指标权重值越大。反之，指标权重值越小。使用熵值赋权法的具体流程如下。

（1）原始数据矩阵标准化处理，并用如下公式定义标准化矩阵：

$$P=\left\{p_{ij}\right\}_{m\times n}\left\{p=x_{ij}/\sum_{i=1}^{m}x_{xj}\right\}$$

（2）计算j个指标的熵值e_j：

$$e_j=-k\sum_{i=1}^{m}p_{ij}\times\ln(p_{ij})$$

其中，$k=1/\ln(M)$并且假定当$p_{ij}=0$时，$p_{ij}\times\ln(p_{ij})=0$。

（3）计算评价指标的差异系数：

$$g_j=1-e_j$$

（4）计算第j个指标的权重w_j：

$$w_j=g_i/\sum_{j=1}^{n}g_j$$

最后将“AI集成学习+生态大数据”赋值算法和熵值赋权法组合使用，计算得到全国森林质量指标体系的指标权重值和森林质量的景观格局、绿色活力和生态功能3种指数的权重值（表2-12）。

表2-12　森林质量因子权重

一级指标	一级指标权重	二级指标	二级指标权重	三级指标	三级指标权重
景观格局	0.3	数量分布	0.55	NDVI指数	0.50
				生物量	0.50
		景观结构	0.45	景观多样性指数	0.50
				景观破碎度ED指数	0.50
绿色活力	0.3	区域生产力	0.34	净初级生产力	1.0
		物种丰富性	0.33	物种多度	1.0
		生态系统结构	0.33	林层结构	0.33
				树种结构	0.33
				郁闭度	0.34
生态功能	0.4	水土保持功能	0.3	涵养水源量	0.5
				固土量	0.5
		碳中和功能	0.3	平均固碳速率	0.5
				平均碳密度	0.5
		生物多样性保育功能	0.4	丰富度与均匀度	0.34
				濒危指数	0.33
				特有种指数	0.33

按下式计算综合得分得到森林质量状况：

$$Y=\sum_{i=1}^{24}W_iX_i$$

式中：X_i——第 i 项因子的类型得分值（类型Ⅰ、Ⅱ、Ⅲ分别取1、2、3）；

W_i——各因子的权重。

2.4.1.4 等级划分

根据综合得分值获得森林质量等级，将综合得分值的倒数定义为森林质量指数，并以此作为森林质量的定量指标（表2-13）。该指数值小于等于1，数值越大，表明森林质量越好。

森林质量指数计算：

$$K=\frac{1}{\sum W_iX_i}$$

表2-13 森林质量等级划分标准

功能等级	综合得分值			
	景观格局质量	绿色活力质量	生态功能质量	森林质量
优秀	≥0.65	≥0.60	≥0.60	≥0.60
良好	0.45～0.65	0.45～0.60	0.35～0.60	0.40～0.60
一般	<0.45	<0.45	<0.35	<0.40

2.4.1.5 质量状况

2.4.1.5.1 景观格局质量

森林景观格局质量空间分布如图2-64所示，广东、云南、吉林、广西、浙江、福建、江西、湖北、湖南、四川和贵州等以上11个省域森林景观格局质量指数高于0.65。

森林景观格局质量：对森林生态系统的数量分布指标、景观结构指标进行的综合评估。

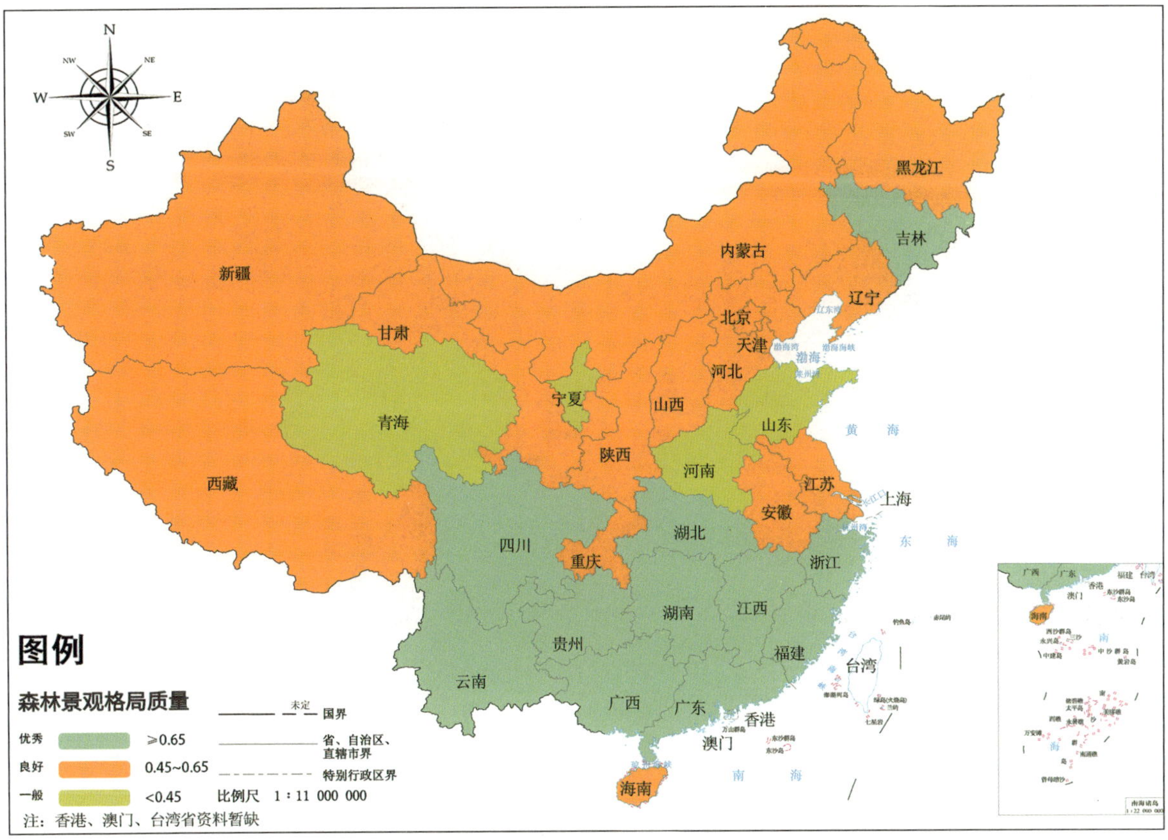

图2-64 森林景观格局质量评估结果空间分布

2.4.1.5.2 绿色活力质量

森林绿色活力质量空间分布如图2-65所示，云南、黑龙江、福建、江西、四川、吉林、浙江、湖北、广东、海南和安徽等以上11个省域森林绿色活力指数高于0.6。

> **森林绿色活力：** 对森林生态系统的区域生产力指标、物种丰富性指标生态系统结构指标进行的综合评估。

2.4.1.5.3 生态功能质量

森林生态功能质量空间分布如图2-66所示，云南、黑龙江、广东、广西、湖南、四川、内蒙古、福建和西藏等以上9个省域森林生态功能指数高于0.6。

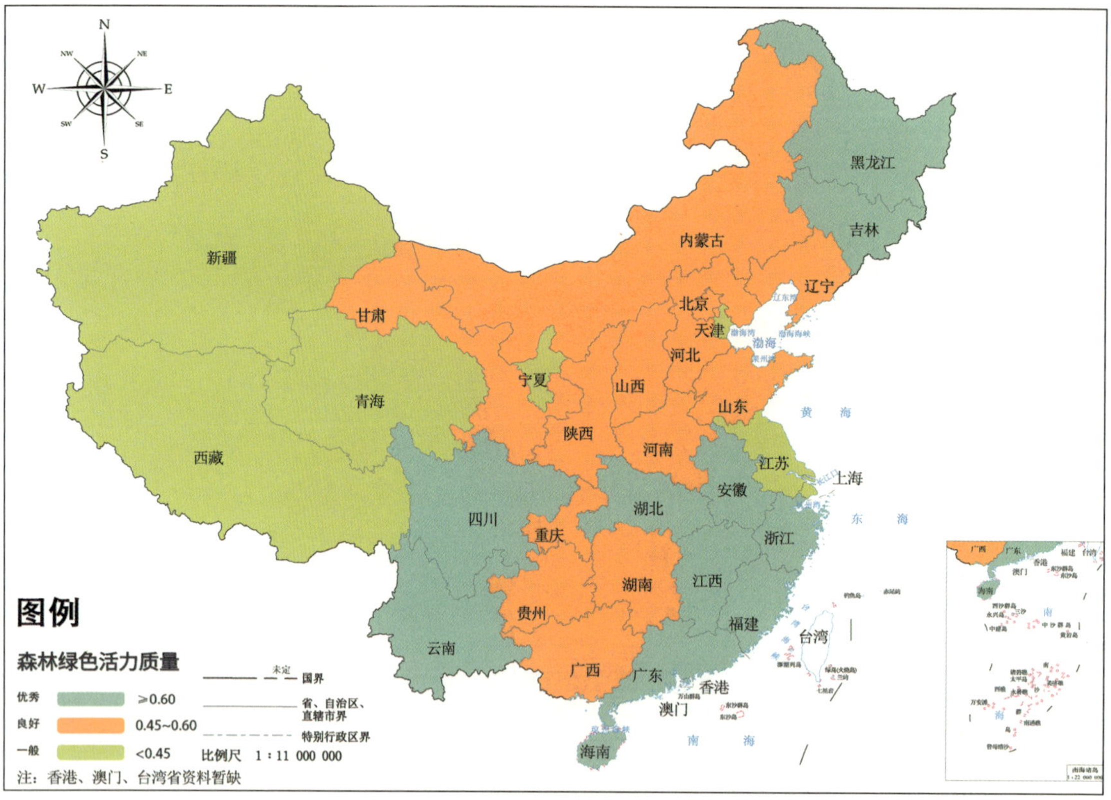

图2-65 森林绿色活力质量评估结果空间分布

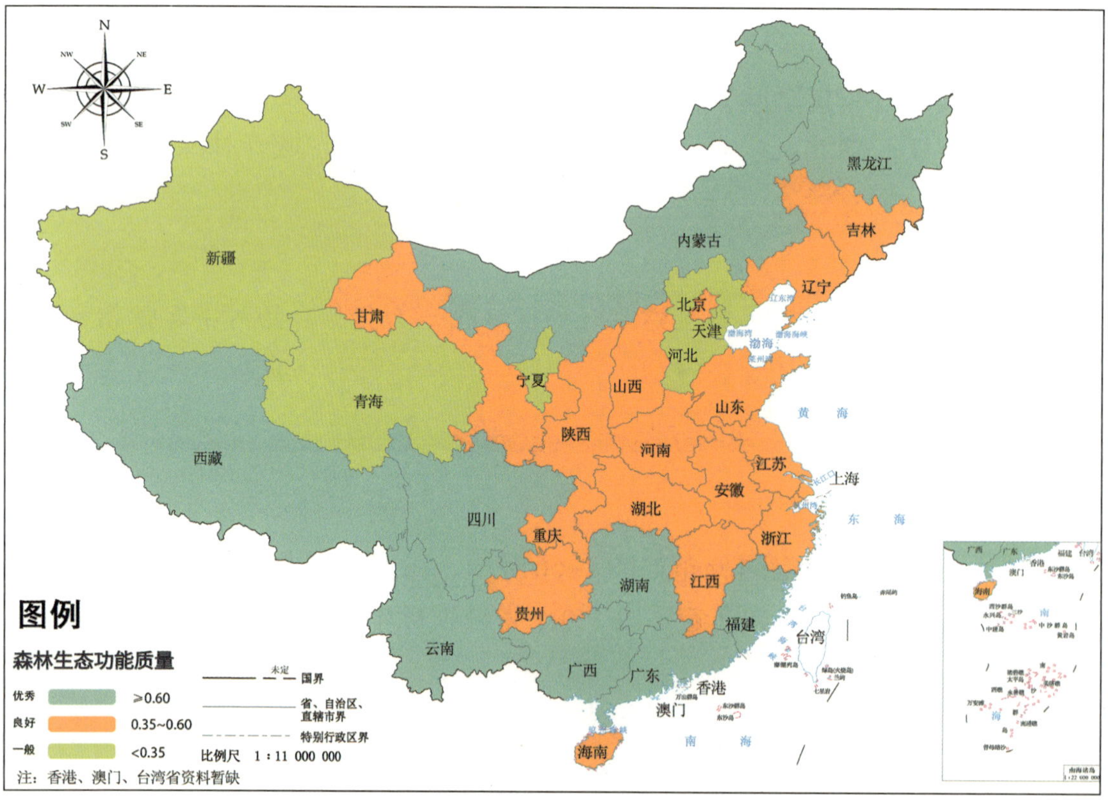

图2-66 森林生态功能质量评估结果空间分布

2.4.1.5.4 综合质量状况

将森林景观格局、森林绿色活力和森林生态功能的质量状况叠加得到森林综合质量状况（图2-67、图2-68），云南、广东、黑龙江、四川、福建、广西、湖南、江西和吉林9个省域森林质量指数高于0.6。

> **森林质量：**森林生态系统的优劣程度，它在特定的时间和空间范围内，从生态系统层次上，反映森林生态系统的基本特征与健康状况。

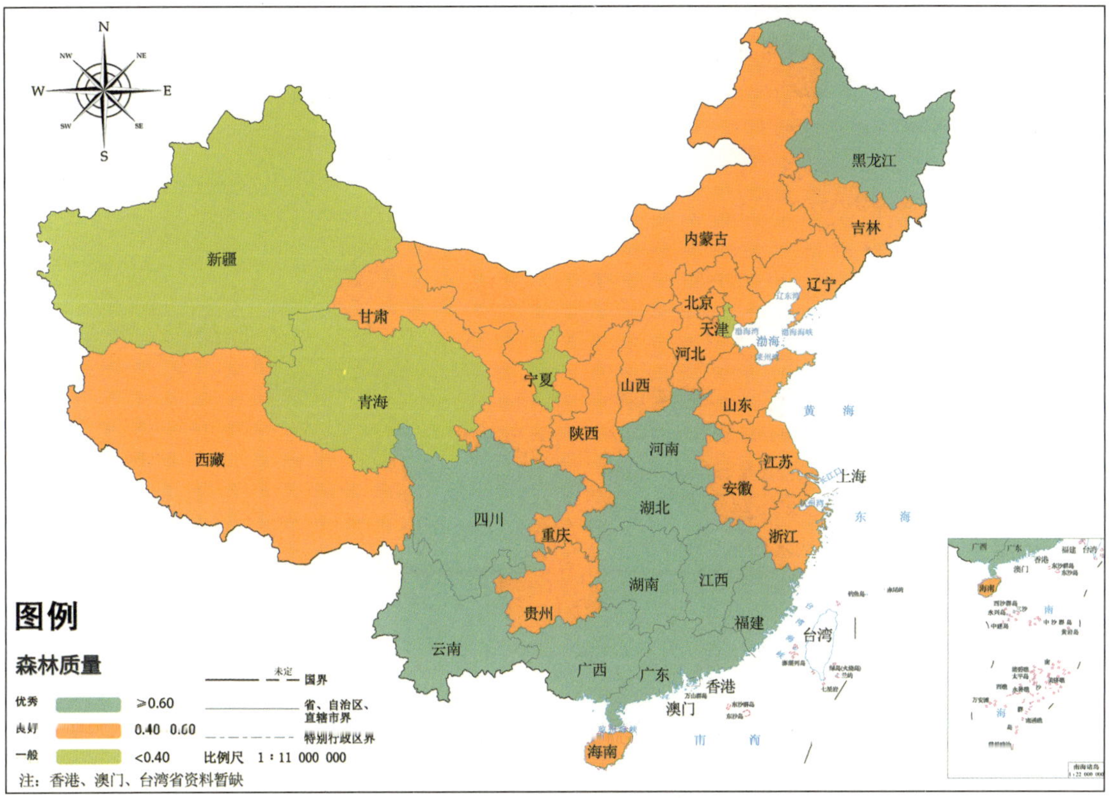

图2-67 森林质量评估结果空间分布

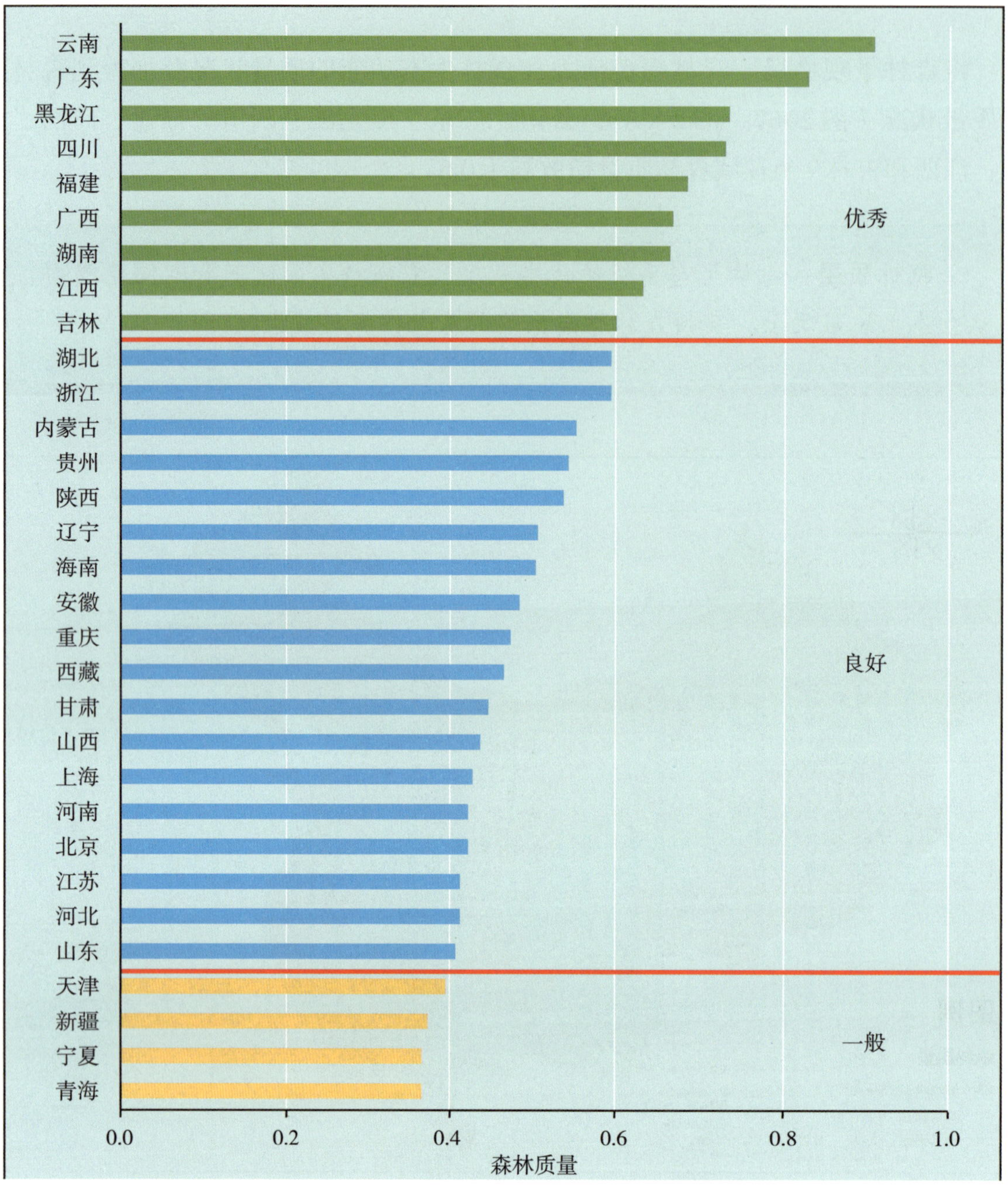

图2-68　森林质量评估结果省域尺度排序

2.4.2　森林稳定性

生态系统稳定性是指生态系统抵抗外界干扰和干扰去除后恢复初始状态的能力（Huang，1995），其一般内涵包括：抵抗力（resistance），生态系统在达到演替顶级后，能够自我更新和维持，当面对外来干扰时生态系统内部在一定程度上能够自我调节；恢复力（resilience），指生态系统在遭到外界干扰破坏后恢复到原状的能力；持久力（persist-ence），指生态系统的结构和功能长期保持在较高水平；

变异性（variability），指生态系统受到自然或人为干扰后，功能和结构波动较小，很快能够重新平衡。

稳定性作为森林生态系统的重要属性，集中反映了群落中各种群的自身调节、种间竞争及联结状况，是多种林分因子、环境因子和外界干扰综合作用的结果。森林生态系统稳定性的影响因素主要包括物种组成、群落结构、年龄结构、生物多样性、土壤肥力、中间联结、抚育间伐、森林病虫害、林火干扰等方面。群落树种组成、径级和年龄结构等林分结构是森林生态系统最明显的特征，也是决定森林群落更新潜力、多样性、种间关系、影响林下凋落物和土壤特性的重要因素，反映了植被生长与环境的适应关系。多样性与群落稳定性关系复杂，一般而言，物种多样性的增加提高了森林生态系统的弹性阈值和稳定性，即物种多样性与稳定性表现为正相关。

风雪灾害、自然火干扰和森林病虫害等自然干扰，一方面破坏了森林植被甚至改变森林生态系统的结构组成，使森林生态系统的抵抗力和生态服务能力降低；另一方面，雪灾或火灾会改变森林土壤理化性质、动物和微生物的群落结构，整个森林生态系统的物质循环与能量流动过程受到影响，进而对森林生态系统的稳定性造成很大的影响。全国林业有害生物防治率逐渐提高（图2-69），由2000年的67.4%增加到2018年的77.8%，增加了10.4%；同时，林业有害生物防治面积也逐渐增加，由2000年的574.19万公顷，增加到2018年的948.93公顷，增加了65.26%（国家统计局，2020）。林业有害生物防治率和防治面积的增加，使得受病虫害干扰的森林面积减少，大幅提高了森林的抗干扰能力，使得森林稳定性增强（图2-70）。在林火方面，全国森林火灾次数逐年减少，由2010年的7723次减少到2019年的2345次，与之对应的火灾受害森林面积也呈现减少的趋势，由2010年的45761.08公顷减小到2019年的13504.9公顷，减少了70.49%（国家统计局，2020）。可见，林火次数的减少使得受林火灾害的森林面积减少，这无形中降低了因火灾而使森林不稳定的情形，使得森林面积和森林种类少受损失。

我国森林的中幼林面积比率下降了1.47个百分点，降至46.95%；混交林面积比率提高4.30个百分点，达到32.37%；森林群落结构完整的面积比率提高3.14个百分点，达到73.89%；自然度Ⅰ级、Ⅱ级面积比率增加5.57个百分点，达到40.03%；遭受病虫害、火灾及其他自然灾害的面积比率下降5.06个百分点，降至14.91%。可见，全国国有林森林质量和生态状况总体上有所改善，森林稳定性增强。

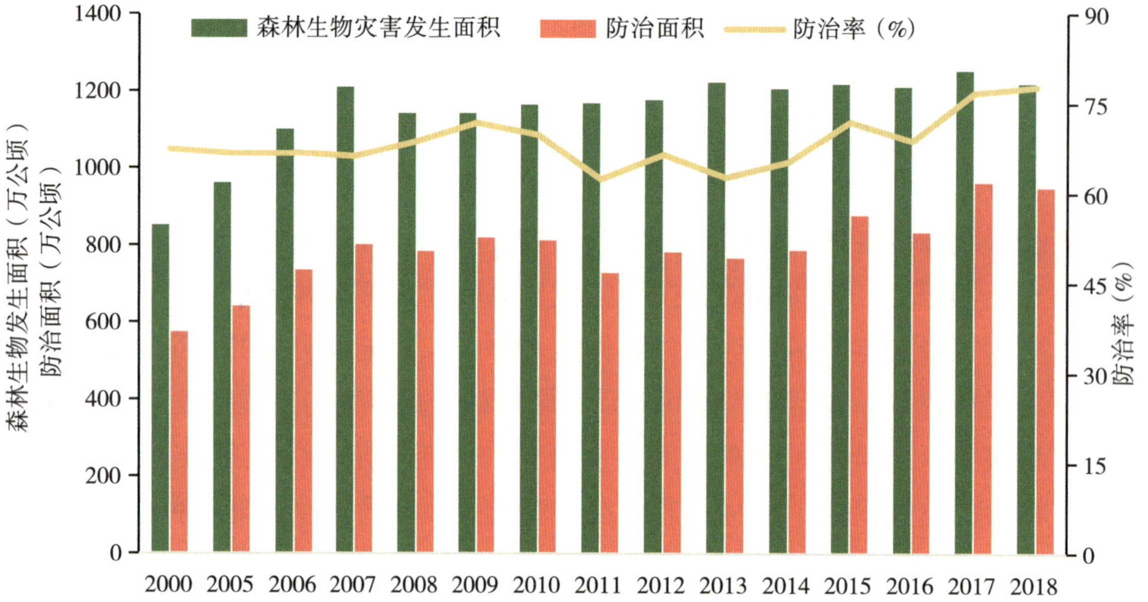

图2-69　2000—2018年全国林业有害生物防治

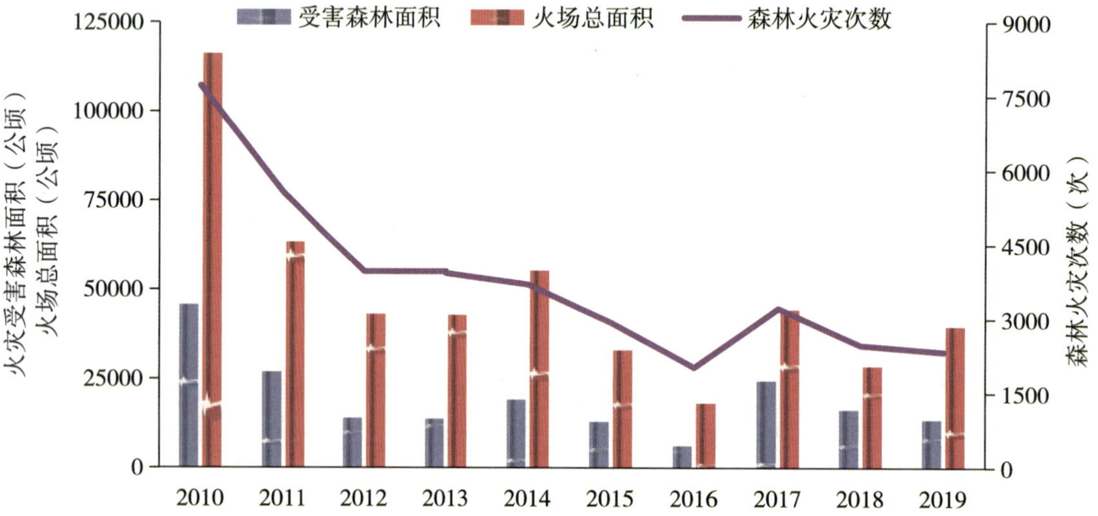

图2-70　2010—2019年全国森林火灾发生情况统计

2.5　森林生物多样性

生物多样性是生命的基础，对人类的生存、发展等具有重要的价值和意义。森林生物多样性是生物多样性的重要组成部分，它是森林在综合地域类型中，所有植物、动物和微生物组成的全部物种（含物种内的基因）和森林生态系统的总和。森林生物多样性是全球三大陆地生物多样性系统之一，是世界生物多样性系统中最为重要的类型和生物多样性的分布中心，也是世界生物多样性保护的关键。因此，科学评价森林生物多样性的变化状态，对落实2021年10月12日习近平总书记在《生物多样性公约》第十五次缔约方大会领导人峰会上的视频讲话精神，保护地球家园，促进可持续发展等有重要意义。

2.5.1　丰富度和均匀度

根据《中国植物志》的记录，我国有维管束植物301科3408属31142种。《中国森林资源报告（2014—2018）》显示，我国森林类型多样，树种繁多，现有乔木树种2000余种，本次清查通过系统抽样，调查识别列出名录的乔木树种达到1400多种。

根据第九次森林资源清查结果，按照49个优势树种（组）的划分，各省级区域优势树种（组）在30个以上的为云南和四川；陕西、湖北、湖南、安徽和贵州这5个省级区域的优势树种（组）数量在25～30个；宁夏、内蒙古、北京、上海、山东、新疆、天津、海南和青海这9个省级区域的优势树种（组）数量较少，均小于20个。从优势树种（组）的分布来看，针阔混和阔叶混分布区域最多，且分布较为均匀，在全国31个省级区域均有分布；其次是针叶混，除上海和海南没有针叶混，其他29个省级区域均有针叶混分布；栎类的丰富性和均匀度也比较高，全国除上海和新疆没有栎类，其他29个省级区域均有栎类分布。此外，杨树、柳树、桦木、柏木也比较丰富，在全国20多个省级区域均有分布，且面积较大。

云南是全国植物种类最多的省份，被誉为植物王国。热带、亚热带、温带、寒温带等植物类型都有分布，古老的、衍生的、外来的植物种类和类群很多，在全国3万种高等植物中，云南占60%以上。第九次森林资源清查49个优势树种（组）中云南有32个，占所有优势树种（组）个数的65.31%；不同优势树种（组）分布也比较均匀，面积大于100万公顷的树种（组）有6个，面积在30万～60万公顷的树种（组）有7个；面积较小的优势树种（组）（1万公顷以下）分布比较均匀，面积差异较小。湖北已发现的木本植物有105科370属1300种，其中乔木425种、灌木760种、木质藤本115种。这在全球同一纬度所占比重是最大的。全省不仅树种较多，而且起源古老，迄今仍保存有不少珍贵、稀有孑遗植物。第九次森林资源清查49个优势树种（组）中湖北有28个，占所有优势树种（组）个数的57.17%；其中阔叶混在全省各市区均有分布，也是唯一一个面积大于200万公顷的优势树种（组），面积在50万～100万公顷的优势树种（组）有5个，面积小于5万公顷的优势树种（组）分布均匀，面积差异较小。

2.5.2 特有种

依据《中国物种红色名录》（第一卷）的记录，并结合第九次清查的优势树种（组）分类和重要值树种的排序。本研究对部分典型树种特有种指数进行分析。

杉木重要值为23.23、株树为211.72亿株，多分布在福建、湖南、江西、广西、江苏、浙江、安徽、河南、湖北、广东、海南、重庆、贵州、云南等地，其特有种指数为1。马尾松重要值为14.79，株树为100.33亿株，中国特有，多分布在福建、广西、贵州、湖北等地，其在湖北、湖南、重庆、福建、贵州等地的特有种指数为2，在江苏、浙江、安徽、山东、河南等地的特有种指数为1。云杉重要值为2.91、株树为9.82亿株，多分布在西藏、新疆、四川等地，其特有种指数在吉林、黑龙江、湖北、新疆和西藏等地均为2。冷杉（*Abies fabri*）重要值为2.84、株树为6.80亿株，多分布在西藏、四川、吉林、黑龙江等地，其特有种指数为2。柏木重要值为3.89、株树为31.27亿株，主要分布在西藏、四川、青海、甘肃等地，其特有种指数为在西藏、四川、青海、甘肃等地为2，在江苏、河南、山东等地为1。

2.5.3 濒危度

依据《中国物种红色名录》第一卷：红色名录中物质濒危情况的记录，并结合第九次森林资源清查的优势树种（组）分类和重要值树种的排序。本研究对部分典型树种濒危度进行阐述，结果见表2-14。

表2-14 主要树种濒危状况

树种	面积（万公顷）	蓄积（亿立方米）	主要分布区	濒危指数	濒危等级
冷杉	362.48	13.25	四川，中国特有	2	易危
云杉	439.34	9.73	华北、四川和青海，中国特有		无危
铁杉	19.02	0.58	中四川、云南和东南地区，中国特有	1	近危
油杉	23.28	0.17	华南和贵州，中国为次要分布区	1	近危
落叶松	1083.51	11.23	中国为次要分布区，主要分布在东北		无危
红松	36.91	0.43	东北，中国为次要分布区	2	易危
樟子松	82.79	0.80	黑龙江和内蒙古，中国为次要分布区	2	易危
赤松	15.37	0.10	东北、山东，中国为次要分布区	1	近危

（续）

树种	面积（万公顷）	蓄积（亿立方米）	主要分布区	濒危指数	濒危等级
油松	245.82	1.45	东北、华北、四川和青海，中国特有		无危
华山松	80.78	0.79	山西、西南和东南，中国为次要分布区		无危
马尾松	804.30	6.28	四川、云南和东南地区，中国特有		无危
云南松	425.74	5.01	广西、贵州、西南，中国特有		无危
思茅松	56.15	0.62	西南，中国为次要分布区		无危
高山松	151.80	3.32	西南，中国特有		无危
杉木	1138.66	8.52	西南和东南，中国为次要分布区		无危
柳杉	66.23	0.63	华南、四川和云南，中国特有	1	近危
水杉	10.90	0.07	湖北、重庆和湖南，中国特有	3	濒危
柏木	370.82	2.32	四川和云南，中国特有	2	易危
紫杉	0.96	0.11	东北，中国为次要分布区	2	易危
水曲柳	—	—	东北，中国为次要分布区	2	易危
黄檗	—	—	华北、东南和西南，中国特有	2	易危
楠木	14.62	0.16	东南和四川，中国特有	2	易危

依据中国珍稀濒危植物信息系统（http://www.iplant.cn/rep/）查询的结果，部分植物濒危等级差异较大，如杜松（*Juniperus rigida*）未列入国家级保护植物，但在北京和吉林是近危，而在陕西是濒危；天女木兰（*Oyama sieboldii*）未列入国家级的保护植物，但在辽宁是近危，在吉林是濒危；五味子（*Schisandra chinensis*）国家保护级别为易危，在北京也为易危，但在吉林和江西为近危；刺楸（*Kalopanax septemlobus*）在北京为濒危，但在吉林和江西为易危，草麻黄（*Ephedra sinica*）国家为易危，在北京也为易危，但在吉林属于近危，在陕西属于濒危。

2.5.4 古树年龄

由表2-15可知，一级古树占比最多的为甘肃、广西、贵州、山西、四川、河南和西藏等7个省级区域，占比在10%以上；陕西、重庆、山东、西藏、贵州、云南、山西和河北等8个省级区域二级古树占比在20%以上；青海、黑龙江、湖北、海南、新疆、吉林和宁夏等7个省级区域的三级古树占比在90%以上。

不同省级区域古树树种也不尽相同，四川的古树主要有柏木、银杏（*Ginkgo biloba*）、皂荚（*Gleditsia sinensis*）、紫藤（*Wisteria sinensis*）、樟树（*Cinnamomum camphora*）等，福建的古树主要有樟树、银杏、榕树（*Ficus microcarpa*）、杉木、柳杉等，河南的古树主要有国槐（*Styphnolobium japonicum*）、圆柏（*Juniperus chinensis*）、银杏、麻栎（*Quercus acutissima*）等，辽宁的古树主要有银杏、榆树（*Ulmus pumila*）、国槐、油松、侧柏、赤松（*Pinus densiflora*）等，新疆的古树主要有榆树、胡杨（*Populus euphratica*）、白柳（*Salix alba*）等。

表2-15　各省级区域各级古树统计

省级区域	一级（≥500年）		二级（300~499年）		三级（100~299年）		合计（株）	来源
	数量（株）	比例（%）	数量（株）	比例（%）	数量（株）	比例（%）		
北京	2095	5.45	3752	9.76	32599	84.79	38446	中国林业新闻网《北京市古树名木概况》（2009）
天津	170	3.66	537	11.58	3932	84.76	4639	新华网天津《天津摸清古树名木家底》（2022）
河北	6498	1.32	100498	20.35	386931	78.34	493927	《河北古树名木》河北省绿化委员会编（2021）
山西	4712	20.42	4809	20.84	13558	58.75	23079	山西省人民政府《第二次古树名木资源普查成果公布》（2018）
内蒙古	125	2.80	525	11.74	3820	85.46	4470	中国林业新闻网《内蒙古自治区古树名木概况》（2009）
辽宁	575	1.98	3621	12.46	24872	85.56	29068	新浪辽宁《辽宁现存古树名木近3万株》（2018）
吉林	353	1.33	1800	6.77	24439	91.90	26592	国际环保在线《吉林省多措并举加强古树名木保护》（2019）
黑龙江	3	0.07	27	0.63	4237	99.30	4267	《黑龙江省古树名木资源保护规划（2020—2029）》（2020）
上海	78	5.70	133	9.72	1158	84.59	1369	《上海古树名木（后续）资源现状调查与分析》（2019）
江苏	657	5.23	1512	12.04	10391	82.73	12560	《江苏省古树名木资源保护调研与分析》（2018）
浙江	6149	2.82	28450	13.04	183611	84.14	218210	《浙江省古树名木基本情况》（2017）
安徽	834	2.39	4314	12.38	29704	85.23	34852	安徽省林业局《保护古树名木留住美丽乡愁》（2021）
福建	2954	5.98	6485	13.12	39993	80.91	49432	中国林业新闻网《福建省古树名木概况》（2009）
江西	2323	7.53	5516	17.88	23012	74.59	30851	《江西古树》（2017）
山东	10384	1.56	365075	54.76	291190	43.68	666649	中国林业新闻网《山东省古树名木概况》（2009）

（续）

省级区域	一级（≥500年）		二级（300~499年）		三级（100~299年）		合计（株）	来源
	数量（株）	比例（%）	数量（株）	比例（%）	数量（株）	比例（%）		
河南	3907	13.04	5639	18.82	20422	68.15	29968	河南省林业局“河南古树名木—传承红色基因”专栏（2021）
湖北	3550	0.43	13000	1.59	800000	97.97	816550	《对82万多株古树层层筛选湖北有了“十大最美古树”》（2021）
湖南	7956	3.33	27628	11.58	203054	85.09	238638	郴州市人民政府《湖南有近24万棵古树名木，这些“老祖宗”现在如何？》（2020）
广东	693	3.01	2387	10.36	19964	86.63	23044	《广东省古树名木资源现状及分布研究》（2019）
广西	3025	24.18	1395	11.15	8091	64.67	12511	《广西古树名木资源现状及保护管理对策》（2005）
海南	26	0.46	176	3.13	5425	96.41	5627	《海南省古树名木资源现状及保护问题探究》（2019）
重庆	186	5.21	3373	94.43	13	0.36	3572	中国林业新闻网《重庆市古树名木概况》（2009）
四川	10720	15.15	6289	8.89	53768	75.97	70777	四川省情网/《70868株！四川发布全省古树名木名录》（2020）
贵州	184	23.03	310	38.80	305	38.17	799	中国林业新闻网《贵州省古树名木概况》（2009）
云南	153862	9.01	419200	24.56	1133718	66.42	1706780	云南林业《云南省古树名木保护情况调研报告》（2013）
西藏	4590	11.89	15400	39.91	18600	48.20	38590	中国藏族网通《西藏发现14个古树群》（2019）
陕西	1840	0.31	582282	97.00	16181	2.70	600303	中国林业新闻网《陕西省古树名木概况》（2009）
甘肃	443	32.24	273	19.87	658	47.89	1374	中国林业新闻网《甘肃省古树名木概况》（2009）
青海	44	0.10	47	0.10	45201	99.80	45292	中国林业新闻网《青海省古树名木概况》（2009）
宁夏	2	0.34	50	8.46	539	91.20	591	林业建设《宁夏古树名木保护现状及对策措施探讨》（2020）
新疆	274	5.24	102	1.95	4854	92.81	5230	新疆林业《新疆古树名木保护现状、存在问题及对策》（2007）

第3章

全国尺度森林生态产品时空动态演变

新中国成立前，由于种种历史原因和自然灾害的影响，我国森林资源破坏非常严重。其总体呈现总量不足，且质量低下的局面。由此，带来了全国生态状况的不断恶化。新中国成立后，党和政府高度重视林业建设，颁布了诸多的林业政策，实施了林业生态工程，对于保护和发展森林资源起到了积极的促进作用，森林资源数量和质量不断提升。由此，我国森林资源进入了数量增长、质量提升的稳步发展时期。森林资源的变化影响森林生态功能的变化。随着我国国民经济的不断发展，保护和发展森林资源也随着国家经济建设的需要发生了改变。在林业可持续发展战略的指导下，我国林业经营的目的已从木材利用为主，转变为了木材利用的同时要兼顾生态效益的发挥。进入21世纪，尤其是“十八大”以后，我国政府提出了构建生态文明制度，其中，把自然生态系统的生态效益列入了国民经济核算体系。党的十九大指出，既要创造更多物质财富和精神财富以满足人民日益增长的美好生活需要，也要提供更多优质生态产品以满足人民日益增长的优美生态环境需要。习近平总书记“两山”理论的生态文明思想为新时代生态文明建设提供了根本遵循，森林作为陆地生态系统的主体，可为人类提供优质、高效的生态产品，对于生态文明制度建设至关重要。本章系统分析了近四十年全国尺度森林生态产品时空动态演变，以为生态文明建设和相关政策的制定提供参考和依据。

3.1 森林生态产品时间尺度变化

3.1.1 物质量四十年动态变化

自1973—1976年首次开展全国森林资源清查工作以来，我国森林资源数量和质量在不断地提升，近四十年我国森林生态功能增强趋势非常显著。第九次清查期相比第二次清查期固土量增加了50.52亿吨/年、保肥量增加了2.66亿吨/年、林木养分固持物质量增加了1569.98万吨/年、调节水量增加了3680.61亿立方米/年、固碳量增加了2.59亿吨/年、释氧量增加了4.43亿吨/年、提供负离子量增加了128.62×10^{25}个/年、吸收气体污染物量增加了223.78亿千克/年、滞尘量增加了33.77亿吨/年，这些变化均得益于促进我国森林资源保护和发展的林业政策以及林业生态工程的顺利实施。

评估结果表明，近四十年我国森林生态功能增加十分显著，为保障我国生态安全和社会经济的可持续发展起到了非常重要的作用。首先，在固碳释氧和净化大气环境方面作用最为突出，其功能量均提升了1倍以上，表明我国森林生态系统服务功能对于维持大气环境安全的意义重大；其次，森林生态系统在水土保持方面的作用也明显增长，其调节水量和固土量分别提升了141.08%和136.69%，为我国水资源和国土安全提供了一道绿色屏障，有力保护了人们生命财产安全。

3.1.1.1 保育土壤

土壤是地表的覆盖物，充当着大气圈和岩石圈的交界面，是地球的最外层。土壤具有生物活性，并且是由有机和无机化合物、生物、空气和水形成的复杂混合物，是陆地生态系统中生命的基础（UK National Ecosystem Assessment，2011）。我国是世界上水土流失问题十分严重的国家，《2018年中国水土保持公报》显示全国共有水土流失面积273.69万平方千米。其中，水利侵蚀面积115.09万平方千米，风力侵蚀面积158.60万平方千米，轻度、中度、强烈、极强烈和剧烈侵蚀面积分别占水土流失总面积的61.48%、17.17%、7.68%、6.11%和7.56%（中华人民共和国水利部，2019）。自第二次清查期至第九次清查期，森林生态系统固土量增加50.52亿吨，增长率达136.69%；第二次至第九次清查期森林生态系统固土总物质量分别是各时期黄河输沙量的3.12、3.55、3.66、4.69、10.41、12.26、16.85和17.60倍（国家统计局，2019）（图3–1）。自第二次清查期至第九次清查期，森林

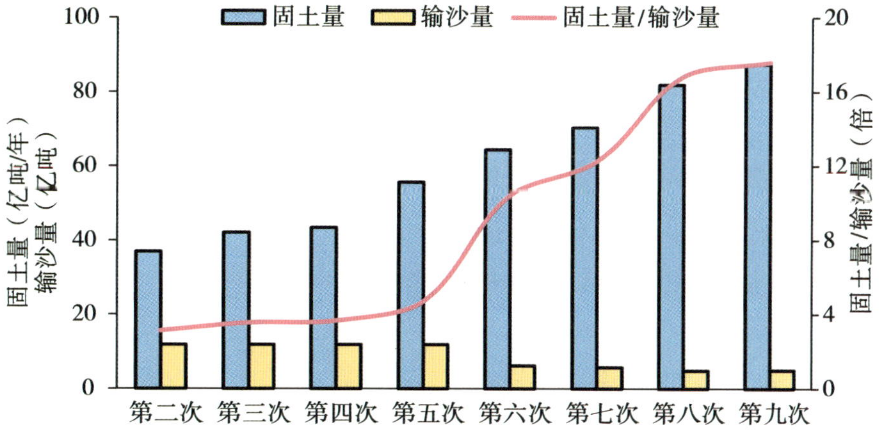

图3–1 近四十年全国森林生态系统固土量

生态系统保肥量增加2.66亿吨/年，增长率达135.71%；第二次至第九次清查期森林生态系统保肥总物质量分别是各时期全国化肥施用量的15.08、13.01、9.07、8.10、7.83、6.95、7.29和8.11倍（国家统计局，2019）（图3-2）。可见，森林生态系统保育土壤功能作用显著，对维持全市社会、经济、生态环境的可持续发展具有重要作用。

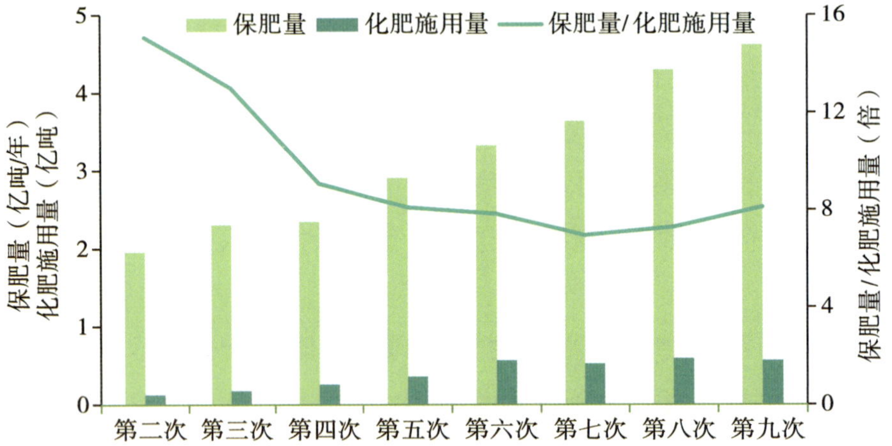

图3-2 近四十年全国森林生态系统保肥量

3.1.1.2 涵养水源

水作为一种基础性自然资源，是人类赖以生存的生命之源。而当前，随着人口的增长和对自然资源需求量的增加以及工业化的发展和环境状况的恶化，水资源需求量不断增加的同时，水环境也不断恶化，水资源短缺已成为世人共同关注的全球性问题。林地的水源管理功能需要得到足够的认识，它是人们安全生存以及可持续发展的基础（UK National Ecosystem Assessment，2011）。随着中国社会经济发展，需水量将逐步增加，城市供水的供需矛盾日益突出，必须将水资源的永续利用与保护作为实施可持续发展的战略重点，以促进“生态—经济—社会”的健康运行与协调发展。如何破解这一难题，应对水资源不足与社会、经济可持续发展之间的矛盾，只有从增加贮备和合理用水这两方面着手，建设水利设施拦截水流增加贮备的工程方法。同时，运用生物工程的方法，特别是发挥森林生态系统的涵养水源功能，也应该引起人们的高度关注。第二次至第九次清查期，森林生态系统涵养水源量增加3680.61亿吨/年，增长率达141.08%；各清查期森林生态系统涵养水源量分别是三峡水库库容总量393亿立方米的6.64、7.43、8.06、10.28、11.34、12.59、14.78和16倍（国家统计局，2019）（图3-3）。可见，生态系统发挥着巨大的涵养水源功能，正如一座绿色水库，对维护国家的水资源安全、保障水资源永续利用具有重要作用。

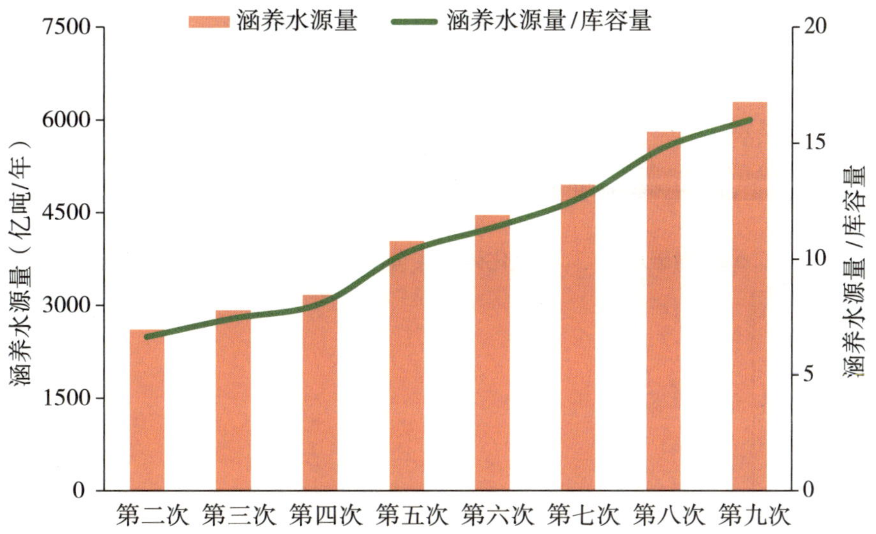

图3-3 近四十年全国森林生态系统涵养水源量

3.1.1.3 固碳释氧

英国提出并实施了“林地碳准则”，这是一个自愿碳封存项目的试点标准，该准则旨在通过鼓励对林地碳项目采取一致的做法，为以固碳为目的种植树木的企业和个人提供保障（UK National Ecosystem Assessment，2011）。森林的不断扩张（即在森林达到稳定状态之前）已被确定为是增加碳储量和减缓气候变化的手段。生长速度快的物种与土地质量更好的地方不仅固碳速度快，还可以迅速生产出可利用的木材（UK National Ecosystem Assessment，2011）。森林是陆地生态系统最大的碳储库，在全球碳循环过程中起着重要作用，就森林对储存碳的贡献而言，森林面积占全球陆地面积的27.6%，森林植被的碳贮量约占全球植被的77%，森林土壤的碳贮量约占全球土壤的39%。森林固碳机制是通过森林自身的光合作用过程吸收二氧化碳，并蓄积在树干、根部及枝叶等部分，从而抑制大气中二氧化碳浓度的上升，有效地起到了绿色减排的作用，提高森林碳汇功能是降低碳总量非常有效的途径。第二次至第九次清查期，森林生态系统固碳量增加2.59亿吨/年，增长率达148%；森林生态系统固碳量折合成二氧化碳需要乘以系数3.67，第二次至第九次清查期森林生态系统固碳量分别是各时期二氧化碳排放量的43.30%、38.69%、25.72%、28.92%、24.15%、16.71%、15.54%和15.91%（国家统计局，2019）（图3-4），这为节能减排赢得了时间。

森林生态系统吸收工业碳排放能够很好地实现绿色减排目标，今后仍需继续加强森林资源保护，为地区节能减排，营造美丽生活环境发挥积极作用。与工业减排相比，森林固碳投资少、代价低，更具经济可行性和现实操作性。因此，通过森林吸收、固定二氧化碳是实现减排目标的有效途径。森林植被的碳汇能力对于我国实现碳中和目标尤为重要，在实现碳达峰、碳中和过程中，除了大力推动经济结构、能源结构、产业结构转型升级外，还应进一步加强以完善森林生态系统结构与功能为主线的生态系统修复和保护措施。

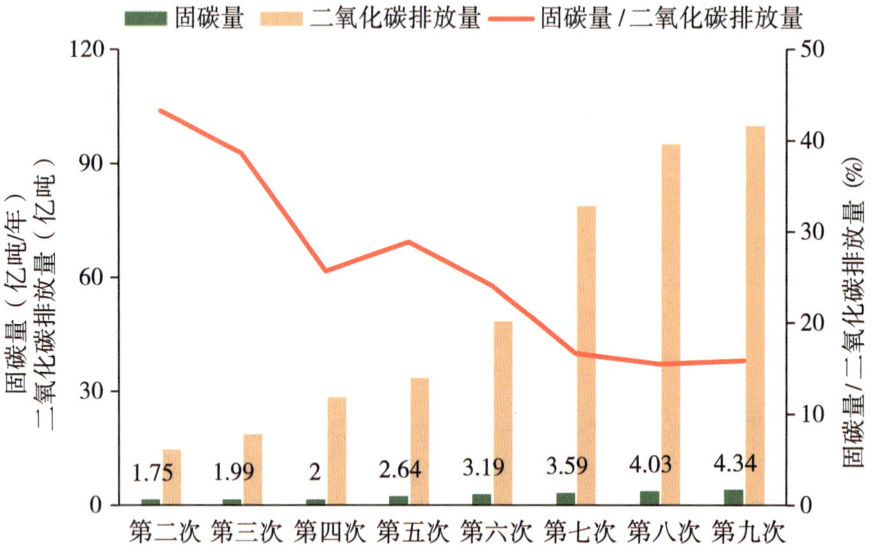

图3-4　近四十年全国森林生态系统固碳量

3.1.1.4　净化大气环境

空气负离子是一种重要的无形旅游资源，具有杀菌、降尘、清洁空气的功效，被誉为“空气维生素与生长素”，对人体健康十分有益；还能改善肺器官功能，增加肺部吸氧量，促进人体新陈代谢，激活肌体多种酶和改善睡眠，提高人体免疫力、抗病能力（牛香等，2017）。植物吸收大气污染物指植物吸收二氧化硫、氮氧化物和氟化物，植物叶片具有吸附、吸收污染物或阻碍污染物扩散的作用。大气中含有大量颗粒物，根据《中国环境状况公告》，颗粒物已成为中国大中城市的主要污染物。$PM_{2.5}$浓度较高会直接危害人类健康，给社会带来极大的负担和经济损失。森林植被等绿色植物是$PM_{2.5}$等细颗粒物的克星，发挥着巨大的吸尘功能。习近平总书记在十九大报告中指出：坚持全民共治、源头防治，持续实施大气污染防治行动，打赢蓝天保卫战。森林在净化大气方面的功能无可替代，第二次至第九次清查期森林生态系统提供负离子量增加了128.62×10^{25}个/年，增长率达140.02%。年吸收气体污染物总量增加了223.78亿千克，增长率为128.17%，森林生态系统吸收气体污染物量分别是各时期二氧化硫和氮氧化物排放量总和的81.81%、84.43%、97.49%、1.27倍、1.41倍、1.39倍、88.16%和1.87倍（国家统计局，2019）（图3-5），这表明森林生态系统的生态承载力较高。

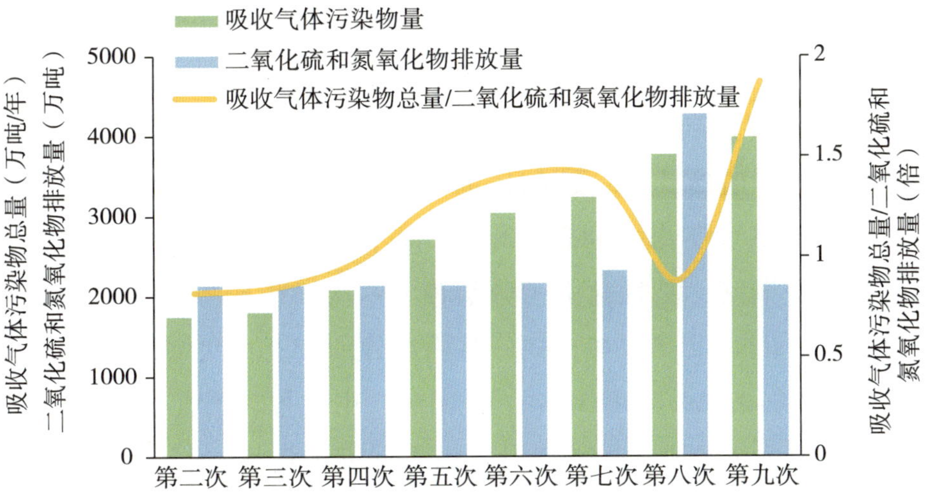

图3-5　近四十年全国森林生态系统吸收气体污染物量

第二次至第九次清查期森林生态系统滞尘量增加了33.77亿吨/年，增长率达121.43%；第二次至第九次清查期森林生态系统滞尘总量分别是各时期大气烟（粉）尘排放量的134.36、129.24、154.94、206.88、228.18、336.43、457.31和773.37倍（国家统计局，2019）（图3-6）。可见，森林生态系统滞尘潜力极大，这充分阐释了森林生态系统在净化大气环境方面发挥的巨大作用，未来随着森林生长发育及质量的不断提高，其净化大气环境功能还有较大潜力。

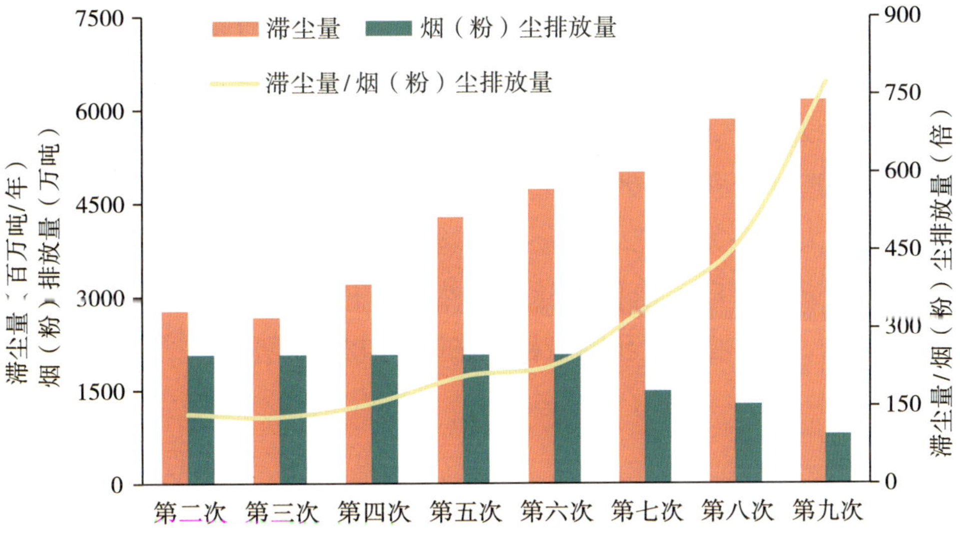

图3-6　近四十年全国森林生态系统滞尘量

在全国尺度上，我国森林生态服务功能的变化趋势表现为在第一个评估间隔期出现了小幅度的降低，自第二个评估间隔期开始，呈现逐次增长的趋势。并且，在第三个评估间隔期，森林生态功能各项核算指标实现了“扭亏为盈”，总体全部赶上并超过了第一次森林资源清查期间的森林生态功能。依据《中国森林资源及其生态功能四十年监测与评估》和《中国森林资源报告（2014—2018）》，第二次清查期间的各项物质量结果低于第一次，主要是由森林面积和林分蓄积量的变化所引起。两个清查期间相比，第二次清查期间森林面积降低6.08%，但林分蓄积量增加了3.42%。虽然，林分蓄积量的增加可以带来森林生态功能的提升，但是不足以弥补面积减少所带来的森林生态功能的降低量。历次清查结果表明，第三次至第九次清查期间，其森林面积分别较上一次增长的幅度为7.26%、18.88%、10.05%、11.74%、6.26%、5.77%；林分蓄积量分别较上一次增长的幅度为10.90%、11.09%、10.61%、10.16%、10.32%、16.01%。由此可以看出，森林数量（面积）的增加和森林质量（林分蓄积）的提升，极大促进了森林生态功能的增长。

新中国成立前，由于种种历史原因和自然灾害的影响，我国森林资源破坏非常严重。其总体呈现总量不足，且质量低下的局面。由此，带来了全国生态状况的不断恶化。新中国成立后，党和政府高度重视林业建设，颁布了诸多林业政策，实施了林业生态工程，对于保护和发展森林资源起到了积极的促进作用，森林资源数量和质量不断提升。由此，我国森林资源进入了数量增长、质量提升的稳步发展时期。森林资源的变化，一定会对森林生态功能产生影响。随着我国国民经济的不断发展，保护和发展森林资源也随着国家经济建设的需要发生了改变。在林业可持续发展战略的指导下，我国林业经营的目的已从木材利用为主，转变为了木材利用的同时要兼顾生态效益的发挥。在第五次清查期之前，所实施的林业生态工程只有京津风沙源治理工程、三北及长江流域等重点防护林体系工程、速生丰产用材林建设工程，其中三北及长江流域等重点防护林体系工程的造林面积最大，占到了总造林面积的90%以上，所以第五次清查期之前我国森林生态服务功能增长量的最大驱动力是三北及长江流域等重点防护林体系工程。我国自第五次清查期之后，逐渐启动了退耕还林、天然林保护等林业重大生态工程，森林资源开始稳步提升，进而带来了我国森林生态服务功能的增强。

3.1.2 价值量动态变化

第五次至第九次清查期，全国森林资源数量和质量在不断提升，由此带来了不同清查期森林生态服务功能的日趋增强。全国森林生态产品总价值量在第七次清查期（2004—2008年）为10.01万亿元/年，第八次清查期（2009—2013年）为12.68万亿元/年，第九次清查期（2014—2018年）为15.88万亿/年。第七次至第九次清查期，全国森林生态产品价值量增长幅度分别为26.67%和25.24%，第九次相比第七次清查期，全国森林生态产品总价值量增加了5.87万亿元，增长了

58.57%，生态产品各分项价值量及所占比例如表3-1所示。

表3-1　第七次至第九次清查期全国森林生态产品价值量

清查期	支持服务		调节服务				供给服务	文化服务	合计
	保育土壤	林木养分固持	涵养水源	固碳释氧	净化大气环境	森林防护	生物多样性保护	森林康养	
第七次（万亿元/年）2004—2008年	0.99	0.20	4.06	1.56	0.79	0.00	2.41	—	10.01
百分比（%）	9.91	2.07	40.52	15.57	7.92	0.00	24.01	—	100.00
第八次（万亿元/年）2009—2013年	2.00	—	3.18	1.08	1.18	0.05	4.34	0.85	12.68
百分比（%）	15.81	—	25.10	8.47	9.29	0.43	34.20	6.70	100.00
第九次（万亿元/年）2014—2018年	1.90	0.37	3.59	1.19	2.30	0.17	4.46	1.90	15.88
百分比（%）	11.94	2.34	22.64	7.48	14.48	1.09	28.07	11.96	100.00

3.2　森林生态产品空间尺度变化

3.2.1　物质量空间分布格局

3.2.1.1　保育土壤

第二次至第九次清查期各省级区域森林生态系统固土量均呈现持续增加的变化趋势（图3-7），西藏、内蒙古、四川、云南、河南和广西森林生态系统固土量近四十年增加最大，增加量均大于20000万吨/年；固土增加量在10000万～20000

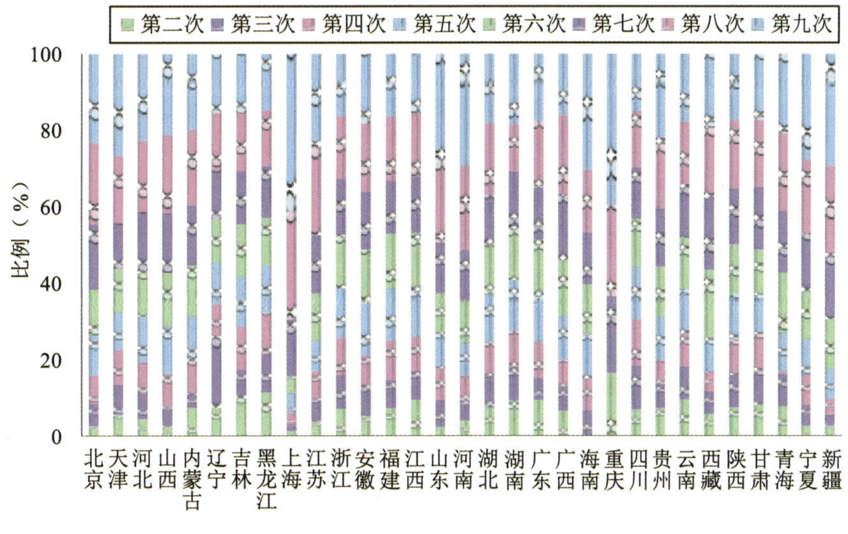

图3-7　近四十年中国森林生态系统固土量分布

万吨/年的省级区域有广东、黑龙江、贵州、山西、陕西、海南、辽宁、浙江、重庆、甘肃和湖南11个；其他14个省级区域固土增加量均小于10000万吨/年；增加量最小的是天津和上海。此外，固土量增幅表现差异较大，上海、山东和新疆森林生态系统固土量的增幅均在10倍以上，宁夏、河南、北京和山西4个省级区域的森林固土量增幅在5～10倍，其他省级区域森林固土量增幅均小于5倍。

第二次至第九次清查期各省级区域森林生态系统保肥量均呈现持续增加的变化趋势（图3-8），西藏、云南、内蒙古、四川和广西森林生态系统保肥量近四十年增加最大，增加量均大于2000万吨/年；保肥增加量在1000万～2000万吨/年的省级区域有河南、黑龙江、甘肃和山西4个；其他22个省级区域保肥增加量均小于1000万吨/年；增加量最小的是上海和天津。此外，保肥量增幅表现差异较大，上海、山东和河南森林生态系统保肥量的增幅均在10倍以上，宁夏、北京、山西和新疆4个省级区域的森林保肥量增幅在5～10倍，其他省级区域森林保肥量增幅均小于5倍。

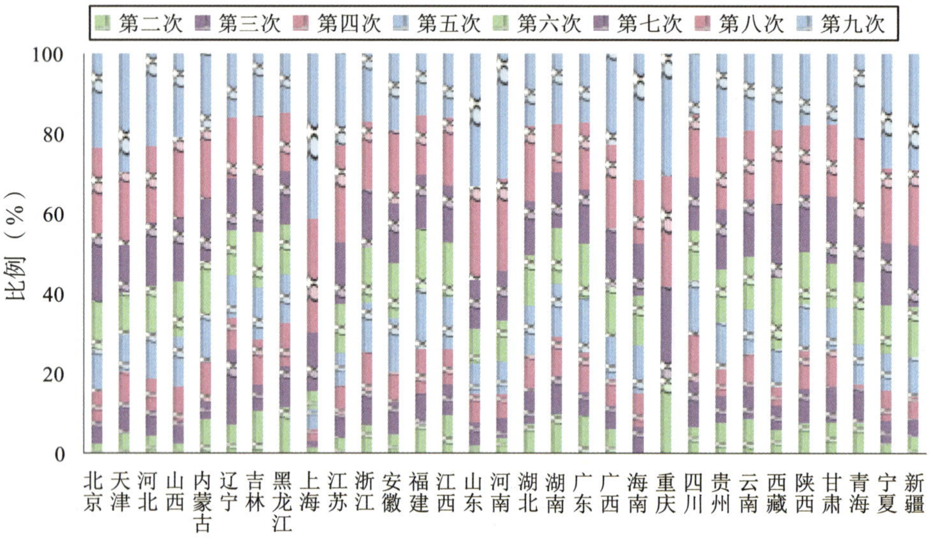

图3-8　近四十年中国森林生态系统保肥量省域分布

3.2.1.2　涵养水源

第二次至第九次清查期各省级区域森林生态系统涵养水源量均呈现持续增加的变化趋势（图3-9），四川、广西、云南、江西和内蒙古森林生态系统涵养水源量近四十年增加最大，增加量均大于200亿立方米/年；涵养水源增加量在100亿～200亿立方米/年的省级区域有河南、湖北、黑龙江、西藏、湖南、福建和广东7个；其他19个省级区域涵养水源增加量均小于100亿立方米/年；增加量最小的是北京、上海和天津。增幅表现差异较大，上海、宁夏和新疆森林生态系统涵养水源量的增幅均在10倍以上，河南、北京、山西、山东和江苏5个省级区域的森林涵养水源量增幅在5～10倍，其他省级区域森林涵养水源量增幅均小于5倍。

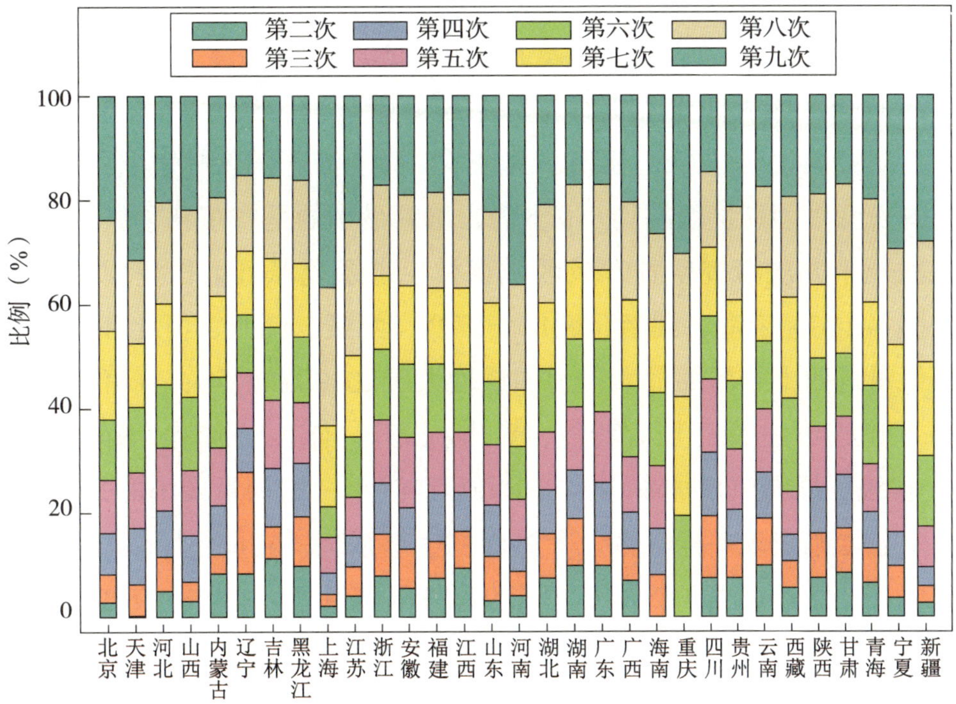

图3-9　近四十年中国森林生态系统涵养水源省域分布

3.2.1.3　固碳释氧

由图3-10可知，第二次至第九次清查期间各省级区域固碳量均呈现持续增加的变化趋势，增加量最大的是广西、云南、四川、黑龙江、西藏、内蒙古和江西，

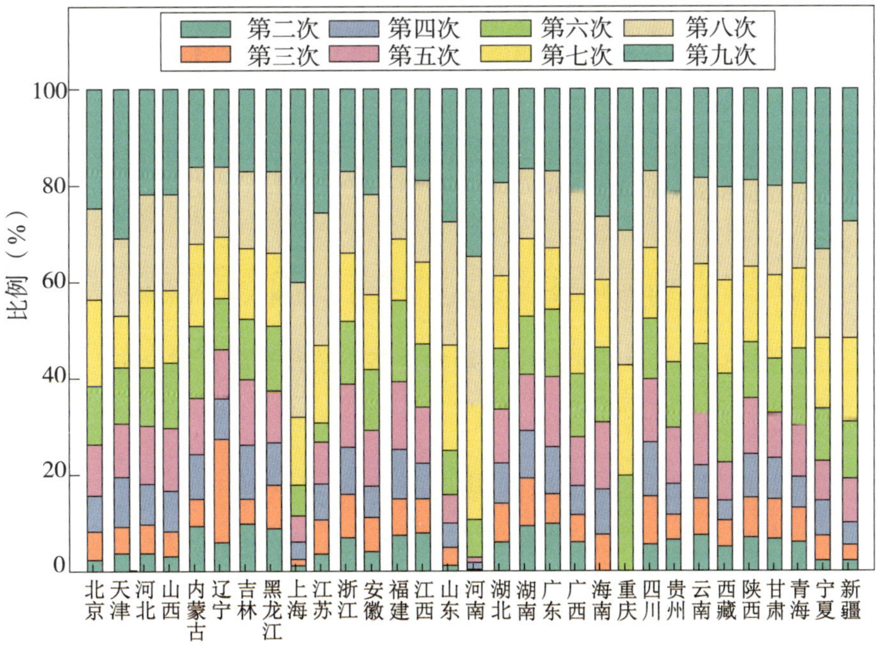

图3-10　近四十年中国森林生态系统固碳量省域分布

增加量均在1100万吨/年；广东、河北、贵州、新疆、湖南、辽宁、陕西、湖北、河南、浙江、安徽、山西和吉林等省级区域森林固碳增加量在500万～900万吨/年之间，其他11个省级区域森林固碳增加量小于500万吨/年，增加量最少的是天津和上海。各省级区域近四十年森林生态系统固碳量增幅最大的是河南、上海、山东和宁夏，增幅均大于10倍，新疆、北京、山西和江苏的森林固碳量增幅在5～10倍，其他省份森林固碳量增幅均小于5倍，增幅最小的是广东和重庆。

第二次至第九次清查期各省级区域森林生态系统释氧量均呈现持续增加的变化趋势（图3-11），云南、湖南、四川、广西、西藏、江西、河北和内蒙古森林生态系统释氧量近四十年增加最大，增加量均大于2000万吨/年；释氧增加量在1000万～2000万吨/年的省级区域有新疆、贵州、辽宁、陕西、河南、浙江和山西7个；其他16个省级区域释氧增加量均小于1000万吨/年；增加量最小的是上海和天津。此外，释氧量增幅表现差异较大，上海森林生态系统释氧量的增幅均在10倍以上，宁夏、新疆、北京和山西4个省级区域的森林释氧量增幅在5～10倍，其他省级区域森林释氧量增幅均小于5倍。

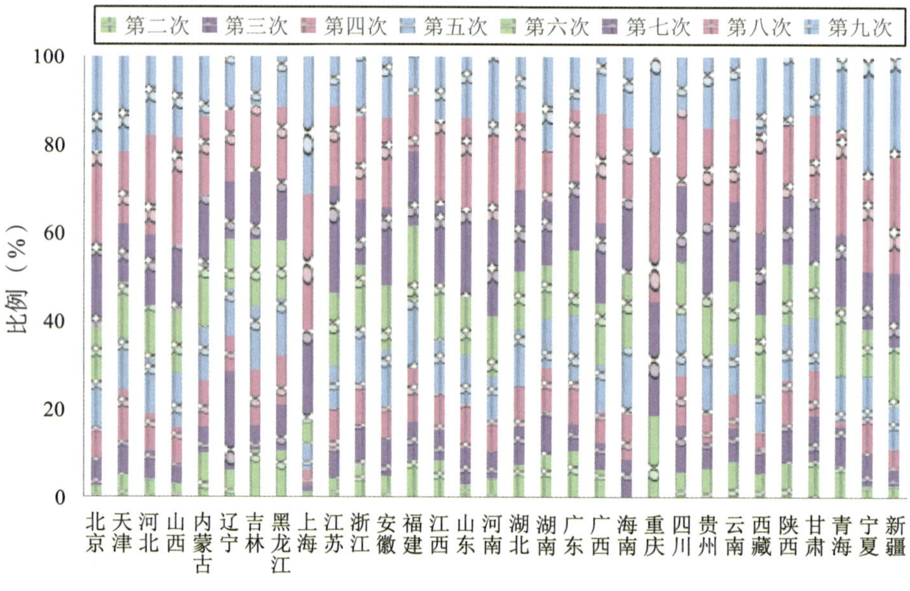

图3-11 近四十年中国森林生态系统释氧量省域分布

3.2.1.4 净化大气环境

第二次至第九次清查期各省级区域森林生态系统提供负离子量均呈现持续增加的变化趋势（图3-12），四川和云南森林生态系统提供负离子量近四十年增加最大，增加量均大于10×10^{25}个/年；提供负离子增加量在5×10^{25}～10×10^{25}个/年的省级区域有内蒙古、河南、西藏、广西、湖北、福建和湖南7个；其他22个省级区域提供负离子增加量均小于5×10^{25}个/年；增加量最小的是上海和天津。此外，提供负离子量增幅表现差异较大，山东、上海、北京、宁夏和河南森林生态系统提供负离子量的增幅均在10倍以上，新疆、江苏和天津3个省级区域的森林提供负离子量增幅在5～10倍，其他省级区域森林提供负离子量增幅均小于5倍。

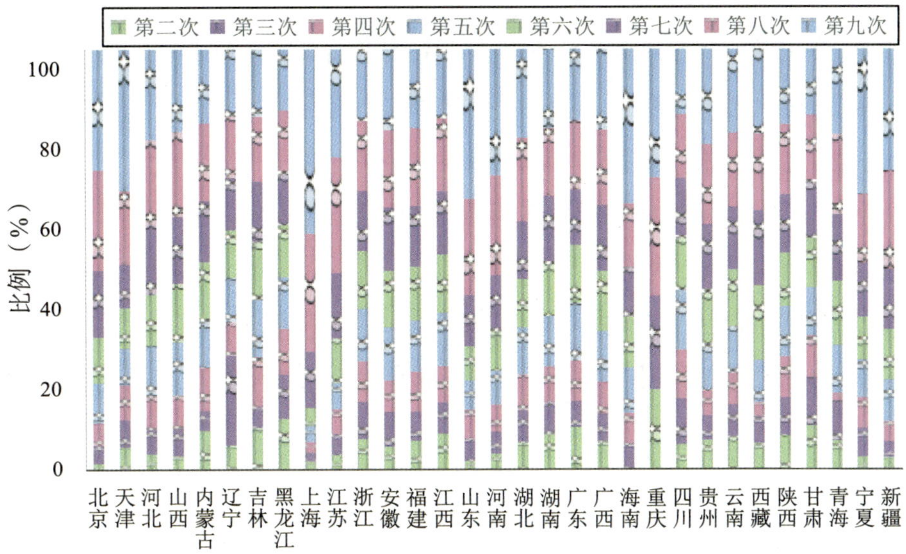

图3-12　近四十年中国森林生态系统提供负离子量省域分布

第二次至第九次清查期各省级区域森林生态系统吸收气体污染物量均呈现持续增加的变化趋势（图3-13），内蒙古、四川、广西、西藏、云南、河南和新疆森林生态系统吸收气体污染物量近四十年增加最大，增加量均大于10亿千克/年；吸收气体污染物增加量在5亿～10亿千克/年的省级区域有贵州、浙江、湖南、湖北、

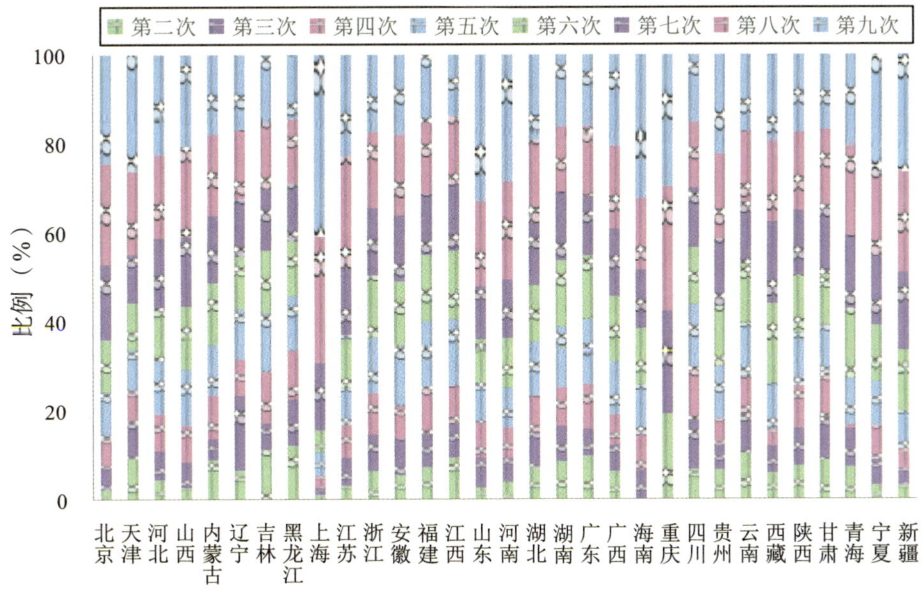

图3-13　近四十年中国森林生态系统吸收气体污染物量省域分布

福建、陕西、山东、广东、河北、辽宁10个；其他14个省级区域吸收气体污染物增加量均小于5亿千克/年；增加量最小的是上海和天津。此外，吸收气体污染物量增幅表现差异较大，上海、山东森林生态系统吸收气体污染物量的增幅均在10倍以上，北京、河南、新疆、宁夏、山西和江苏6个省级区域的森林吸收气体污染物量增幅在5～10倍，其他省级区域森林吸收气体污染物量增幅均小于5倍。

第二次至第九次清查期间各省级区域滞尘量均呈现持续增加的变化趋势（图3-14），增加量大于1000亿千克/年的省级区域有内蒙古、广西、四川、广东、西藏、云南、黑龙江、福建、贵州和安徽；湖南、浙江、陕西、江西、河南、河北、吉林、辽宁、山西和山东的森林滞尘增加量500亿～1000亿千克/年，其他9个省级区域森林滞尘增加量均小于500亿千克/年；增加量最少的是上海和天津。各省级区域近四十年森林生态系统滞尘量增幅最大的是上海，北京、宁夏、山西、山东、江苏和新疆的森林滞尘量增幅在5～10倍，其他省份森林滞尘量增幅均小于5倍，增幅最小的是吉林和黑龙江。

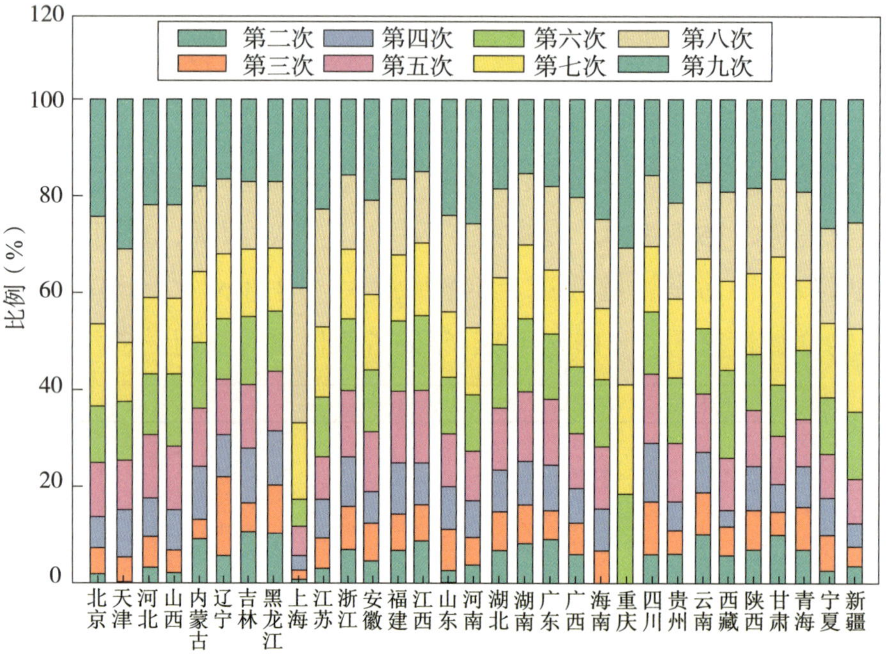

图3-14 近四十年中国森林生态系统滞尘量省域分布

3.2.2 价值量空间分布格局

3.2.2.1 总价值量

各省级区域第七次、第八次和第九次清查期森林生态产品总价值量核算结果如图3-15，第七次清查期，森林生态产品总价值量位列全国前十位的为四川、云南、黑龙江、广西、内蒙古、广东、西藏、江西、湖南和福建，其占全国森林生态产品价值量的比例为69.28%；第八次清查期，森林生态产品总价值量位列全国前十位的为云南、四川、黑龙江、广西、内蒙古、广东、西藏、江西、湖南和福建，其占全国森林生态产品价值量的比例为66.36%；第九次清查期，森林生态产品总价值量位列全国前十位的为云南、四川、黑龙江、内蒙古、广西、广东、湖南、西藏、江西和福建，其占全国森林生态产品价值量的比例为62.39%。可见，各省级区域森林资源清查总价值量均呈现增加的趋势。相比于第七次和第八次，第九次清查总价值量均以天津、上海、海南和河北增加幅度最大，江西和四川森林生态产品总价值量增长率最低。

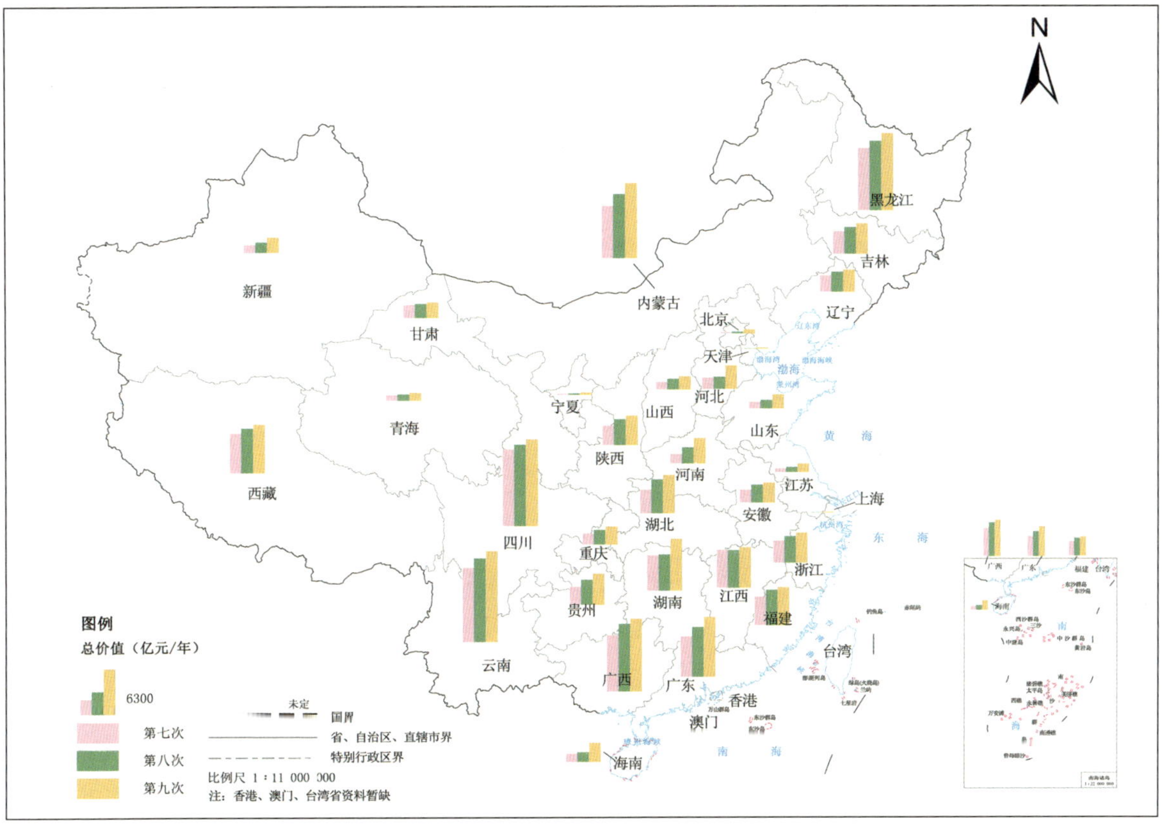

图3-15　第七次至第九次清查期省域尺度森林生态产品总价值量空间分布

3.2.2.2　涵养水源

“绿色水库”指森林的涵养水源功能，主要体现在蓄水、调节径流、削洪抗旱和净化水质等方面，是调节水量和净化水质价值量之和。森林涵养水源的作用层次主要是林冠、枯枝落叶层、土壤层，通过对降水的截留、吸收和下渗，对降水进行时空再分配，减少无效水，增加有效水。

第七次、第八次和第九次清查期森林生态系统涵养水源价值均以四川最大，上海最小（图3–16）。第九次清查期相比第七次清查期，北京、天津、河北、山西、上海、江苏、安徽、山东、河南、湖北、广东、海南、重庆、陕西、青海和宁夏森林生态系统涵养水源价值均呈现增加趋势；其中，河南、海南、山西、河北和山东的增加量均大于300亿元/年；天津、河南和上海的增幅最大，均在100%以上，其他省级区域均呈现减少趋势。第九次相比第八次清查期，内蒙古、浙江、江西、四川、云南、西藏、甘肃和新疆森林生态系统涵养水源价值均呈现减小趋势，减少量大于5亿元/年，其他省（自治区、直辖市）均呈现增加趋势，湖南、河南、广东、海南和河北的涵养水源价值增加量均在400亿元/年以上。第九次相比第七次清查期森林生态系统涵养水源价值增幅最大的是河南和海南，第九次清查期相比第八次清查期森林生态系统涵养水源价值增幅最大的是湖南和河南。

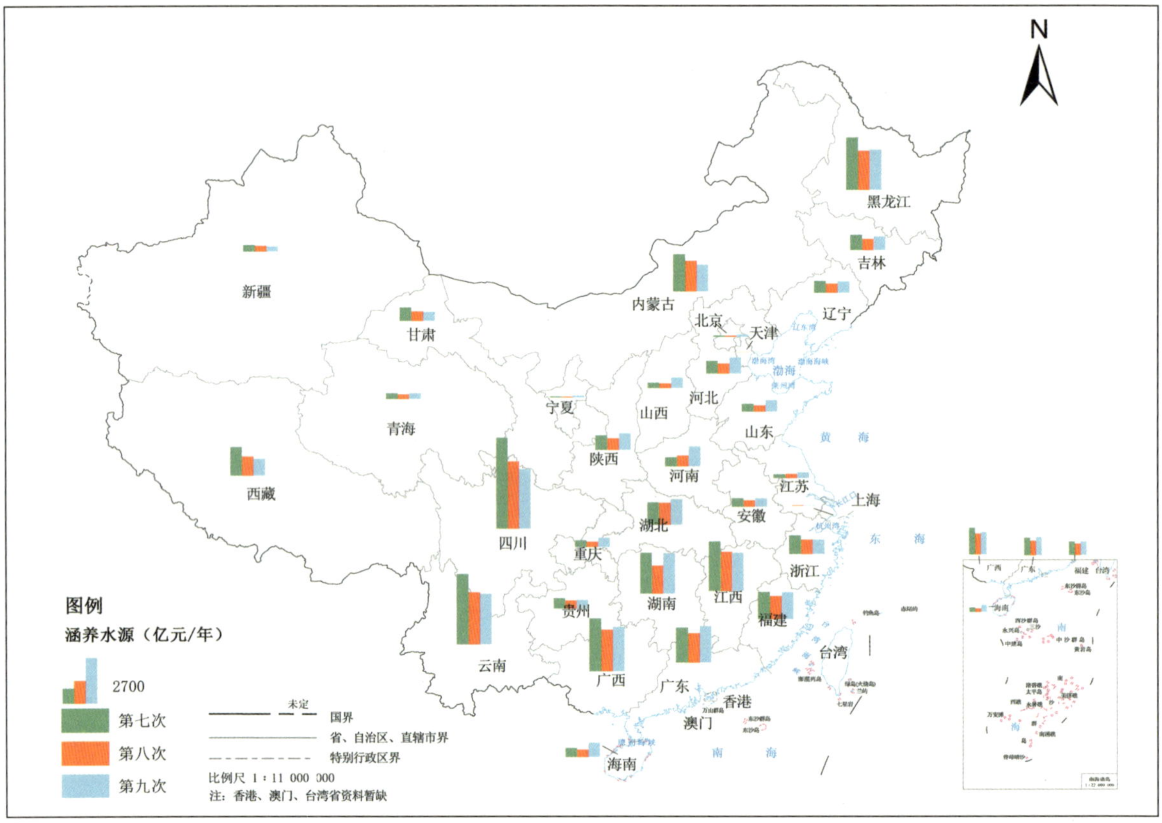

图3–16　第七次至第九次清查期省域尺度森林生态系统绿色水库空间分布

3.2.2.3 固碳释氧

“绿色碳库”是森林生态系统碳中和功能，森林植被层通过光合作用将空气中的二氧化碳合成碳水化合物转化为生物量，同时释放出等当量的氧气。森林土壤层也是一个巨大的绿色碳库，土壤层通过有机碳的积累和储存，捕获并封存了通过植被层固定并迁移到土壤层的碳。绿色植物的“特异功能”，就是能够进行光合作用，从空气中捕获二氧化碳（灰碳），并转化为葡萄糖（绿碳），再经生化作用合成碳水化合物（绿碳）。生物链就是绿碳链。植物绿碳经由食物链传递，转化为动物体内碳水化合物（绿碳）。与光合作用对应的是呼吸作用。动植物通过呼吸作用把一部分绿碳重新转化为二氧化碳，并释放进入大气（灰碳），另一部分则构成生物机体，在机体内贮存（绿碳）。动植物死后，通过微生物分解作用，尸体中的碳（绿碳）成为二氧化碳排入大气（灰碳）。

第七次、第八次和第九次清查期森林生态系统固碳释氧价值均以黑龙江、云南和四川最大，上海、天津和宁夏最小（图3–17）。第九次相比第七次清查期，仅

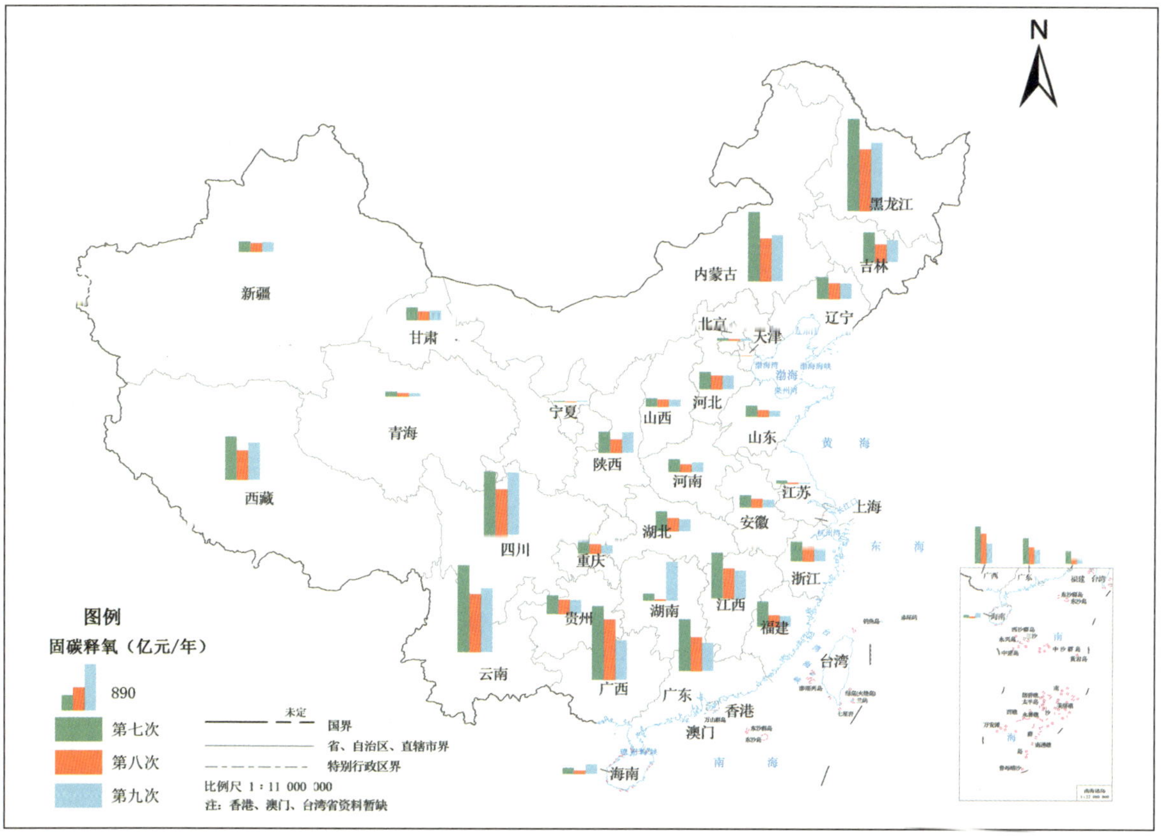

图3–17 第七次至第九次清查期省域尺度森林生态系统绿色碳库空间分布

有天津、上海、湖南、海南和宁夏这5个省级区域森林生态系统固碳释氧价值呈现增加趋势，其他省（自治区、直辖市）均呈现减少趋势。第九次相比第八次清查期北京、天津、内蒙古、吉林、黑龙江、上海、河南、湖南、海南、四川、云南、西藏、陕西、甘肃、宁夏和新疆16个省级区域的森林生态系统固碳释氧价值均呈现增加趋势，增加量在100亿元/年省级区域有黑龙江、湖南、海南、四川、云南、西藏和陕西；其他省级区域均呈现减小趋势。第九次相比第七次和第八次清查期森林生态系统固碳释氧价值增幅最大的均是湖南。

3.2.2.4 净化大气环境

“绿色氧吧库”指森林的净化大气环境功能，是提供负离子、吸收气体污染物（吸收二氧化硫、吸收氮氧化物和吸收氟化物）、滞纳TSP、滞纳PM_{10}和滞纳$PM_{2.5}$价值量之和。

第七次、第八次和第九次清查期森林生态系统净化大气环境价值均以内蒙古和广西最大，上海、天津和宁夏最小（图3-18）。第九次清查期相比第七次和第八

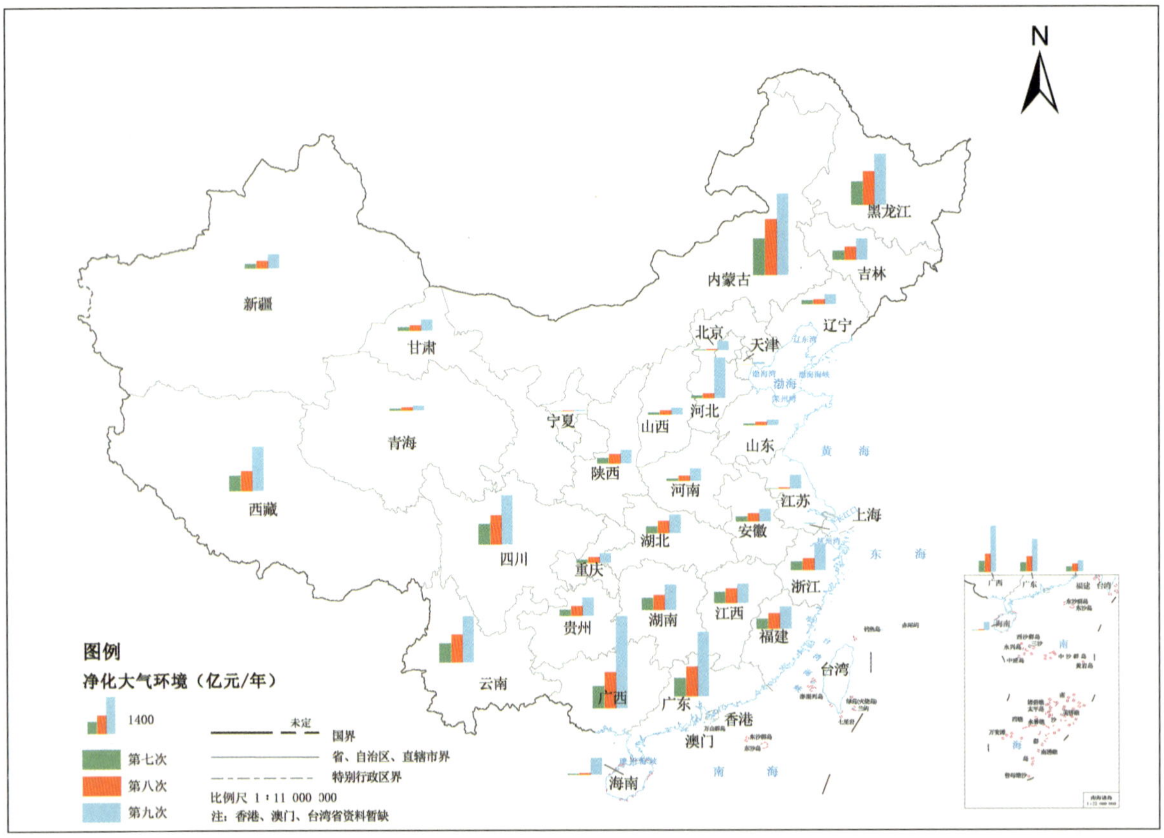

图3-18　第七次至第九次清查期省域尺度森林生态系统绿色氧吧库空间分布

次清查期森林生态系统净化大气环境价值所有省级区域均呈现大幅增加，相对第七次清查期森林生态系统净化大气环境价值增加量超过1000亿元/年的省级区域为广西、广东、内蒙古和河北，增加量在500亿～1000亿元/年的省级区域有西藏、四川、黑龙江、云南和浙江，其他省级区域增加量均在500亿元/年以下。第九次相对第八次清查期森林生态系统净化大气环境价值增加量在1000亿元/年的省级区域为广西、河北和广东，增加量在500亿～1000亿元/年的省级区域为内蒙古、西藏、四川、云南和黑龙江。

3.2.2.5　生物多样性保护

"绿色基因库" 指森林的生物多样性保护功能的价值量。森林是陆地生态系统中生物多样性最丰富的区域，由森林群落和其生境组成的森林生态系统不仅为植物和微生物提供了生存的基底和营养来源，也为动物提供了栖息场所和丰富的食物，地球上的生物有半数以上的物种在森林中栖息繁衍。因此，森林是天然的最丰富的遗传基因库，也是遗传多样性和物种进化的保证。

第七次、第八次和第九次清查期森林生态系统生物多样性保护价值均以云南和四川最大，天津和上海最小（图3-19）。第九次相比第七次清查期，所有省级区域的森林生态系统生物多样性保护价值均呈现增加趋势，增加量最大的是云南、四川、湖北、贵州、黑龙江、广东、湖南，增加量均大于在1000亿元/年；增幅最大的是山东、河南、上海和天津，增幅大于2倍。第九次相比第八次清查期，北京、河北、山西、内蒙古、江苏、安徽、福建、广东、广西、西藏和陕西这11个省级区域森林生态系统生物多样性保护价值均呈现减小趋势，贵州的增加量最大，大于500亿元/年；四川、海南、云南、湖北、湖南、河南、江西、重庆和山东的增加量在100亿～400亿元/年，其他省级区域的增加量均小于100亿元/年。

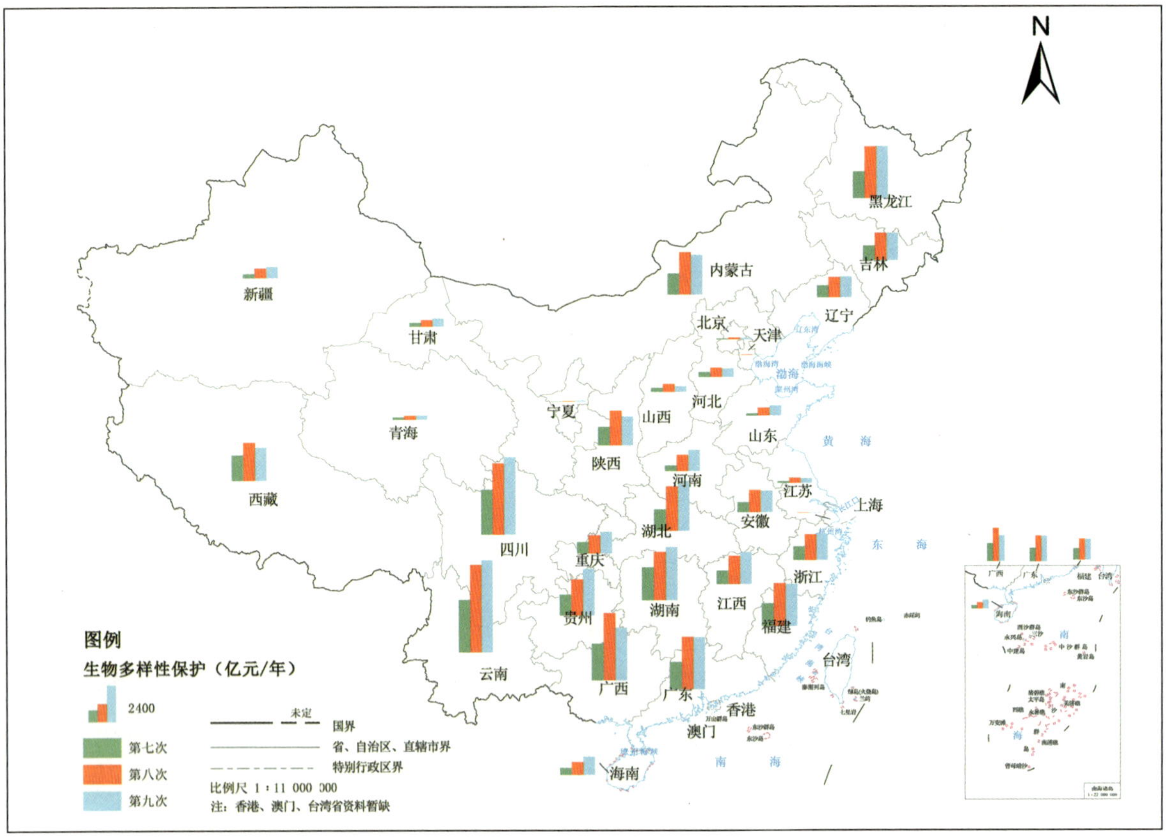

图3-19　第七次至第九次清查期省域尺度森林生态系统绿色基因库空间分布

第4章

重点区域森林生态产品评估

十九大报告提出“我国社会主要矛盾已经转化为人民日益增长的美好生活需要和不平衡不充分的发展之间的矛盾”，将生态产品短缺看作是新时代我国社会主要矛盾的重要方面，生态产品成为“两山”理论在实际工作中的有形助手，是绿水青山在实践中的代名词（第十八届中央委员会，2017）。依据国家标准《森林生态系统服务功能评估规范》（GB/T 38582-2020），本章对重点生态功能区、长江经济带、黄河流域、国家级公益林和国家公园等重点区域的森林生态产品时空动态进行分析，以揭示重点区域森林生态产品变化特征，为今后重点区域林业发展政策的制定和生态产品价值实现提供依据。

4.1 重点生态功能区森林生态产品评估

2010年，在全国陆地国土空间及内水和领海（不包括港澳台地区）范围内，经过对土地资源、水资源、环境容量、生态系统重要性、自然灾害危险性、人口集聚度以及经济发展水平和交通优势等因素的综合评价，编制了《全国主体功能规划》，以保障国家生态安全重要区域，人与自然和谐相处的示范区为功能定位，经综合评价建立重点生态功能区25个，截至2016年9月29日国家重点生态功能区县市区数量为676个，占国土面积的53%；重点生态功能区包括8个涵养水源型、4个水土保持型、6个防风固沙型和7个生物多样性维护型生态功能区。本节选取大兴安岭、黔西南森林生态系统分别作为水源涵养型和水土保持型重点生态功能区研究对象，对主导功能进行时空动态分析，阐释不同生态功能区的主导森林生态产品变化，以期为今后重点生态功能区社会经济发展质量和生态文明建设水平提供考核依据，也为生态补偿、生态环境监管政策的制定和实施提供数据支撑。

4.1.1 水源涵养型生态功能区森林生态产品评估

4.1.1.1 时空动态

大兴安岭水源涵养型生态功能区森林覆盖率高，具有完整的寒温带森林生态系统，是松嫩平原和呼伦贝尔草原的生态屏障，是嫩江、额尔古纳河、绰尔河、阿伦河、诺敏河、甘河、得尔布河等诸多河流的源头，是重要水源涵养区。依据《内蒙古大兴安岭重点国有林管理局森林与湿地生态系统服务研究与价值评估》，以内蒙古大兴安岭重点国有林管理局作为涵养水源重点生态功能区进行森林水源涵养主导功能分析，内蒙古大兴安岭森林生态系统水源涵养如图4–1所示，1998年森林涵养水源量为139.56亿立方米/年，2018年为170.96亿立方米/年，在2次评估中各林业局森林生态系统调节水量均有增加；同1998年相比，2018年涵养水源总量增加了31.40亿立方米，增幅为22.50%。1998年和2018年两期调节水量最高的3个林业局均为根河、莫尔道嘎和乌尔旗汉，分别占两期森林生态系统涵养水源总量的18.84%和18.12%；这主要是由于这几个地区森林面积较大，植

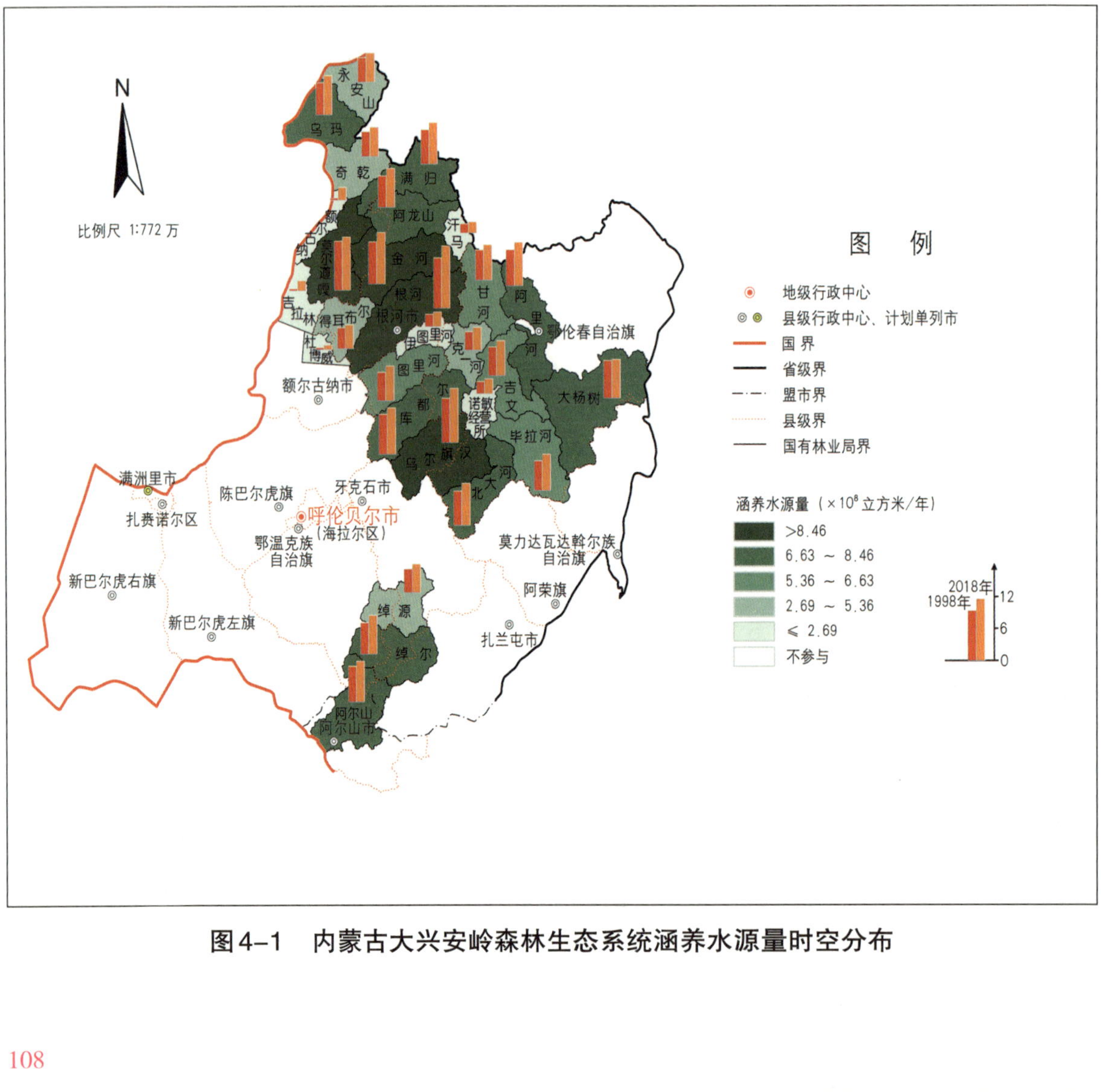

图4–1 内蒙古大兴安岭森林生态系统涵养水源量时空分布

被丰富，森林质量相对较高，从而使得这几个区域的森林涵养水源量大；1998年调水量最低的是汗马、诺敏森经所和伊图里河林业局，共占总量的4.41%；除杜博威和吉拉林林业局外，2018年调水量最低的是汗马和额尔古纳林业局，共占总量的2.56%。森林面积较小是导致其涵养水源能力下降的主导因素；但是单位面积涵养水源能力较强，这主要是由于汗马自然保护区有河流湿地、湖泊湿地和沼泽湿地三大类型湿地，也是激流河的主要发源地之一。因此，汗马自然保护区对于水源调控、水质净化、减少水旱灾害、防治水土流失等方面具有重要的意义。

4.1.1.2 主导功能吻合度

1998年、2018年内蒙古森工集团森林生态系统提供的各项服务功能中，均以涵养水源功能的价值量所占的比例最高，分别为25.30%（图4-2）和25.32%，属于主导功能；与1998年相比，2018年涵养水源功能价值量增长391.16亿元/年，增幅为41.17%。内蒙古森工集团森林生态系统涵养水源功能较强，这是因为内蒙古大兴安岭重点国有林管理局正好处于水源涵养型生态功能区，此生态功能区的主导功能就是水源涵养，也与主导功能吻合。《内蒙古森工集团大兴安岭林管局志（2000—2011）》显示，内蒙古大兴安岭林区河流密布，以大兴安岭山脉为界，分为两大水系。岭东的河流流入嫩江，称嫩江水系；岭西的河流流入额尔古纳河，称额尔古纳水系。内蒙古森工集团所属各单位是黑龙江、嫩江的主要发源地，水资源总量192亿立方米，地表水多年平均径流量为134.4亿立方米，为林区供水总量达161亿立方米；林区境内有大小河流7146条，其中一级支流100条，二级支流884条，二级以下支流6400条（含溪流），河流总长34938千米；林区长30千米以上河流135条，总长9443千米，境内最长的河流为诺敏河，其次是激流河。内蒙古森工集团1998年和2018年森林生态系统涵养水源量分别是其水资源总量的72.69%和89.04%，是中国第五大、内蒙古第一大呼伦湖蓄水量（138.5亿立方米）的1.01倍和1.23倍，是多年平均径流量的1.04倍和1.27倍，以上对比可以看出内蒙古森工集团森林生态系统涵养水源功能较强。

内蒙古大兴安岭地区多年平均降雨量约为425毫米，森林可以通过对降水的截留、吸收和下渗实现对降水进行时空再分配。在大兴安岭关于落叶松、针阔混（兴安落叶松、白桦、黑桦、蒙古栎）和灌木林涵养水源功能研究发现（王黑子来，2011），枯落物有效持水能力最强的是针阔混交林，其总拦蓄量为41.85吨/公顷；落叶松林和灌木林的枯落物有效蓄水能力较低，分别是32.41吨/公顷、31.01吨/公顷。不同森林类型中土壤的最大持水率最高的是针阔混交林，其最大持水率随土壤深度变化的区间为41.2%～51.20%，最小的是落叶松林，变化区间为33.53%～40.17%。因为森林土壤持水能力的高低主要取决于土壤的厚度及非毛管孔隙度的大小，林地内的水分主要涵养于土壤的非毛管孔隙内，针阔混交林土壤有效蓄水量和最大蓄水量均最大，分别达到182.39吨/公顷、1615.73吨/公顷，水源涵养能力显著，这与其土壤物理性质状态良好存在因果关系；落叶松林由于林种单一，土壤有效蓄水量和最大持水量最弱，分别为148.10吨/公顷、1535.7吨/公顷。从林冠截留量和截留率来看，针阔混交林冠层截留量最高为1034.83吨/公顷，截留率为26.19%；落叶松林林冠层截留量最小，为483.05吨/公顷，截留率为15.51%。针阔混交林的冠层比较密集，冠层比较厚，林冠排列相对紧密，对于雨水的截留量比较大。可见，大兴安岭森林及林地通过对降水的截留再分配，有很好地调节水循环和涵养水源的作用。

4.1.2 水土保持型生态功能区森林生态产品评估

贵州喀斯特石漠化防治的国家重点生态功能区地处长江和珠江的上游地区，是长江流域和珠江流域至关重要的生态屏障，肩负着水源涵养和水土保持等重要生态服务功能，本节以国家重点生态功能区——桂黔滇喀斯特石漠化防治贵州区作为水土保持型生态功能区研究对象，选择贵州省黔西南布依族苗族自治州（以下简称黔西南）对森林水土保持功能进行时空动态分析，以为水土保持型生态功能区的生态监测和保护成效评估提供科学参考。

4.1.2.1 时空格局

依据《贵州省森林生态系统服务功能评估研究》，2011—2016年，调节水量变化较小（表4-1），由2011年的196686万立方米增加到2016年的204907万立方米，增长率为4.20%。森林固土量从2011年的1655.50万吨增加到2016年的1945.44万吨，增加了17.50%，增幅较大。总体来看，黔西南森林生态系统保护和恢复成效比较显著。这与长江经济带的建设、贵州退耕还林工程的实施密不可分，2011年当年贵州退耕还林面积为2.0万公顷，退耕还林累积面积130.79万公顷；而2015年当年贵州退耕还林面积为10.89万公顷，退耕还林累积面积149.55万公顷。退耕还林使得该区森林面积增加，而森林又具有保持水土的功能。

表4-1 2011—2016年贵州省黔西南森林生态系统水土保持功能物质量

功能类别	指标类别	2011年	2016年	增长率（%）
涵养水源	调节水量（万立方米）	196686	204907	4.20
保育土壤	固土（万吨）	1655.50	1945.44	17.50

4.1.2.2　主导功能吻合度

黔西南布依族苗族自治州境内河流均属珠江流域，州境内共有河长10千米以上、流域面积大于20平方千米的河流102条，南盘江、北盘江、红水河是州内三条较大的江河。黔西南州水资源公报（2016）显示：2016年全州年平均降水量为1194.8毫米，折合降水总量200.70亿立方米，比上年（237.00亿立方米）偏少15.3%，与多年均值（208.20亿立方米）相比偏少3.6%，降水地区分布不均；全州水资源总量76.60亿立方米，属偏枯年份；2016年全州小（二）型以上水库年末蓄水量17807.71万立方米。黔西南州2016年森林涵养水源量是其当年水资源总量的25.68%，是其小（二）型以上水库年末蓄水量的11.05倍。由于该区以碳酸盐岩为主的基岩分布广泛，导致土层浅薄，透水性低，加上喀斯特通道、溶洞、裂隙等较多，使得该地区水土流失敏感性较高(吴松等，2016)。2010年贵州省森林生态系统的土壤侵蚀总量为6800万吨/年(李和平等，2014)，黔西南州森林生态系统2016年的固土量相当于其土壤侵蚀量的28.61%，这足以说明黔西南州森林生态系统的固土功能对于固持土壤，保护人民群众的生产、生活和财产安全的意义重大，进而维持了贵州省社会、经济、生态环境的可持续发展。可见，黔西南地区森林充分发挥着水土保持功能，也与其位于水土保持型生态功能区以水土保持为主导功能相吻合。

4.2　长江经济带森林生态产品评估

党的十八大以来，我国深入实施区域协调发展战略，长江经济带横跨中国东中西三大区域，是中央重点实施的“三大战略”之一，它是具有全球影响力的内河经济带、东中西互动合作的协调发展带、沿海沿江沿边全面推进的对内对外开放带，也是生态文明建设的先行示范带。推动长江经济带发展，是以习近平同志为核心的党中央作出的重大决策，是关系国家发展全局的重大战略，对实现“两个一百年”奋斗目标、实现中华民族伟大复兴的中国梦具有重要意义。2016年，习近平总书记在深入推动长江经济带发展座谈会上强调，要积极探索推广绿水青山转化为金山银山的路径，选择具备条件的地区开展生态产品价值实现机制试点。林业发展也是长江经济带建设的重要组成部分，林业发展可助推长江经济带实现真正的绿色发展和可持续发展（李想等，2016）。本节依据国家标准《森林生态系统服务功能评估规范》（GB/T 38582–2020）对长江经济带森林生态产品进行核算，用数据量化生态产品价值和格局特征，以期为今后国家政策的制定提供依据。

4.2.1　森林生态产品评估结果

长江经济带森林生态系统固土总物质量是2018年黄河输沙量3.73亿吨的8.59倍（国家统计局，2019），保肥量是其11个省级区域2018年化肥施用量5653.40万吨的7.85倍（国家统计局，2019）；林木养分固持总量相当于其11个省级区域2018年化肥施用总量的41.90%（国家统计局，2019），涵养水源总物质量相当于其11个省级区域2018年水资源总量12130.10亿立方米/年的7.79%（中华人民共和国水利部，2019），也是三峡水库库容总量393亿立方米的2.41倍；固碳总物质量为1.67亿吨/年，相当于中和了其11个省级区域二氧化碳排放量的60.30%；年吸收气体污染物总量是全国2018年大气二氧化硫总排放量875.40万吨的1.76倍（国家统计局，2019）。

长江经济带森林生态产品总价值为57496.89亿元/年，不同森林生态产品价值量占比如图4–2；其中，生物多样性保护功能占总价值量比例最大（38.09%），其次是涵养水源（27.51%），再次是净化大气环境（12.53%），最低的是林木养分固持（2.13%）和森林防护（0.02%）。

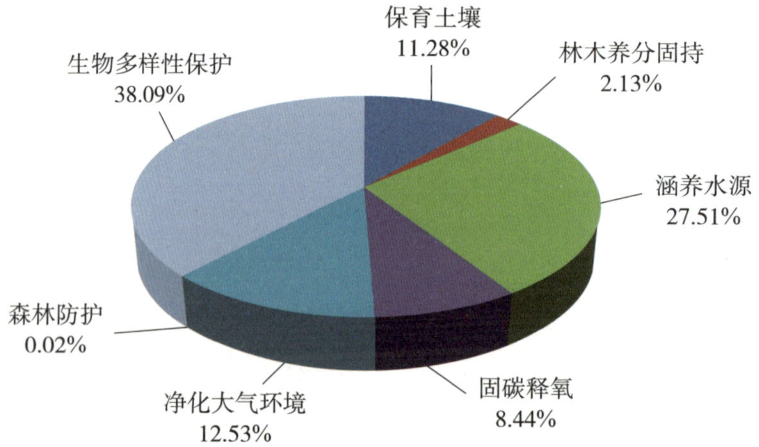

图4–2　长江经济带森林生态产品价值量分布比例

由图4–3可知，长江经济带森林生态产品总价值排序为云南和四川最大；其次是湖南、江西和湖北，贵州、浙江、安徽和重庆排六至九位；江苏和上海排最后两位。

4.2.2　生态产品与经济社会协同发展

生态环境建设与经济社会协同发展是高质量发展的必然要求，森林为人类社会经济发展提供了丰富的生态产品，为阐明森林生态产品与经济社会协同发展关系。本研究参照已有研究，构建生态产品与经济社会耦合协同发展指标体系，经济社会指标包括GDP、能源消耗总量、林业产业总值、城镇化率、二三产业占经

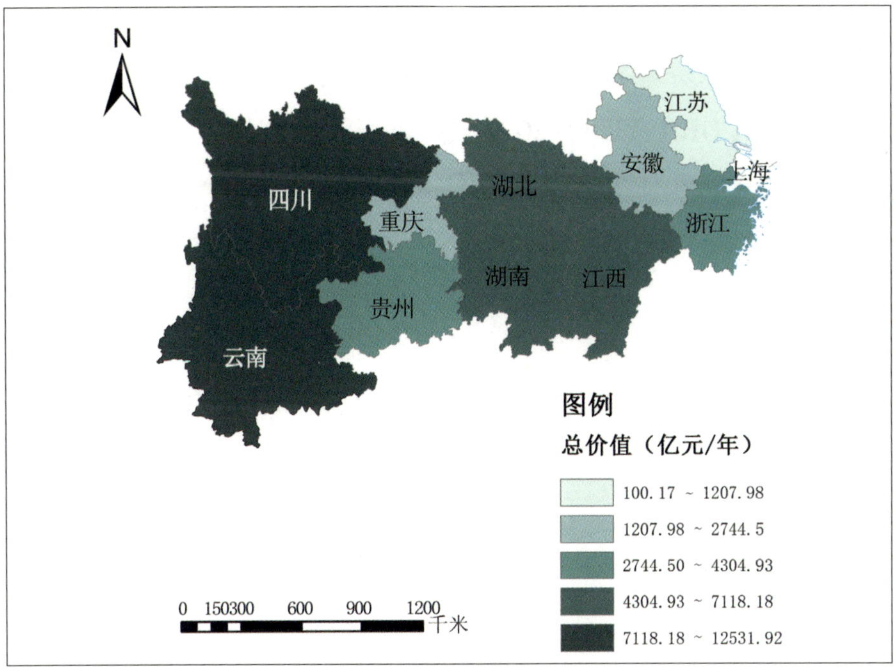

图4-3 长江经济带森林生态产品总价值空间分布

济总量比重、居民人均可支配收入，生态产品指标包括水土保持功能、固碳功能、净化大气功能和生物多样性保护功能；采用耦合协调度模型，分析长江经济带生态产品与经济社会耦合协同特征。对各指标进行权重赋值，通过计算得到耦合协调度指数：当耦合协调度为0～0.39时，生态产品和社会经济的耦合协调情况不可以接受；耦合协调度为0.40～0.59时，生态产品和社会经济的耦合协调情况勉强可以接受；耦合协调度为0.60～1.00时，生态产品和社会经济的耦合协调情况良好，处于可接受的区间（吴艳霞等，2021）。结果表明：长江经济带生态产品与经济社会耦合协同度指数为0.85，生态产品和社会经济耦合协调情况良好，发展等级属高度耦合协同水平，保护好长江经济带生态环境，是推动长江经济带高质量发展的前提，也是守护好中华文明摇篮的必然要求。长江经济带的生态产品与经济社会协同发展达到了良好等级，这充分说明长江经济带作为重大国家战略发展区域，实施对生态环境的保护，不但提升了生态环境质量，增加了生态产品价值，还促进了经济社会的良好发展。

4.3 黄河流域森林生态产品评估

随着我国生态环境建设的不断深入，尤其是在林业重大生态工程的大力影响下，黄河流域植被得以恢复，防洪减灾和水沙治理取得明显成效，流域生态环境持续向好，上游水源涵养能力稳定提升，中游黄土高原蓄水保土能力显著增强。本节选择黄河流域森林资源数据和生态连清数据，依据国家标准《森林生态系统服务功能评估规范》（GB/T 38582–2020）对黄河流域森林生态产品进行核算，用翔实的数据量化黄河流域森林生态系统产生的“绿水青山”价值多少“金山银山”，以期为黄河流域高质量发展提供数据支撑。

4.3.1 森林生态产品评估结果

黄河是世界第五大河，发源于青藏高原，流经黄土高原和华北平原后从山东入海。黄河全长5464千米，流域面积79.50万平方千米，流经青海、甘肃、四川、宁夏、内蒙古、陕西、山西、河南、山东等9个省份。黄河流域森林生态系统服务功能总物质量，在黄河流域上中下游森林生态系统各项功能物质量均表现为中游>上游>下游。

黄河流域森林生态系统固土总物质量是2018年黄河输沙量3.73亿吨的2.11倍，保肥量相当于黄河流经省份2018年化肥施用量2040.10万吨的2.16倍；涵养水源总物质量相当于黄河流经省份2018年水资源总量5900.40亿立方米的6.30%（中华人民共和国水利部，2019），固碳总物质量为2655.80万吨/年，中和了黄河流经省份2018年二氧化碳排放量的9.74%；滞尘总物质量是全国2018年烟（粉）尘排放量796.26万吨的43.09倍。

黄河流域不同森林生态产品价值量分布如图4–4，不同生态产品类别中占总价值量比例最大的是涵养水源（27.71%），其次是生物多样性保护（25.14%），再次是净化大气环境（16.46%），最低的是林木养分固持（3.11%）和森林防护（0.71%）。从黄河流域的上中下游看，表现为中游的价值量最大（66.84%），下游的价值量最小（8.23%），上游居中（24.92%）。

根据黄河流域流经的自然环境和水文情况，黄河分为上、中、下游。上游有河源至青海省贵德县，河长3472千米，流域面积占全黄河总量的51.3%，两岸多湖泊、草地、沼泽，水多沙少，是黄河的清水来源。中游由青海省贵德县至河南省孟津县，河长1206千米，流域面积占全黄河总量的45.7%，多经高山峡谷，水流迅急，由于中游流经黄土高原地区，因此中游是黄河泥沙的主要来源。下游为河南郑州桃花峪以下的河段，河长786千米，流域面积占全黄河总量的3%，下游河段河道坡度降小，水流平缓，价值河道宽浅散乱，泥沙淤积严重，河床逐渐升高形成“地上悬河”。

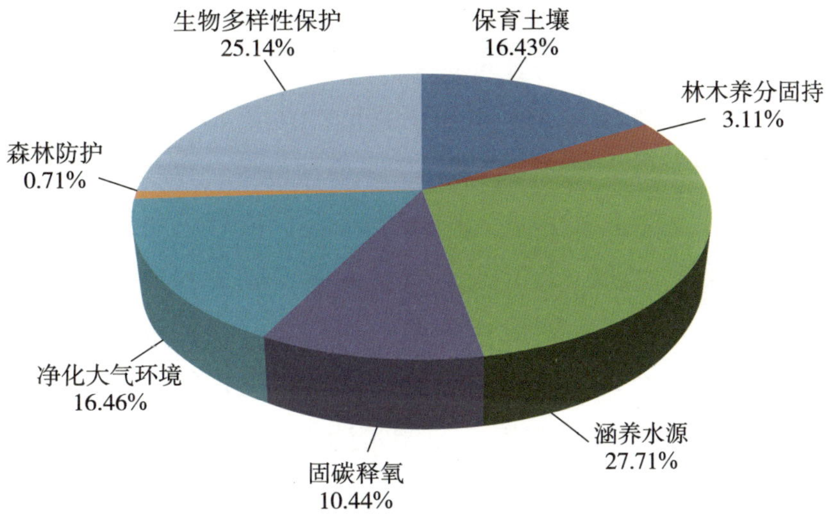

图4–4　黄河流域森林生态产品价值比例

黄河流域带森林生态产品总价值为9403.04亿元/年，由图4–5可知，黄河流域森林生态产品总价值排序为陕西和河南最大，总价值量均在2000亿元/年以上；其次是山西和内蒙古，甘肃、青海和山东排五至七位，宁夏和四川排最后两位。

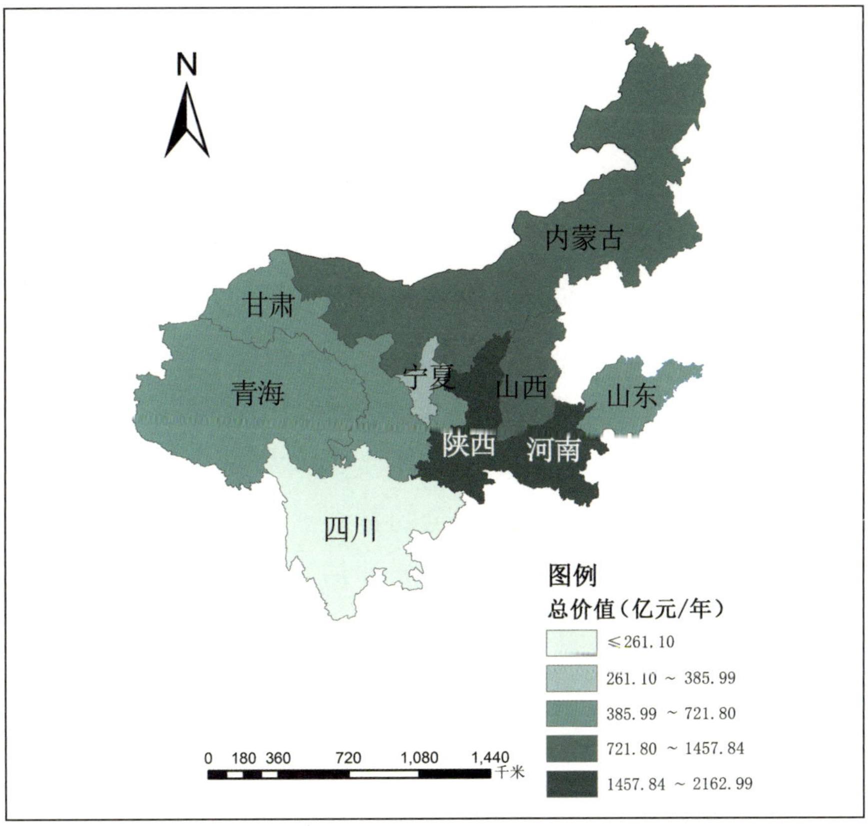

图4–5　黄河流域森林生态产品总价值空间分布

4.3.2 生态产品与经济社会协同发展

2019年，习近平总书记在黄河流域生态保护和高质量发展座谈会上明确指出，黄河流域是我国重要的生态屏障和重要的经济带，并把“黄河流域生态保护和高质量发展”上升为重大国家战略，也即黄河战略（蒋文龄，2020）。黄河流域生态保护和高质量发展上升为重大国家战略后，沿黄各省区纷纷呼应黄河国家战略，提升认识，凝聚力量，为黄河高质量发展贡献力量。本研究应用构建的生态产品与经济社会耦合协同发展指标体系，采用耦合协调度模型，分析了黄河流域生态产品与经济社会耦合协同特征。黄河流域生态产品与经济社会耦合协调度为0.89，处于0.60～1.00的分布范围，说明黄河流域生态产品和社会经济的耦合协调情况良好，处于可接受的区间。这与黄河流域森林面积和森林覆盖率逐渐增加，森林质量提升，森林结构趋于合理，发挥了较高的生态功能，涵养了水源，提高了空气质量有关。黄河流域流经省份GDP总量不断增加，由2018年的23.86万亿元增加到2020年的25.39亿元；2015—2019年黄河流域9省会城市除西安、太原外，其他7市空气质量总体趋于改善，空气质量提高，AQI指数逐年下降（刘震，2021）。

4.4 国家级公益林生态产品评估

国家级公益林是指生态区位极为重要或生态状况极为脆弱区域的以发挥森林生态和社会服务功能为目的的公益林，在涵养水源、防风固沙、保持水土、保护物种和净化大气环境等方面发挥着巨大作用，是我国生态安全的基本骨架，是生态文明建设不可或缺的重要组成部分，对国家经济社会可持续发展具有重要作用。习近平总书记指出：“要着力提高森林质量，坚持保护优先、自然修复为主，坚持数量和质量并重、质量优先。”国家级公益林是森林资源中最为重要的部分，是森林生态建设的主体，是维护国土生态安全的基石。森林生态产品作为最普惠的生态产品，本节对国家级公益林生态产品开展评估研究，揭示国家级公益林生态产品价值。

4.4.1 国家级公益林生态产品评估结果

国家级公益林森林生态系统固土总物质量是2018年黄河输沙量3.73亿万吨的11.82倍，是2019年全国化肥施用量5403.6万吨的4.22倍；涵养水源总物质量相当于2019年全国水资源总量29041.00亿立方米/年的9.54%（中华人民共和国水利部，2020），也是三峡水库库容总量393亿立方米的7.05倍；固碳总物质量为23272.06万吨/年，相当于抵消了2018年全国二氧化碳排放量的8.54%；年吸收二氧化硫总物质量是全国2019年大气二氧化硫总排放量696.32万吨的2.76倍（国家统计局，2020），年吸收氮氧化物总物质量仅相当于全国2019年大气氮氧化物排放量1785.22万吨的5.36%，滞尘总物质量是全国2019年颗粒物排放量1684.05万吨的183.47倍（国家统计局，2020）。

国家级公益林生态系统总价值量达65893.61亿元，国家级公益林生态产品各项功能比例见图4-6，生态服务类别主要以调节服务为主，价值34338.29亿元，占服务功能总价值的52.12%；其次为供给服务，价值15592.11亿元，占23.66%；支持服务价值10011.00亿元，占15.19%；文化服务价值5952.21亿元，占9.03%。各项生态产品价值表现为涵养水源价值最大，占比为26.99%；其次是生物多样性保护功能，占比为23.66%；森林防护功能最小，占比仅为0.39%。

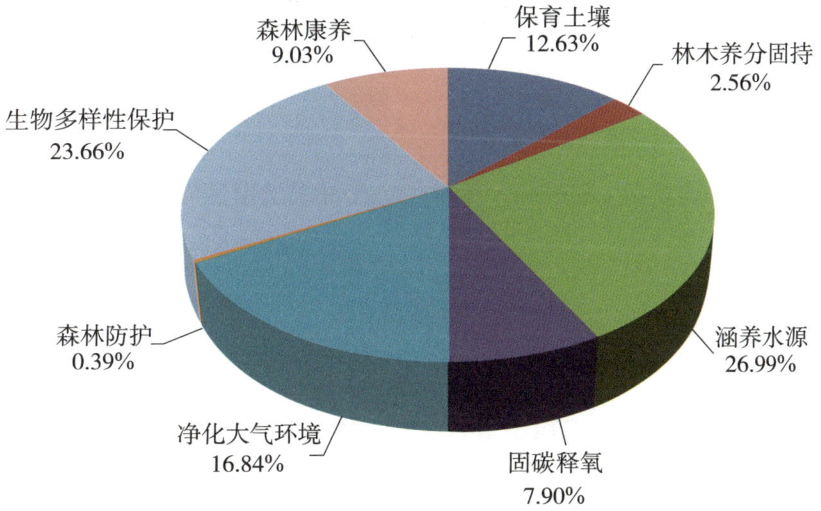

图4-6 国家级公益林生态产品价值比例

由图4-7可知，国家级公益林生态产品总价值大于5000亿元/年的省级区域为四川、云南和内蒙古；总价值在2000亿～5000亿元/年的省级区域是广西、湖南、贵州、黑龙江、陕西、湖北和江西；广东、河北、吉林等13个省级区域的国家级公益林生态产品总价值居中，在1000亿～20000亿元/年；山东、青海、海南、宁夏、北京、江苏、天津排最后七位，总价值均小于1000亿元/年。

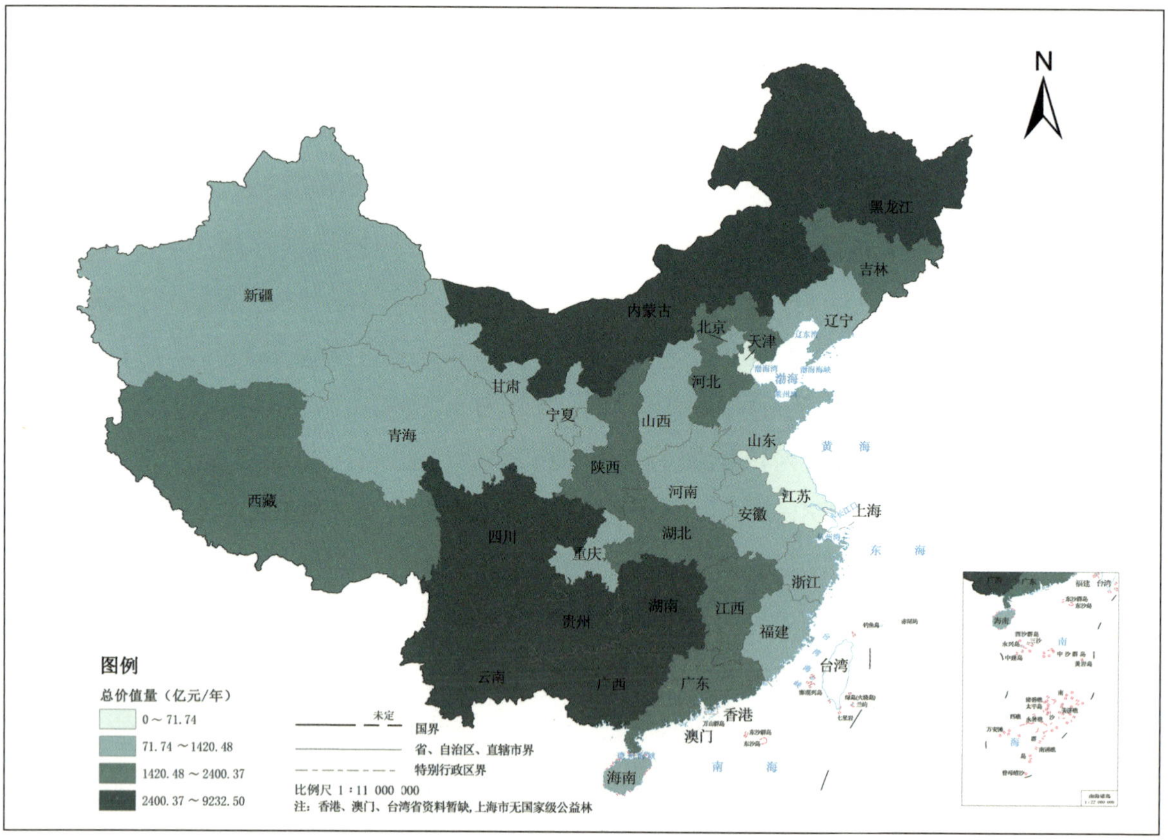

图4-7　国家级公益林生态产品总价值空间分布

4.4.2　生态产品与经济社会协同发展

选取经济社会指标包括GDP、能源消耗总量、投资总额、城镇化率、二三产业占经济总量比重、居民人均可支配收入，生态产品指标包括水土保持功能、固碳功能、净化大气功能和生物多样性保护功能；采用耦合协调度模型，通过不同指标的加权和权重的计算，获得生态产品与经济社会耦合协调度，分析国家级公益林生态产品与经济社会耦合协同特征。结果显示国家级公益林生态产品与经济社会耦合协调度为0.71，处于0.60～1.00的分布范围，说明国家级公益林生态产品和社会经济的耦合协调情况良好，处于可接受的区间。这充分显示了国家级公益林作为森林生态建设的主体地位，突显了其所处的重要生态区位价值和对国土生态安全、经济社会可持续发展的重要作用。

4.5　国家公园森林生态产品和旗舰物种多样性保护价值评估

国家公园是指由国家批准设立并主导管理，边界清晰，以保护具有国家代表性的大面积自然生态系统为主要目的，实现自然资源科学保护和合理利用的特定陆地或海洋区域。建立国家公园体制是党的十八届三中全会提出的重点改革任务之一，是我国生态文明制度建设的重要内容，能够保护自然生态和自然文化遗产的原真性、完整性，对重要生态系统进行更为严格的保护，对珍稀野生动植物进行长效保护，给子孙后代留下自然遗产。2015年以来，国家公园体制试点工作稳妥有序推进，国家公园管理体制不断优化，顶层设计不断完善。2017年9月，中共中央办公厅、国务院办公厅印发《建立国家公园体制总体方案》；2019年6月，中共中央办公厅、国务院办公厅印发的《关于建立以国家公园为主体的自然保护地体系的指导意见》，明确了国家公园建设思路和目标任务。国家林业和草原局起草了国家公园设立标准和《国家公园空间布局方案》，制定了自然资源资产管理和生态环境监测、监督等相关办法，不断完善国家公园体制顶层设计。全国已建立东北虎豹、祁连山、大熊猫、三江源、海南热带雨林、武夷山、神农架、普达措、钱江源和南山10处国家公园试点，涉及青海、吉林、海南等12个省份，总面积约占陆域国土面积的2.3%。

2021年10月12日《生物多样性公约》第十五次缔约方大会（COP15）上，中国宣布，正式设立三江源、大熊猫、东北虎豹、海南热带雨林、武夷山等第一批国家公园。第一批国家公园涉及青海、西藏、四川、陕西、甘肃、吉林、黑龙江、海南、福建、江西等10个省份，均处于中国生态安全战略格局的关键区域，保护面积达23万平方千米，涵盖近30%的陆域国家重点保护野生动植物种类。本节对5个国家公园的森林生态产品价值进行核算，同时采用能值法对国家公园的旗舰物种多样性保护价值进行核算，以阐释国家公园森林生态系统发挥的生态功能和价值。

能值法计算过程：首先，计算单个物种能值转换率，能值单位用太阳能焦耳（solar emjoules）单位表示，缩写sej；其次，构建不同濒危等级指数评估模型，并采用逐级分类筛选方式解决重复性计算问题；最后，通过社会经济环境系统的能值分析指标体系，计算中国能值/货币比率，从而得到不同濒危等级物种的能值货币价值。

中国十大保护动物：大熊猫、金丝猴、白鳍豚、华南虎、朱鹮、褐马鸡、黑颈鹤、藏羚羊、麋鹿、扬子鳄。

4.5.1 三江源国家公园

三江源国家公园位于中国的西部，青藏高原的腹地、青海省南部，包括长江源、黄河源、澜沧江源3个园区，地处青藏高原腹地，是长江、黄河、澜沧江的发源地，素有“中华水塔”“亚洲水塔”之称。试点区总面积为12.31万平方千米，占三江源面积的31.16%，介于东经89°50'57"～99°14'57"，北纬32°22'36"～36°47'53"。《三江源国家公园总体规划》显示，三江源国家公园位于地球“第三极”青藏高原腹地，以山原和高山峡谷地貌为主，平均海拔4500米以上；地质成土过程年轻，冻融侵蚀作用强烈，土壤质地粗，以高山草甸土为主；处于青藏高原气候区北端尾间区，气候由亚热带向温凉、半干旱至严寒干旱过渡；园区共有维管束植物760种，分属50科241属；野生陆生脊椎动物270种，其中兽类62种，鸟类196种，两栖类7种，爬行类5种。

三江源国家公园冰川雪山833.4平方千米、河湖和湿地29842.8平方千米、草地86832.2平方千米、林地495.2平方千米，森林面积仅为14000公顷，仅占全园面积的0.114%。三江源国家公园以山原和高山峡谷地貌为主，其地理位置特殊，生态环境独特，一直以来都是高原生物多样性的热点地区，是藏羚羊、雪豹等珍稀动物的重要栖息地，被誉为“高原野生动物王国”。位于三江源国家公园可可西里的藏羚羊数量从20世纪80年代的不足2万只已恢复到目前的7万多只，我国藏羚羊数量已从20世纪80～90年代的不足7万只，增加至目前的约30万只（国家林业和草原局，2018）；雪豹数量也超过600只，几乎30%的藏羚羊和60%的雪豹均分布在这里；且藏羚羊和雪豹的活动范围较广，其作为旗舰物种的生物多样性保护价值巨大。

4.5.1.1 三江源国家公园森林生态产品物质量

三江源国家公园森林生态产品物质量分别为年涵养水源量0.26亿立方米，年固碳量1.26万吨（碳当量，折合成二氧化碳为4.62万吨），年释氧量2.95万吨，年固土量0.005亿吨，年保肥量2.56万吨，年提供负离子量为8.40×10^{22}个，年吸收气体污染物量505.33万千克，年滞尘量4.32亿千克，年林木养分固持量为0.03万吨。

4.5.1.2 三江源国家公园森林生态产品和旗舰物种多样性保护价值量

三江源国家公园森林生态产品和旗舰物种多样性保护总价值258.12亿元/年

（表4-2），按照服务类别不同可分为支持服务、调节服务、供给服务、文化服务四大类，其中调节服务3.33亿元/年、占1.29%，供给服务253.60亿元/年、占98.25%，支持服务0.98亿元/年、占0.38%，文化服务0.21亿元/年、占0.08%。从不同服务功能来看（图4-8），生物多样性保护功能最大，旗舰物种多样性价值为252.44亿元/年，其中藏羚羊和雪豹的多样性保护价值分别为128.47亿元/年和123.97亿元/年；其次是涵养水源功能（1.66亿元/年）和净化大气环境功能，森林康养功能和林木养分固持功能排后两位。

表4-2 三江源国家公园森林生态产品和旗舰物种多样性保护价值核算结果

服务类别	功能类别		价值量（亿元/年）		百分比（%）
支持服务	保育土壤		0.94	0.98	0.38
	林木养分固持		0.04		
调节服务	涵养水源		1.66	3.33	1.29
	固碳释氧		0.30		
	净化大气环境		1.37		
供给服务	生物多样性保护	森林植被多样性	1.16	253.60	98.25
		旗舰物种多样性	252.44		
文化服务	森林康养		0.21	0.21	0.08
总计			258.12	258.12	100.00

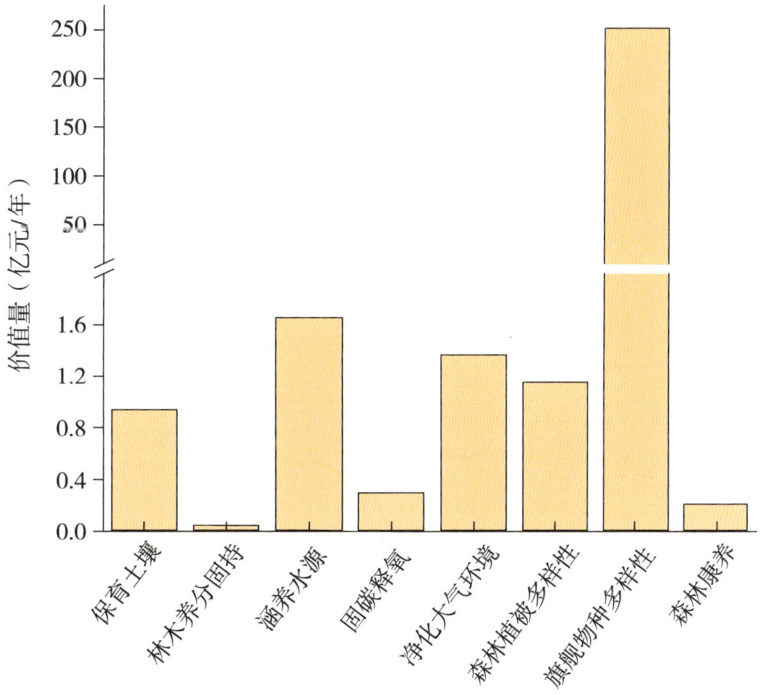

图4-8 三江源国家公园森林生态产品和旗舰物种多样性保护价值

4.5.2 大熊猫国家公园

大熊猫国家公园位于中国西部地区，由四川省岷山片区、四川省邛崃山－大相岭片区、陕西省秦岭片区、甘肃省白水江片区组成，规划面积为27134平方千米。地理坐标介于东经102°11'10"～108°30'52"，北纬28°51'03"～34°10'07"。大熊猫国家公园地处秦岭、岷山、邛崃山和大小相岭山系，整体地势为西北高东南低，最高海拔5588米，土壤类型有山地棕壤、黄棕壤、水稻土、潮土、山地褐土等。属大陆性北亚热带向暖温带过渡的季风气候区，森林覆盖率72.07%，有种子植物197科1007属3446种，有脊椎动物641种。

根据全国第四次大熊猫调查结果显示，全国野生大熊猫共计1864只，其中，四川省1387只，占全国野生大熊猫总数的74.4%；陕西省345只，占18.5%；甘肃省132只，占7.1%。全国野生大熊猫平均种群密度0.072只/平方千米，种群密度最高的地区是陕西省秦岭，为0.096只/平方千米。大熊猫分布的山系中，岷山分布数量最多，占总数的42.8%（唐小平等，2015）。大熊猫国家公园园内约有野生大熊猫1631只，占全国野生大熊猫总数的87.5%，栖息地面积占全国大熊猫栖息地面积的70.1%。此外，园内有川金丝猴、珙桐等8000多种野生动植物；其森林面积为144.43万公顷，森林覆盖率高达72.1%，植被类型复杂多样，生态系统类型丰富，具有良好的生态环境和生物多样性。大熊猫国家公园地处全球生物多样性保护的热点地区、中国生态安全战略格局“两屏三带”的关键区域，是《全国重要生态系统保护和修复重大工程总体规划（2021—2035年）》的自然保护地建设及野生动植物保护重大工程区，在保护大熊猫及栖息地的完整性、生物多样性等方面具有重要的意义。

4.5.2.1 大熊猫国家公园森林生态产品物质量

大熊猫国家公园森林生态产品物质量分别为年涵养水源量58.11亿立方米，年固碳量405.72万吨（碳当量，折合成二氧化碳为1487.64万吨），年释氧量996.69万吨，年固土量0.66亿吨，年保肥量308.57万吨，年提供负离子量为2039.80×10^{22}个，年吸收气体污染物量27839.14万千克，年滞尘量444.40亿千克，年林木养分固持量为9.03万吨。

4.5.2.2 大熊猫国家公园森林生态产品价值量

大熊猫国家公园森林生态产品总价值1970.53亿元/年（表4–3），按照服务类别不同可分为支持服务、调节服务、供给服务、文化服务四大类，其中调节服务512.09亿元/年、占25.99%，供给服务1100.96亿元/年、占55.87%，支持服务121.92亿元/年、占6.19%，文化服务235.56亿元/年、占11.95%。从不同服务功能来看（图4–9），生物多样性保护价值最大，为1100.96亿元/年，占公园森林生态产品总价值55.87%；其中，旗舰物种多样性价值为769.22亿元/年，占生态产品总价值的39.04%；其中大熊猫的多样性保护价值为601.05亿元/年，川金丝猴的多样性保护价值为114.95亿元/年，珙桐的多样性保护价值为53.22亿元/年。

表4–3　大熊猫国家公园森林生态产品四大服务核算结果

服务类别	功能类别		价值量（亿元/年）		百分比（%）
支持服务	保育土壤		110.42	121.92	6.19
	林木养分固持		11.50		
调节服务	涵养水源		263.29	512.09	25.99
	固碳释氧		101.81		
	净化大气环境		146.99		
供给服务	生物多样性保护	森林植被多样性	331.74	1100.96	55.87
		旗舰物种多样性	769.22		
文化服务	森林康养		235.56	235.56	11.95
总计			1970.53	1970.53	100.00

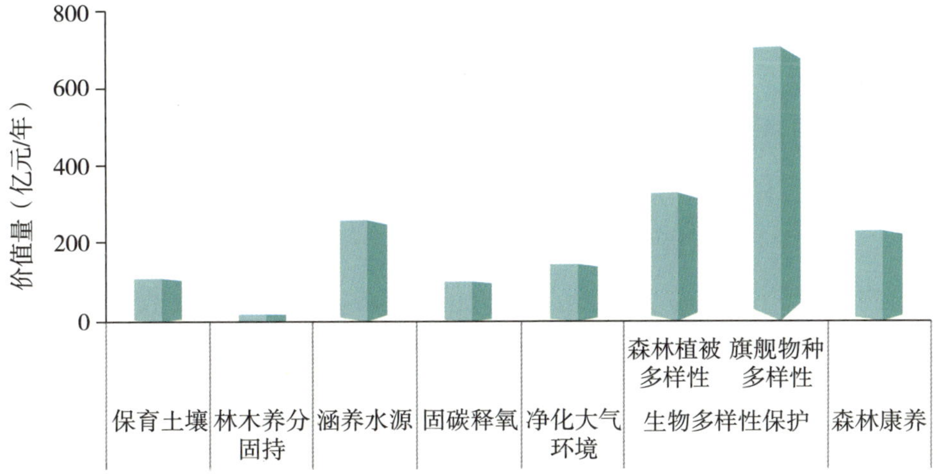

图4–9　大熊猫国家公园森林生态产品价值

4.5.3　东北虎豹国家公园

东北虎豹国家公园位于中国东北地区，在吉林省和黑龙江省交界处，东起吉林省珲春市林业局青龙台林场，与俄罗斯滨海边疆区接壤，西至吉林省汪清县林业局南沟林场，南自吉林省珲春市林业局敬信林场，北到黑龙江省东京城林业局奋斗林场，总面积1.46万平方千米。其中，吉林片区占71%，黑龙江片区占29%。东北虎豹国家公园地处长白山支脉老爷岭南部区域，以中低山、峡谷和丘陵地貌为主，海拔1477.4米（老爷岭），土壤以暗棕壤和沼泽土为主，属大陆湿润性季风气候区，森林覆盖率93.32%，植被类型主要是温带针阔叶混交林，分布有高等植物150科406属666种，有野生脊椎动物270种。

东北虎豹国家公园森林面积144.11万公顷，划定的园区是我国东北虎、东北豹种群数量最多、活动最频繁、最重要的定居和繁育区域，也是重要的野生动植物分布区和北半球温带区生物多样性最丰富的地区之一；位于我国34个生物多样性保护优先区之一的长白山腹地，这里水系发达，河流分属图们江、绥芬河、乌苏里江和牡丹江4个水系，所有河流均为水系支流的源头。截至2022年2月，东北虎豹国家公园东北虎种群数量达到50只以上，东北豹种群数量达到60只以上（王天明和葛剑平，2022），占全国东北虎豹总数的100%。雌性东北虎的活动范围一般300～500平方千米，而雄虎活动范围可超过1000平方千米，设立东北虎豹国家公园，将有效保护和恢复东北虎豹野生种群，实现其在我国境内稳定繁衍生息；有效解决东北虎豹保护与人的发展之间矛盾，实现人与自然和谐共生；有效推动生态保护和自然资源资产管理体制创新，实现统一规范高效管理。

4.5.3.1　东北虎豹国家公园森林生态产品物质量

东北虎豹国家公园森林生态产品物质量分别为年涵养水源量29.94亿立方米，年固碳量161.46万吨（碳当量，折合成二氧化碳为592.01万吨），年释氧量377.72万吨，年固土量0.65亿吨，年保肥量408.99万吨，年提供负离子量为1947.63×10^{22}个，年吸收气体污染物量15963.60万千克，年滞尘量514.08亿千克，年林木养分固持量为12.03万吨。

4.5.3.2　东北虎豹国家公园森林生态产品价值量

东北虎豹国家公园森林生态产品总价值1104.40亿元/年（表4-4），按照服务类别不同可分为支持服务、调节服务、供给服务、文化服务四大类，其中调节服务391.33亿元/年、占35.43%，供给服务526.66亿元/年、占47.69%，支持服务164.50亿元/年、占14.90%，文化服务21.91亿元/年、占1.98%。从不同服务功能来看（图4-10），生物多样性保护价值最大，为526.66亿元/年，占公园森林生态产品总价值的47.69%；生物多样性保护价值又以旗舰物种多样性价值较高，旗舰物种东北虎豹保护价值为285.88亿元，占总价值量的25.89%，故东北虎豹国家公园以旗舰物种多样性为主导功能。涵养水源功能和净化大气环境功能的价值量排二三位，最小的是林木养分固持功能。

表4-4　东北虎豹国家公园森林生态产品四大服务核算结果

服务类别	功能类别	价值量（亿元/年）		百分比（%）
支持服务	保育土壤	147.11	164.50	14.90
	林木养分固持	17.39		

（续）

服务类别	功能类别		价值量（亿元/年）		百分比（%）
调节服务	涵养水源		194.08	391.33	35.43
	固碳释氧		38.62		
	净化大气环境		158.63		
供给服务	生物多样性保护	森林植被多样性	240.78	526.66	47.69
		旗舰物种多样性	285.88		
文化服务	森林康养		21.91	21.91	1.98
总计			1104.40	1104.40	100.00

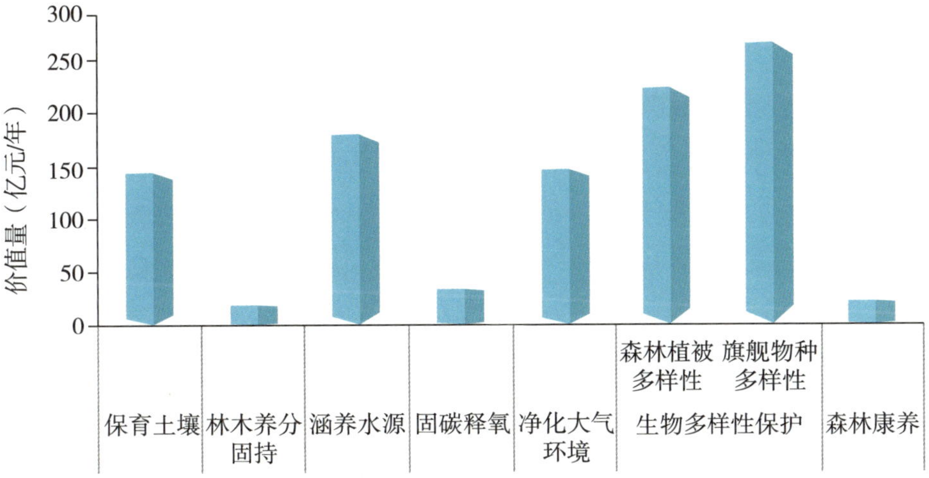

图4-10　东北虎豹国家公园森林生态产品价值

4.5.4　海南热带雨林国家公园

海南热带雨林国家公园官网（http://www.hntrnp.com）显示，该公园位于海南岛中部，保护面积4269平方千米（约占海南岛陆域面积的七分之一），其中核心保护区面积2331平方千米，占54.6%，一般控制区面积1938平方千米，占45.4%；海南热带雨林国家公园内国有土地面积为3766平方千米，占88.2%，集体土地面积503平方千米，占11.8%。海南热带雨林国家公园植被有热带雨林、南亚松林、橡胶林、桉树林、马占相思林、加勒比松林等类型；有野生维管束植物220科1142属3577种，其中国家一级保护植物6种，国家二级保护植物428种。

海南热带雨林国家公园森林面积39.46万公顷，森林覆盖率达95.85%，涵盖了海南岛95%以上的原始林和55%以上的天然林，保存了我国最完整、最多样的大陆性岛屿型热带雨林；其属于全球34个生物多样性热点区之一，是海南岛森林资源最为富集的区域。海南热带雨林是世界热带雨林的重要组成部分，是中国分布最集中、保存最完好、连片面积最大的热带雨林，是全球重要的种质资源基因库，是中国热带生物多样性保护的重要地区，故其生物多样性较高。此外，海南热带雨林国家公园还是全球最濒危的灵长类动物——海南长臂猿唯一分布地，是海南热带雨林生态系统完整性和原真性的指示物种，目前只分布在海南热带雨林国家公园霸王岭片区。在2002年第19届“国际灵长类大会”上，确定海南长臂猿位列世界极度濒危灵长类第1位。1980年广东省人民政府批准成立霸王岭省级保护区，当时仅存有2群7～9只；1988年，经国务院批准晋升为国家级自然保护区，通过严格的保护和生境修复，海南长臂猿种群数量稳步增长，现已达到5群35只。

4.5.4.1 海南热带雨林国家公园森林生态产品物质量

海南热带雨林国家公园森林生态产品物质量分别为年涵养水源量23.01亿立方米，年固碳量244.76万吨（碳当量，折合成二氧化碳为897.46万吨），年释氧量556.50万吨，年固土量0.18亿吨，年保肥量55.61万吨，年提供负离子量为459.24×10^{22}个，年吸收气体污染物量6923.66万千克，年滞尘量76.86亿千克，年林木养分固持量为5.01万吨。

4.5.4.2 海南热带雨林国家公园森林生态产品价值量

海南热带雨林国家公园森林生态产品总价值515.12亿元/年（表4–5），按照服务类别不同可分为支持服务、调节服务、供给服务、文化服务四大类，其中调节服务262.66亿元/年、占50.99%，供给服务186.83亿元/年、占36.27%，支持服务31.38亿元/年、占6.09%，文化服务34.25亿元/年、占6.65%。从不同服务功能来看（图4–11），生物多样性保护和涵养水源价值最大，分别占总价值量的36.27%和30.62%，故海南热带雨林国家公园以生物多样性保护和涵养水源为主导功能。其中，生物多样性保护价值为186.83亿元/年，旗舰物种海南长臂猿的保护价值为15.07亿元。

表4–5　海南热带雨林国家公园森林生态产品四大服务核算结果

服务类别	功能类别	价值量（亿元/年）		百分比（%）
支持服务	保育土壤	23.98	31.38	6.09
	林木养分固持	7.40		
调节服务	涵养水源	157.71	262.66	50.99
	固碳释氧	56.94		
	净化大气环境	48.01		

（续）

服务类别	功能类别		价值量（亿元/年）		百分比（%）
供给服务	生物多样性保护	森林植被多样性	171.76	186.83	36.27
		旗舰物种多样性	15.07		
文化服务	森林康养		34.25	34.25	6.65
总计			515.12	515.12	100.00

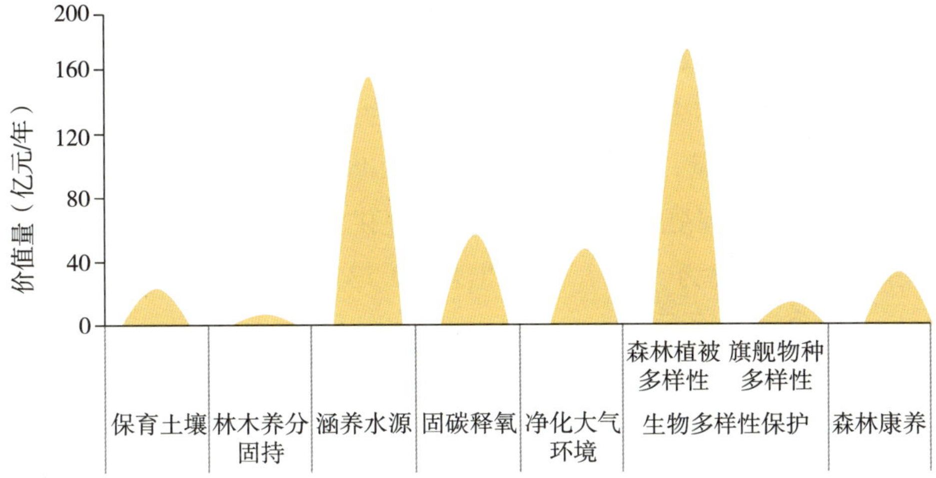

图4-11 海南热带雨林国家公园森林生态产品价值

4.5.5 武夷山国家公园

武夷山国家公园跨福建、江西两省，是世界人与生物圈保护区，又是世界自然和文化双遗产的国家公园。地理坐标为东经117°24'13"～117°59'19"，北纬27°31'20"～27°55'49"，保护面积1280平方千米，其中江西区域总面积约278.57平方千米，森林覆盖率87.86%，分布有全球同纬度最完整、面积最大的中亚热带原生性常绿阔叶林生态系统，是我国东南动植物宝库，森林面积11.15万公顷。武夷山有着无与伦比的生态人文资源，拥有世界文化和自然"双遗产"，是文化和自然世代传承、人与自然和谐共生的典范。武夷山国家公园地处内陆山区，主要山脉大致呈东北－西南走向，地势为西北、东北高，西南、东南低，自西向东分别属于中山、中低山和丘陵地貌区，海拔1630米，属中亚热带季风气候区。

武夷山国家公园植被垂直带谱明显，基本囊括了中亚热带的所有植被类型，是我国大陆东南部发育最完好的垂直带谱，其原生性强、稳定性也高。根据国内外数十年来以来对武夷山地区的野外调查、植物标本采集、鉴定、整理和统计，武夷山国家公园共记录高等植物269科2799种（包含亚种、变种，下同），包括苔藓植物70科345种、蕨类植物40科314种、裸子植物7科26种和被子植物152科

2114种（包括亚种和变种）。此外，还记录藻类73科191属239种、真菌38科83属503种和地衣13科35属100种。这些物种既有大量亚热带的物种，也有从北方温带分不到这里的种类和从南方热带延伸到这里的种类，具有很高的植物物种丰富度。种子植物类数量在中亚热带地区位居前列，有中国特有属27属31种，单种属孑遗植物3728种。截至2018年有28种珍稀濒危种列入《中国植物红皮书》。黄腹角雉作为其特有种，在江西片区的野外种群已经超过500只，占全国黄腹角雉总数的一半。

4.5.5.1 武夷山国家公园森林生态产品物质量

武夷山国家公园森林生态产品物质量分别为年涵养水源量4.71亿立方米，年固碳量38.39万吨（碳当量，折合成二氧化碳为140.75万吨），年释氧量89.27万吨，年固土量0.03亿吨，年保肥量13.72万吨，年提供负离子量为186.35×10^{22}个，年吸收气体污染物量2467万千克，年滞尘量30.73亿千克，年林木养分固持量为1.34万吨。

4.5.5.2 武夷山国家公园森林生态产品价值量

武夷山国家公园森林生态产品总价值129.33亿元/年（表4–6），按照服务类别不同可分为支持服务、调节服务、供给服务、文化服务四大类，其中调节服务49.43亿元/年、占38.22%，供给服务45.24亿元/年、占34.98%，支持服务8.47亿元/年、占6.55%，文化服务26.19亿元/年、占20.25%。从不同功能来看（图4–12），生物多样性保护和涵养水源价值最大，分别占总价值量的34.97%和23.64%，故武夷山国家公园以生物多样性保护和涵养水源为主导功能。生物多样性保护价值为45.24亿元/年，其中旗舰物种黄腹角雉的保护价值为8.61亿元。

表4–6 武夷山国家公园森林生态产品四大服务核算结果

服务类别	功能类别		价值量（亿元/年）		百分比（%）
支持服务	保育土壤		6.55	8.47	6.55
	林木养分固持		1.92		
调节服务	涵养水源		30.57	49.43	38.22
	固碳释氧		9.13		
	净化大气环境		9.73		
供给服务	生物多样性保护	森林植被多样性	36.63	45.24	34.98
		旗舰物种多样性	8.61		
文化服务	森林康养		26.19	26.19	20.25
总计			129.33	129.33	100.00

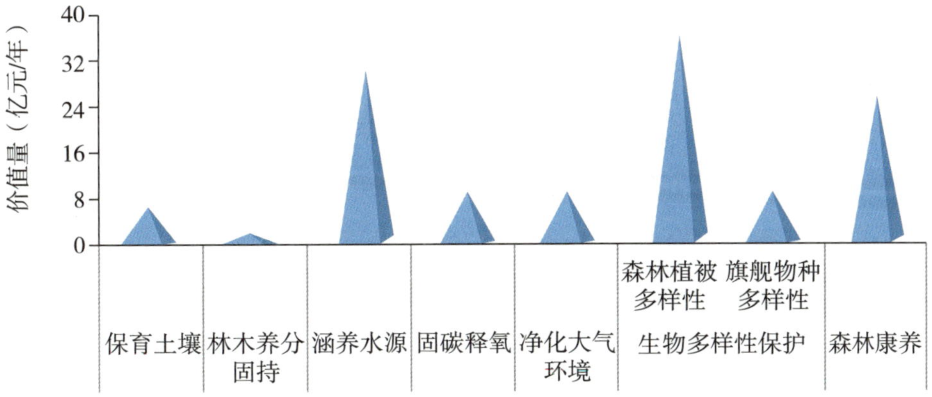

图4-12 武夷山国家公园森林生态产品价值

4.5.6 评估结果比较

实行国家公园体制，目的是保持自然生态系统的原真性和完整性，保护生物多样性，保护生态安全屏障，这是中国推进自然保护、建设美丽中国、促进人与自然和谐共生的一项重要举措。生物多样性包括三个层面，基因、物种和生态系统。就国家公园本身来讲，它实际上是对大尺度的生态系统的保护，而不是对单一物种的保护，不过生态系统保护好了，野生珍惜濒危物种也会得到保护。目前，野生动物面临的最大问题是栖息地片段化，国家公园强调生态系统的完整性、原真性保护，是栖息地片段化得到有效破解。因此，第一批国家公园的设立中，大熊猫国家公园和东北虎豹国家公园施行就地保护，在很大程度上缓解了野生濒危物种种群交流限制的问题，最大程度保护野外种群。用科学的手段尊重自然，是保护濒危物种的最好方法，因此在5个国家公园森林生态产品和旗舰物种多样性保护价值量表现为大熊猫国家公园和东北虎豹国家公园最大，年总价值量均在1000亿元以上；海南热带雨林国家公园保存了我国最完整、最多样的大陆性岛屿型热带雨林，这里也是全球最濒危的灵长类动物——海南长臂猿唯一分布地，是热带生物多样性和遗传资源的宝库，成为岛屿型热带雨林珍贵自然资源传承和生物多样性保护的典范，其旗舰物种多样性保护价值量为15.07亿元/年，排名居5个国家公园中间；三江源国家公园和武夷山国家公园重点在于保护生态系统的多样性，三江源国家公园内广泛分布冰川雪山、高海拔湿地、荒漠隔壁、高寒草原草甸，生态系统丰富，结构功能完整，是地球第三极青藏高原高寒生态系统大尺度保护的典范。武夷山国家公园分布有全球同纬度最完整、面积最大的中亚热带原生性常绿阔叶林生态系统，是我国东南动植物宝库，拥有世界文化和自然“双遗产”。其生物多样性价值量小于300亿元/年，排最后两位。

设立国家公园的目的是为了保护大规模的生态过程，以及相关的物种和生态系统特性。这些保护区为公众提供了理解环境友好型和文化兼容型社区的机会，例如国家公园除了具备生态系统原有的功能以外，还具有较高的精神享受、科研、教育、娱乐和参观功能。从不同功能类别来看，旗舰物种多样性保护价值量最大，占5个国家公园森林生态产品和旗舰物种多样性保护总价值量（3977.51亿元/年）的33.47%；其次是森林植被多样性保护价值量，占总价值量的19.66%；涵养水源功能排第三，占总价值量的16.27%；最小的是林木养分固持功能，仅占总价值量的0.96%。5个国家公园中保育土壤、林木养分固持和净化大气环境功能均是东北虎豹国家公园最大，其次是大熊猫国家公园；涵养水源和生物多样性保护功能（森林生物多样性和旗舰物种多样性）均是大熊猫国家公园最大，其次是东北虎豹国家公园；固碳释氧和森林康养功能是大熊猫国家公园和海南热带雨林国家公园排前二。三江源国家公园的各项森林生态系统服务功能均最小，但旗舰物种多样性保护价值排第三。

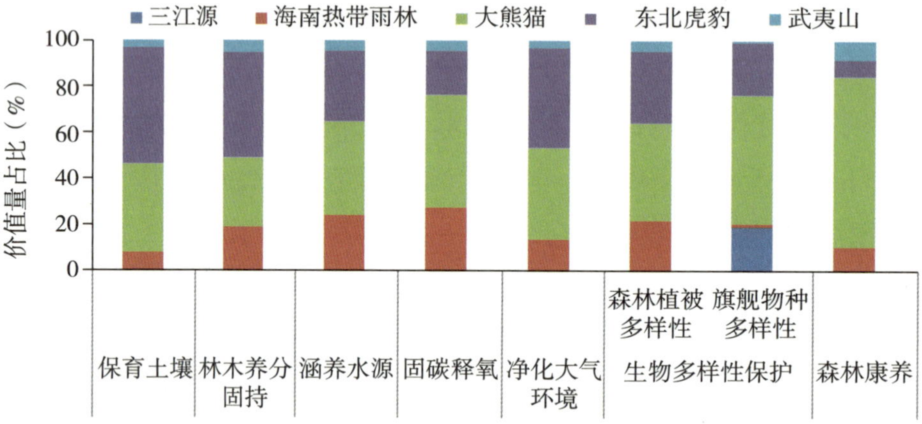

图4-13 国家公园森林生态产品和旗舰物种多样保护价值比较

第5章

中国森林全口径碳汇四十年动态分析

碳中和已成为网络高频热词，百度搜索结果约1亿个！与其密切相关的森林碳汇也成为热词，搜索结果超过1200万个。最近的两组数据显示，中国森林面积和蓄积量持续增长将有效助力实现碳中和目标。第一组数据：2020年10月28日，国际知名学术期刊《自然》发表的多国科学家最新研究成果显示，2010—2016年中国陆地生态系统年均吸收约11.1亿吨碳，吸收了同时期人为碳排放的45%；第二组数据：2021年3月12日，国家林业和草原局新闻发布会介绍，我国森林资源中幼龄林面积占森林面积的60.94%，中幼龄林处于高生长阶段，伴随森林质量不断提升，具有较高的固碳速率和较大的碳汇增长潜力，这将对我国二氧化碳排放力争2030年前达到峰值、2060年前实现碳中和具有重要作用。

本章将从森林碳汇资源和森林全口径碳汇入手，分析40年以来中国森林全口径碳汇的变化趋势和累积成效，进一步明确林业在碳达峰目标与碳中和过程中的重要作用。

5.1 中国森林全口径碳汇概念

森林全口径碳汇＝森林资源碳汇（乔木林＋竹林＋特灌林）＋疏林地碳汇＋未成林造林地碳汇＋非特灌林灌木林碳汇＋苗圃地碳汇＋荒山灌丛碳汇＋城区和乡村绿化散生林木碳汇。其中，含2.2亿公顷森林生态系统土壤年碳汇增量。

森林碳汇（forest carbon sink）：森林植被通过光合作用固定二氧化碳，将大气中的二氧化碳捕获、封存、固定在木质生物量中，从而减少空气中二氧化碳浓度。

林业碳汇（forestry carbon sequestration）：通过造林、再造林或者提升森林经营技术增加的可以进行交易的森林碳汇。

在了解陆地生态系统特别是森林对实现碳中和的作用之前，需要明确两个概念，即森林碳汇与林业碳汇：森林碳汇是森林植被通过光合作用固定二氧化碳，将大气中的二氧化碳捕获、封存、固定在木质生物量中，从而实现碳中和的能力。而林业碳汇是通过造林、再造林或者提升森林经营技术增加的森林碳汇，可以进行交易（王兵等，2021）。

之前的研究多采用材积源生物量法，也就是通过乔木林的蓄积量增量来推算森林碳汇量的方法，缺少对竹林、特灌林、经济林、疏林地、未成林造林地、非特灌林灌木林、苗圃地、荒山灌丛、城区和乡村绿化散生林木碳汇的统计；如以第九次清查期全国活立木蓄积为活立木蓄积190.07亿立方米，而乔木林为170.58亿立方米，这就导致26.49亿立方米的活立木蓄积没有计算碳汇。此外，土壤碳汇有没有统计。而本研究将乔木林、竹林、特灌林、疏林地、未成林造林地、非特灌林灌木林、苗圃地、荒山灌丛、城区和乡村绿化散生林木碳汇以及土壤碳汇都进行了计算和统计，形成了中国森林全口径碳汇，也即：

中国森林全口径碳汇=乔木林+竹林+特灌林+疏林地碳汇+未成林造林地碳汇+非特灌林灌木林碳汇+苗圃地碳汇+荒山灌丛碳汇+城区和乡村绿化散生林木碳汇，其中含森林生态系统土壤年碳汇增量。

5.2 中国森林全口径碳汇对碳中和的作用与贡献

森林碳汇是指森林生态系统吸收并储存二氧经碳的量，或者森林生态系统吸收并储存二氧化碳的能力，体现在碳储量和积累速率上（王兵等，2018）；森林生态系统的碳储量、森林碳元素的质量或物质量的多少，是研究森林生态系统与大气间碳交换的基本参数，也是估算森林生态系统向大气吸收和排放含碳气体的关键因子。近年来，国内外对森林碳储量开展了大量研究（IPCC，2013），这些研究不仅强调了森林对陆地碳循环的重要性，还强调了量化、调节和管理森林碳库的必要性。依据《森林生态学方法论》，目前大部分研究由于时间不一致，测量方法不统一，研究尺度各异，研究结果差距较大，不具有可比性。此外，与相关研究结果相比，我国森林生态系统碳汇能力被低估了，主要原因是碳汇方法学的缺陷所致。当前森林碳汇测算方法主要有样地实测法、材积源生物量法、净生态系统碳交换法和遥感判读法4种方法。本章对常见的森林碳汇测算方法进行理论对比、数据来源及测算和结果对比进行分析，以阐明不同测算方法的差异和可取性。

5.2.1 理论对比分析

样地实测法是利用收获法准确测定森林生态系统中的植被、凋落物、土壤等碳库的碳储量，并可通过连续观测来获得一定时期内的碳储量变化情况。该方法是最直接的森林碳汇测量方法，不仅技术简单，而且免去了不必要的系统误差和人为误差，实现了森林碳汇的精确测算。在所有碳汇测量方法中，该方法的测定精度最高，成为其他碳汇测量方法验证的理论基础。但是，样地实测法需要的样本数较大，测量过程比较费时耗力，在测量过程中往往存在样地不足、数据重复和代表性不高等缺点（Brown et al，1984）。样地实测法是最原始、国际上公认误差最小的碳汇测算方法，它的精度是其他方法无法比拟的，其优点远远胜过缺点，至今一直被人们广泛使用。

材积源生物量法依据森林生物量和蓄积量之间存在的密切关系估算森林植被碳储量，通过森林的蓄积量、树高、胸径等对森林生物量和生产力进行推算，该测定方法简单可行。但是，由于森林生态系统树种多样、结构复杂、林龄和生物学特性不同等因素的影响，增加了生物量和蓄积量之间关系建立的复杂性（方精云等，1996）。一般人工林生物量和蓄积量的关系与天然林生物量和蓄积量的关系是截然不同的，不能简单地在蓄积量和生物量之间建立直线、双曲线等确定的关系。为此，该方法还需要大量的实测数据来验证。

净生态系统碳交换法是一种直接测定森林生态系统与大气间二氧化碳通量的碳汇测量方法，目前使用的最主要的方法是涡度相关法。但是，利用涡度相关技术测定碳通量过程中仍然受到很多因素的影响，如采样点容易造成系统误差；观测过程易受到树干或冠层表面因素的影响；由于不同植被亚冠层的辐射热量不同而可能产生局部通量偏差；夜间或风速较弱时段的冠层下方湍流下降容易使非均匀地点产生气体平流的现象；在树干密度大、风速低，通量系统几乎观测不到湍流脉动时，通量的观测结果偏差很大（于贵瑞等，2006）。因此，该方法要求下垫面平坦均一，该方法测定的碳通量存在能量不闭合及碳通量低估现象。

植被反射光谱特征决定了其遥感图像光谱信息，是遥感判读法测定森林碳储量的理论基础。Spencer等（1997）研究表明遥感图像信息具有很好的综合性，与森林生物量之间存在密切相关性，使得遥感生物量估测比传统方法更加优越（Friedl et al，1995）。为区域植物生物量估测建立的遥感模型的基础是光合作用，根据植物生产力在生理过程中对太阳辐射的吸收、透射、反射及其辐射在植被冠层内以及大气中的传输，结合影响植被生产力的生态因素，通过在卫星接收到的信息之间建立较完整的模型及其解析式进行遥感信息与环境因子的反演。

5.2.2 数据来源及测算对比分析

样地实测法的森林碳汇数据包括植被和土壤碳储量两部分，植被碳储量数据通过收获法直接获得，土壤碳储量数据由土壤类型法获得，森林面积来源于全国森林资源清查。该方法的最大优点是不受其他环境的影响，直接得到的就是森林碳储量的数据，避免由于数据转换带来的一系列误差，误差最小。

材积源生物量法需要的参数数据有森林蓄积量、木材密度、生物量转换因子、森林面积。森林蓄积量和面积来源于全国森林资源清查，木材密度来自文献资料或样地实测，生物量转换因子通常通过查阅历史相关资料中蓄积量和生物量间的相关关系获得。该方法通过树高、胸径等来推导森林的生物量和生产力，参数获得的方法简单。

净生态系统碳交换法中森林碳汇数据包括净生态系统碳交换量NEE、异养呼吸R_h等数据，且数据由涡度相关法获得。由于涡度相关法对于地形环境的要求特别高，目前在森林生态系统中测得的碳汇数据还较少，观测点基本被选择在植被较好、地势较平坦的区域。

遥感判读法所用到的森林碳汇数据包括植被碳储量数据，数据参数包括植被指数（如NDVI、RVI）、生物量、森林面积等。首先建立植被指数与生物量的关系模型，然后推导森林生物量，进而计算出森林植被碳储量。遥感技术的发展提高了森林生物量研究的范围、精度和实时性。但光学遥感、微波遥感、激光雷达遥感等不同遥感手段在生物量估测中各有优缺点，在实际应用中还需要根据研究的具体情况来选择合适的遥感数据。此外，使用的生物量数学模型也需要根据实际问题进行适当的改进。

5.2.3 评估结果对比分析

目前国内有关森林生态系统中的碳汇数据存在巨大差异；利用样地实测法测得的同时期我国森林生态系统年碳汇量为3.19亿吨碳/年；基于涡度相关法对亚洲区域部分森林生态系统净生态系统碳交换量的研究，结合我国1999—2003年森林资源清查数据，得到我国森林生态系统年碳汇量为5.28亿吨碳/年（图5-1）。

BEF模型法将全国划分为21种林分类型，利用收集到的全国各地生物量和蓄积量758组研究数据计算了各林分类型的BEF（生物量转换因子），建立了BEF与林分材积的关系（图5-1）。该研究中BEF与林分材积的关系利用倒数方程来表示，该方法的研究结果是森林植被年固碳1.68亿吨碳/年，远小于基于同一时期森林资源数据，即利用样地实测法测得的全国植被年固碳量（3.19亿吨碳/年）。

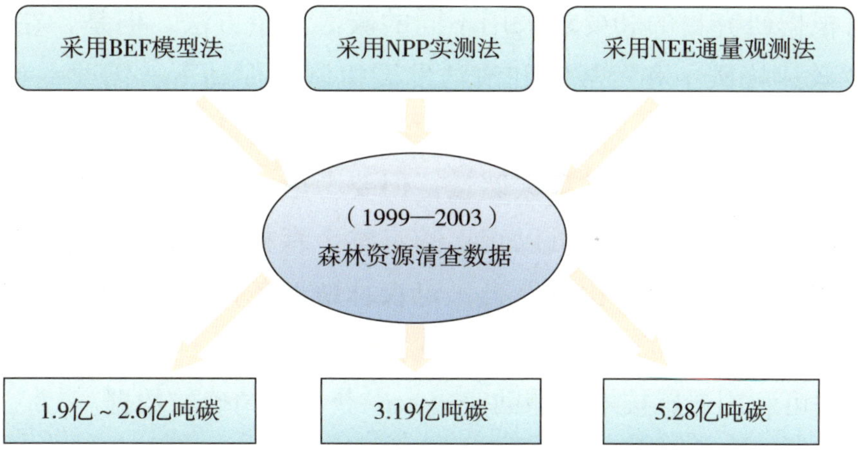

图5-1　不同森林生态系统碳汇测算结果对比

近年来，国内大多数的学者都使用BEF法估算全国森林生物量的方程式来研究中国某一地区的森林生物量。就珠江三角洲地区来说，80%左右的森林都处于中幼林阶段，林下植被生物量十分丰富。处于这个阶段的森林，其林下植被生物量占森林总生物量的比例也很大，简单地套用BEF法估算全国碳汇的回归方程，会产生较大的误差。因此，根据足够的不同龄级森林生物量的实测数据，充分考虑林下植被生物量对森林总生物量的影响程度，拟合该区域森林生物量的估算方程，能够提高估算的精度。

遥感判读法不仅可以快速、准确、无破坏地估算不同尺度森林生物量碳储量，还可以监测森林动态变化及评价森林生态环境。根据地面调查数据，遥感技术能够对植被的空间分类和时间序列分析，进而对森林生态系统中碳的时间分布及动态全面掌握。遥感技术凭借其获取大尺度陆表参数方面的优势，估算大范围森林生态系统的碳储量并以足够大的时空尺度研究土地利用模式和上地覆被变化引起的陆地表层碳库和碳通量的动态变化。随着对气候变暖和全球碳循环研究的深入，遥感判读法以其周期短、时空分辨率高、获取数据便捷及覆盖面积大的特点，成为森林生态系统、陆地生态系统乃至全球变化研究中一个必不可少的重要信息源。遥感判读法与过程模型相结合，并借助通量观测网定位站观测数据，可以适时、准确、多尺度模拟和获取生态系统碳循环的时空分布格局与动态变化规律，从而进一步探讨全球气候变化条件下生态系统碳循环过程的演变趋势。

遥感信息在空间分辨率、时间分辨率和光谱分辨率上逐步得到改善，可供选择的遥感信息也越来越多，满足不同的研究在时间和空间尺度上的要求。因此，遥感判读法在森林生态系统及陆地生态系统碳平衡研究中将发挥越来越重要的作用。

综上所述，各种森林碳储量测算的方法都有其各自的优缺点。研究人员在实际应用中可根据研究目的和要求采用不同的碳汇计量方法。但是，在当前《京都议定书》、"碳达峰碳中和"战略和清洁发展机制的促动下，需要一种更为直接，更为精确的碳汇测算方法。为此，样地实测法无疑是最佳选择。此外，还可以通过测量材积或测量蓄积量，推算碳储量，但要考虑树种组成和林龄对线性关系的适用性。涡度相关法在理论上可以直接测定整个森林生态系统的碳通量，且测定结果精确，但由于测定仪器比较昂贵，对森林地形条件要求严格，研究中根据实际情况而定。而在大范围的森林生态系统，或者是省级、国家级森林覆盖区，采用的碳汇方法可利用遥感技术来辅助完成，以获得较精确的数据。

5.3 森林生态系统全口径碳汇经典案例

5.3.1 全国尺度森林全口径碳汇

"中国森林资源核算"项目组利用样地实测法，结合第五次至第九次全国森林资源清查数据和CFERN生态站的生态连清数据，对全国森林全口径碳汇功能进行了测算，随着全国各省森林资源数量和质量的变化，各省的森林全口径碳汇逐年增加，全国森林全口径碳汇量分别由第五次清查期的2.64亿吨/年增加至第九次清查期的4.34亿吨/年。从全国森林全口径碳汇的空间分布来看（图5-2），森林碳汇

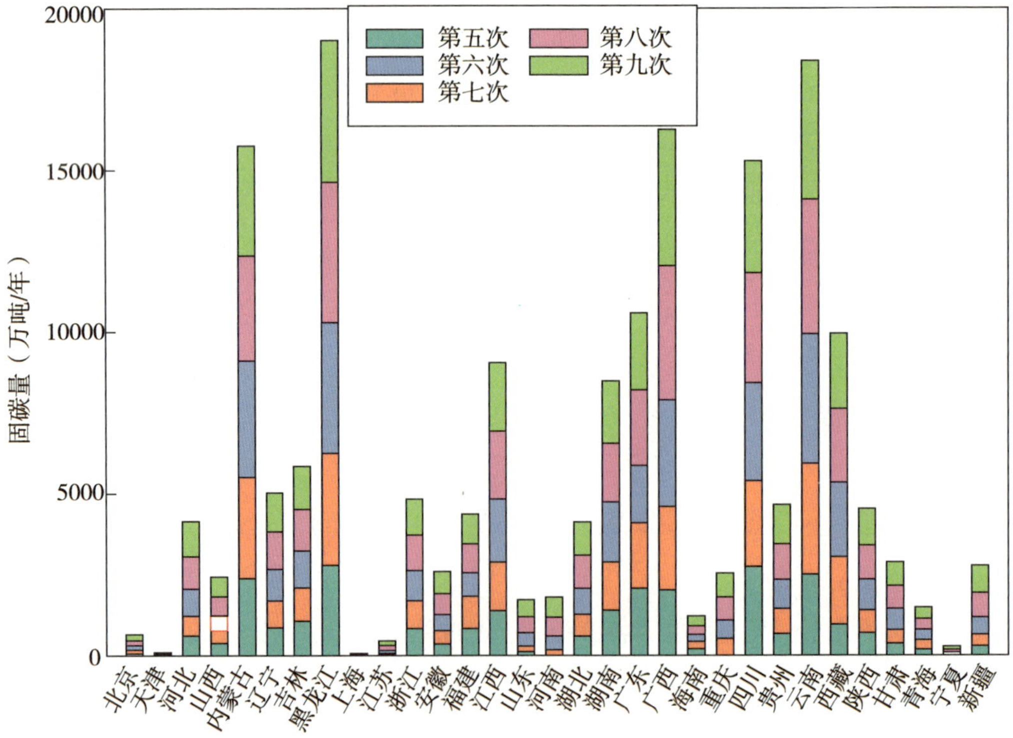

图5-2 中国森林全口径碳汇量动态变化

功能主要集中在东北地区和西南地区两大重点林区以及内蒙古等地区，其中，碳汇功能最大的省份是黑龙江，其次是云南、广西和内蒙古，在第五次至第九次清查期中，黑龙江、云南、广西、内蒙古和四川的森林全口径碳汇量居全国前列，分别占全国森林全口径碳汇量的47.10%、47.81%、47.88%、45.99%和45.38 %；上海、天津和宁夏等地区的森林全口径碳汇最小。这表明不同地区、不同时期森林生态系统固碳量不同，样地实测法和分布式碳汇测量法更适合复杂森林生态系统碳汇的测算。

结合第五次至第九次全国森林资源清查数据，不同林分类型、不同林龄阶段森林生态系统的全口径碳汇量也不同。根据《国家森林资源连续清查主要技术规范》（2004），将全国森林类型按照优势树种划分为马尾松、落叶松、杉木、油松、杨树、经济林、竹林和灌木林等40多种林分类型。在所有森林类型中，全口径碳汇量较高的是全国分布比较广泛的阔叶混、栎类和灌木林，所占比例在10%以上；檫木、楠木、池杉、紫杉和其他杉类等面积分布较小的生态系统全口径碳汇量较小，低于1%（图5-3）。以杉木林为例，从幼龄林、中龄林一直到近熟林碳储量逐渐增加到最大，成熟林和过熟林碳储量相对较低。这进一步证明森林生态系统碳汇量还受到林龄的影响，为碳汇精确测量以及其他碳汇测量法的建立提供了理论基础。

该案例首次利用样地实测法，在全国尺度上对中国森林生态系统碳汇功能进行了系统测算，为不同区域、不同类型间森林碳汇功能比较提供了可靠数据，为模型预测等其他碳汇测算法提供了验证数据，也为碳循环研究和林业经营措施实施奠定了基础。

5.3.2　典型区域森林全口径碳汇

以安徽、陕西、湖南和贵州4个省级区域为例，对不同年份和所在区域森林资源清查数据和森林资源二类调查及更新数据，测算了4个典型区域的森林全口径碳汇量（表5-1），并依据各评估年份典型区域所在省份和同级行政区的统计年鉴中能源消耗标准煤统计数据，同时利用碳排放转换系数（中国国家标准化管理委员会，2008），得出典型区域的工业二氧化碳排放总量，经对比得出，典型区域森林全口径碳汇总量约占工业二氧化碳排放总量的12.05%～38.37%，也就意味着中和了12.05%～38.37%的工业二氧化碳排放量（表5-1）。

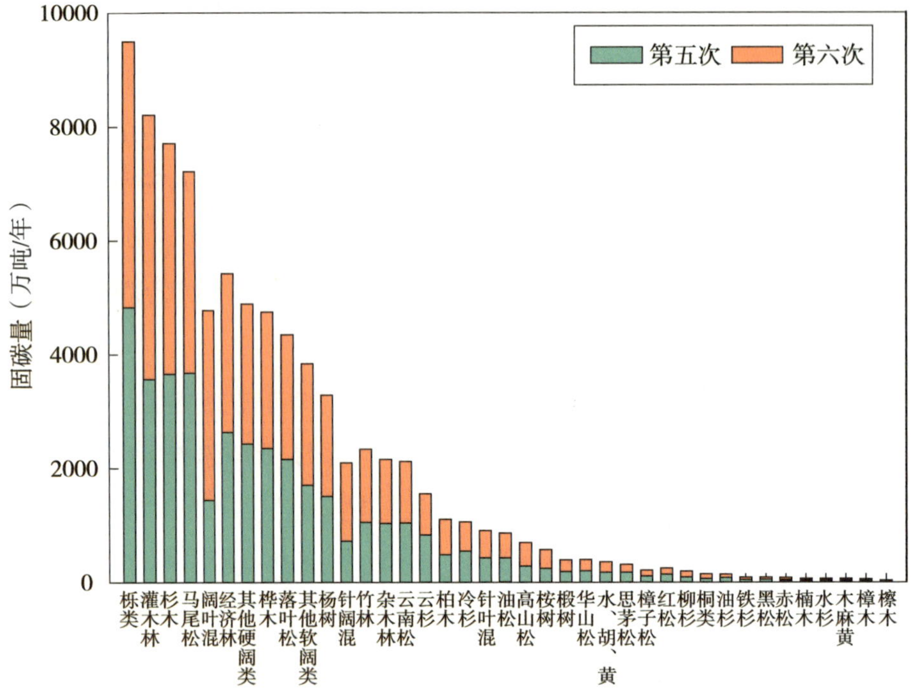

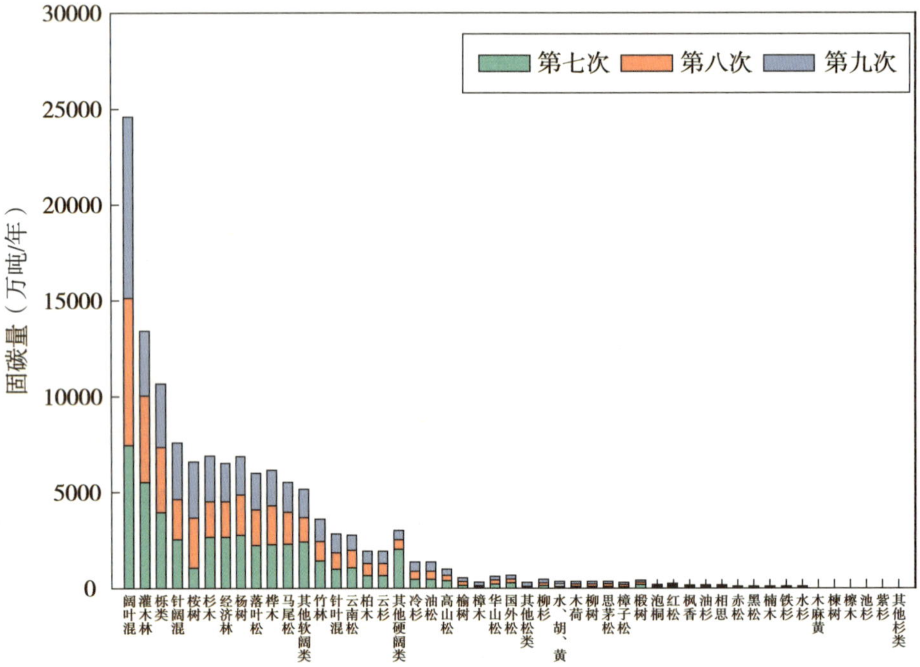

图5-3 不同优势树种（组）全口径碳汇量动态变化

表5-1 典型区域森林全口径碳汇

省级区域	评估年份	全口径碳汇量（万吨/年）	碳中和比例（%）	能源消耗标准煤（万吨）
安徽	2014	1086.77	12.05	9016.33
陕西	2015	1333.04	16.07	12380.91

（续）

省级区域	评估年份	全口径碳汇量（万吨/年）	碳中和比例（%）	能源消耗标准煤（万吨）
湖南	2018	2637.78	35.58	11058.68
贵州	2016	2724.7	38.37	9444.78

据2020年9月30日“中华人民共和国中央人民政府网”报道，2019年我国单位国内生产总值二氧化碳排放比2015年和2005年分别下降约18.2%和48.1%，2018年森林面积和森林蓄积量分别比2005年增加4509万公顷和51.04亿立方米，成为同期全球森林资源增长最多的国家。通过不断努力，中国已成为全球温室气体排放增速放缓的重要力量。目前，我国人工林面积达8003.10万公顷，为世界上人工林最大的国家，其面积约占天然林的57.36%，但单位面积蓄积生长量为天然林的1.52倍，说明我国人工林在森林碳汇方面起到了非常重要的作用。另外，我国森林资源中幼龄林面积占森林面积的60.94%，中幼龄林处于高生长阶段，具有较高的固碳速率和较大的碳汇增长潜力。以上对我国二氧化碳排放力争2030年前达到峰值，2060年前实现碳中和都具有重要作用。

5.4　中国森林全口径碳汇变化趋势和预测

5.4.1　变化趋势

森林的不断扩张（即在森林达到稳定状态之前）已被确定为是增加碳储量和减缓气候变化的手段；生长速度快的物种与土地质量更好的区域不仅固碳速度快，还可以迅速生产出可利用的木材（UK National Ecosystem Assessment，2011）。近四十年来，我国森林全口径碳汇能力在不断增强，从图5-4中可以看出，历次森林资源清查期，我国森林生态系统全口径碳汇量分别为1.75亿吨/年（第二次）、1.99亿吨/年（第三次）、2.00亿吨/年（第四次）、2.64亿吨/年（第五次）、3.19亿吨/年（第六次）、3.59亿吨/年（第七次）、4.03亿吨/年（第八次）、4.34亿吨/年（第九次），从第二次森林资源清查开始，历次清查期间森林生态系统全口径碳汇能力提升幅度分别为13.71%、0.50%、32.00%、20.83%、12.54%、12.26%、7.69%。我国森林生态系统全口径碳汇能力从第二次森林资源清查期间的1.75亿吨/年提升到第九次森林资源清查期间的4.34亿吨/年，增长了2.59亿吨/年，增长幅度为148.00%。乔木林、经济林、竹林和灌木林面积的增长对于我国森林全口径碳汇能力提升的作用明显，但苗圃地面积和未成林造林地面积的增长对于

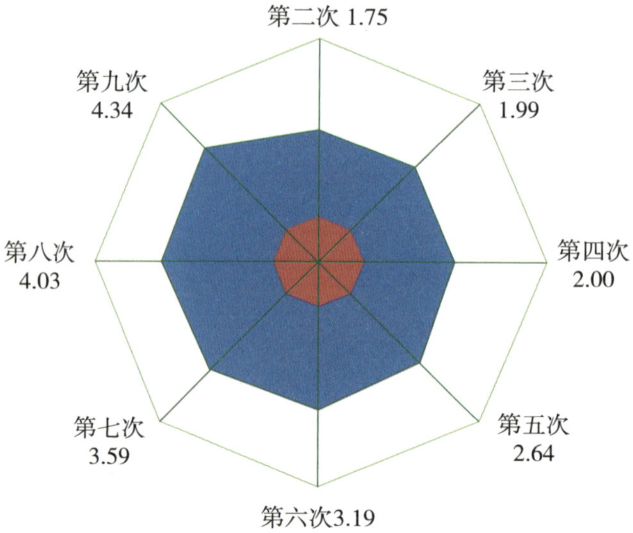

图5-4　近四十年全国森林全口径碳汇量变化（亿吨/年）

我国森林全口径碳汇能力的作用也不容易忽视。同时，疏林地面积处于不断减少的过程中，表明了疏林地经过科学合理的经营管理后，林地郁闭度得以提升，达到了森林郁闭度的标准，同样为我国森林全口径碳汇能力的增强贡献了物质基础。

森林的植被层和土壤层是很重要的碳库，随着林木的生长会变得更加重要。英国科学家研究发现1990年北爱尔兰55%的植被固碳是由仅占国土面积5%的森林生态系统提供的（不列颠是80%）；相比之下，占国土面积56%的改良草地只提供了固碳总量的17%（UK National Ecosystem Assessment，2011）。随着我国经济的快速发展，依据《中国统计年鉴》统计数据，能源消耗总量快速增加，从1980年的6.03亿吨增加到2018年的46.40亿吨，折合成二氧化碳量呈现出从1980年的14.84亿吨增加到2018年的100亿吨；根据第二次至第九次清查期森林生态产品核算结果，历次清查期的森林全口径碳汇量相当于中和了各时期二氧化碳排放量的43.30%、38.69%、25.72%、28.92%、24.15%、16.71%、15.54%和15.91%。

5.4.2　碳达峰年和碳中和年森林全口径碳中和预测

中国森林全口径碳汇量从第二次清查期的1.75亿吨/年增加到第九次清查期的4.34亿吨/年，平均每个清查期增加0.37亿吨/年，按此计算且随着森林质量提升和面积的增加，由图5-5可知，到2030年的碳达峰年，中国森林全口径碳汇量预测将达到5.23亿吨/年；依据中国碳排放交易网的数据，2030年中国的二氧化碳排放量将达到116亿吨的峰值，此时的中国森林将中和碳排放量的16.55%。2060年为中国碳中和年份，按照中国森林平均每个清查期增加0.37亿吨的预测，且随着森林质量的提升和面积的增加，到2060年的碳中和年，中国森林全口径碳汇量预计将达到7.45亿吨/年，依据全球能源互联网发展合作组织的《中国2060年前碳中和研究报告》预测2060年中国碳排放量为13.8亿吨碳，转换成二氧化碳为50.64亿吨，此时的中国森林将中和碳排放量的53.99%。

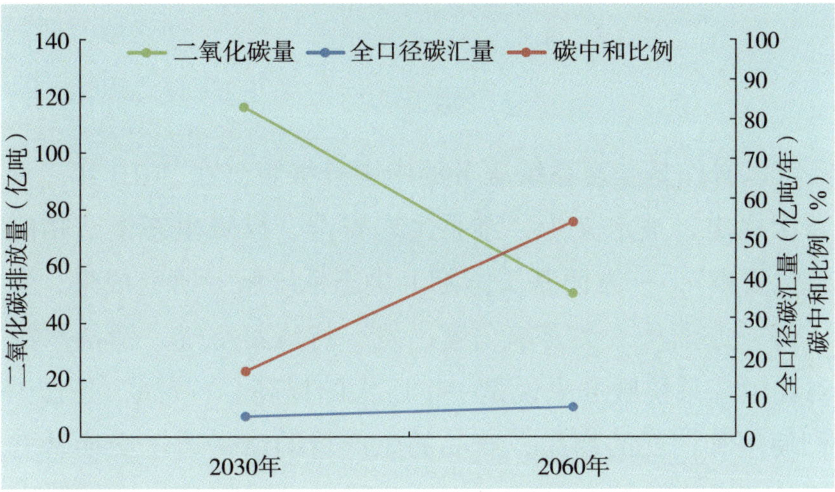

图5–5 碳达峰年和碳中和年中国森林全口径碳中和预测

党中央、国务院在统筹国际国内两个大局作出碳达峰目标与碳中和的重大战略决策，充分展示了我国愿与国际社会携手应对气候变化挑战的雄心和决心。同时，应对气候变化是推动我国经济高质量发展和生态文明建设的重要抓手，也是参与全球治理和坚持多边主义的重要领域。若实现碳达峰目标与碳中和愿景，除了大力推动经济结构、能源结构、产业结构转型升级的同时，还应进一步加强以完善陆地生态系统结构与功能为主线的生态系统修复和保护措施，改善生态环境质量、加大生态环境保护力度、深化环境治理治理体系，进而增大生态环境容量，增强以森林生态系统为主体的森林全口径碳汇功能，加强绿色减排能力，提升林业在碳达峰目标与碳中和过程中的参与度，打造具有中国特色的碳中和之路。

第 6 章

森林生态产品价值化实现

生态产品可以看作是生态系统服务的中国升级版，在 2010 年《全国主体功能区规划》中首次提出，被定义为“维系生态安全、保障生态调节功能、提供良好人居环境的自然要素”，一方面基于国际上生态系统服务研究成果，以生态系统调节服务为主，另一方面从人类需求角度出发，将清新空气、清洁水源等人居环境纳入其中，对比生态系统服务来说是一个巨大的提高。“产品”是作为商品提供给市场、被人们使用和消耗的物品，产品的生产目的就是通过交换转变成商品，商品是用来交换的劳动产品，产品进入交换阶段就成为商品。2021 年 4 月 26 日，中共中央办公厅、国务院办公厅印发《关于建立健全生态产品价值实现机制的意见》指出，建立健全生态产品价值实现机制，是践行“绿水青山”就是“金山银山”理念的关键路径。生态产品价值实现是要把生态系统服务提供的、没有体现在 GDP 统计体系中的额外附加价值显现出来，把自然资产和生态产品纳入经济制度决策中，完善国民财富核算体系，让优美的生态环境成为经济发展新的“增长极”。因此，我国提出生态产品概念的战略意图就是要把生态环境转化为可以交换消费的生态产品，充分利用我国改革开放后在经济建设方面取得的经验、人才、政策等基础，用搞活经济的方式充分调动起社会各方开展环境治理和生态保护的积极性，让价值规律在生态产品的生产、流通与消费过程中发挥作用，以发展经济的方式解决生态环境的外部不经济性问题。

生态产品价值实现：生态产品价值实现（ecosystem product value realization）的过程，就是将生态产品所蕴含的内在价值转化为经济效益、社会效益和生态效益的过程，是经济社会发展格局、城镇空间布局、产业结构调整和资源环境承载能力相适应的过程，有利于实现生产空间、生活空间和生态空间的合理布局。

森林生态系统是维护地球生态平衡最主要的一个生态系统，在物质循环、能量流动和信息传递方面起到了至关重要的作用。特别是森林生态系统服务发挥的“绿色水库”“绿色碳库”“绿色氧吧库”和“绿色基因库”四个生态库功能，为经济社会的健康发展尤其是人类福祉的普惠提升提供了生态产品保障。目前，如何核算森林生态功能与其服务的转化率以及价值化实现，并为其生态产品设计出科学可行的实现路径，正是当今研究的重点和热点。本章将基于大量的森林生态系统服务评估实践，开展价值化实现路径设计研究，以期为“绿水青山”向“金山银山”转化提供可复制、可推广的范式。

6.1　森林生态产品价值化实现研究

党的十九大报告明确提出：“既要创造更多物质财富和精神财富以满足人民日益增长的美好生活需要，也要提供更多优质生态产品以满足人民日益增长的优美生态环境需要。”因此，建立健全生态产品价值实现机制，既是贯彻落实习近平生态文明思想、践行“绿水青山就是金山银山”理念的重要举措，也是坚持生态优先、推动绿色发展、建设生态文明的必然要求。习近平总书记在深入推动长江经济带发展座谈会上强调，要积极探索推广绿水青山转化为金山银山的路径，选择具备条件的地区开展生态产品价值实现机制试点，探索政府主导、企业和社会各界参与、市场化运作、可持续的生态产品价值实现路径。探索生态产品价值实现，是建设生态文明的应有之义，也是新时代必须实现的重大改革成果。

6.1.1　生态产品概念的提出与发展历程

“生态产品”一词首先诞生于中国，是具有鲜明中国特色的新概念。起初，均是以学者个人角度开展生态产品研究，“生态产品”最早出现在1985年的《从黄土高原的历史变迁讨论种草种树和生态产品的转化问题》中；此后，对于“生态产品”成果日益增多，研究角度也多种多样。随着研究的不断深入，学者们从人与生态系统的关系角度入手研究生态产品（唐潜宁，2017）。我国官方关于生态产品概念的提出及其发展历程如图6-1所示。

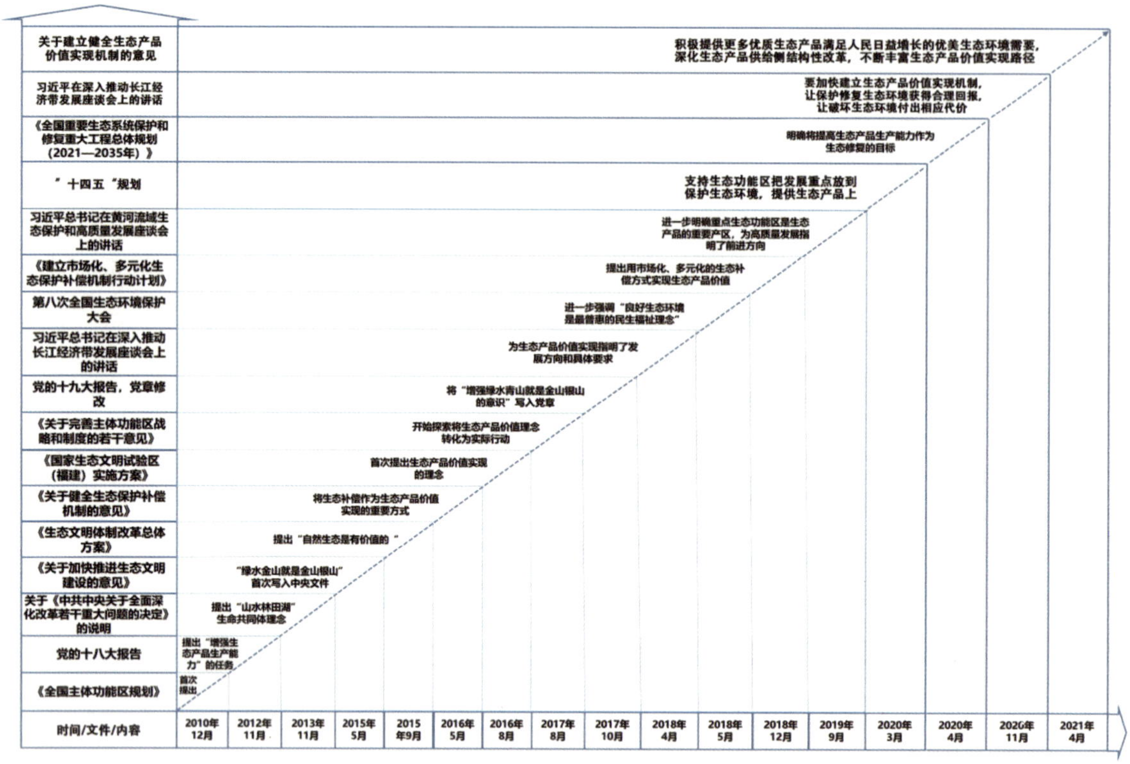

图6–1　生态产品概念发展时间脉络

2010 年发布的《全国主体功能区规划》中首次提出生态产品的概念，即维系生态安全、保障生态调节功能、提供良好人居环境的自然要素，包括清新的空气、清洁的水源和宜人的气候等。陈岳等（2021）根据经济学原理的相关释义，将生态产品分为具有一般私人物品特征、具有公共资源特征、具有俱乐部物品特征和具有纯公共物品特征 4 个类别。廖茂林等（2021）基于产品的供给视角、消费视角、功能视角以及人与自然互动等 4 个方面对生态产品的分类进行了阐述。李忠（2021）在《全国主体功能区规划》中给出定义的基础上，将生态产品进行了更为深入的划分，阐述生态产品与生态标识产品、绿色产品的内在联系，认为生态产品产业链的下游产品为绿色产品和生态标识产品。自然资源部有关部门认为能够增进人类福祉的产品和服务来源于自然资源生态产品和人类的共同作用，这就是生态产品概念的内涵和外延（张兴和姚震，2020）。张林波等（2021）将生态系统自然生长过程的生物生产与人类社会共同作用下，提供给人类使用和消费的产品或者服务称之为生态产品，其可以细化为共性生态产品、准公共生态产品和经营性生态产品三类。马晓妍等（2020）认为生态产品是指生态系统生产或由人类劳动共同参与生产，当前或者将来比较稀缺的，且能够进入人类经济活动的，具有使用价值或交换价值的产品、功能和效益等。沈辉和李宁（2021）认为生态产品是需要通过投入人类劳动及物质资源生产的最终产品或服务，具有整体性、公共性、外部性、时空可变性特征。王金南等（2021）同样将生态产品定义为生态系统通过生态过程或与人类社会生产共同作用为增进人类及自然可持续福祉提供的产品和服务。至此，生态产品的概念逐渐清晰，虽尚未形成统一或公认的概念，但对生态产品的基本内涵和属性的理解大致趋同：包括干净空气、清洁水源、宜人气候等在内的生态调节服务是狭义概念上的生态产品，而广义概念上的生态产品一方面包含由生态系统服务提供且难以通过市场交易实现其价值的产品，另一方面还应包括人类凝聚劳动并参与生产的产品，包括生态有机农畜产品、生态调节产品和生态文化产品三类，广义的生态产品概念更加能够突显生态产品多重价值属性（经济价值、生态价值、文化价值等）（苟延佳，2021）。

综上所述，本研究界定生态产品指人类从生态系统中获得的各种惠益，是所有生态系统服务的集合；森林生态产品的概念也可据此得出。需要强调的是，生态产品是生态系统基于“可持续发展”的产出方式提供的产品。因此，不可再生的化石能源和矿产资源、大量使用化肥和农药的产品不属于生态产品。

森林生态产品：在一定区域或空间内，以森林自然资源为载体，通过生态调节、人为管理等方式，向自然界提供的且能满足人类需要的各类产品和服务的总称，包括森林生态系统统提供的供给服务、调节服务、文化服务和支持服务所形成的产品。

6.1.2　生态产品价值实现的理论基础

生态产品价值实现的主要步骤可以概括为“算出来、转出去、管起来”，核心是要解决三个基本问题，即生态产品的价值到底有多大？怎样转化？如何保障？这就分别涉及生态产品价值核算、转化路径和政策创新，其中，价值核算是基础，转化路径是关键，政策创新是保障，相应的关键机制就包括生态产品价值实现的核算机制、转化机制和保障机制（陈光炬，2020）。国外没有“生态产品”的专业术语，与之类似的便为生态系统服务。生态系统服务维持地球上生命物质的生物地球化学循环与水文循环，维持生物物种的多样性，净化大气环境，是人类赖以生存和发展的基础。生态产品与生态系统服务既有区别也有联系（表6–1）。

表6-1 生态产品与生态系统服务的区别与关系

	生态系统服务	生态产品
定义内涵	指人类从生态系统中直接或间接获得的各种惠益，主要反映的是自然生态与人类之间的供给消费关系	指生态系统为人类福祉提供的终端产品或服务，除生态系统外，人类也是生态产品的生产供给者，同时反映了自然生态与人类、人类与人类之间的供给消费关系
构成内容	生态系统为人类提供的所有环境条件和效用，既包括生态系统为人类提供的直接服务和间接服务，也包括生态系统自身的结构与功能	生态产品小于生态系统服务。生态产品是生态系统服务中直接、终端的产品和服务，不包含生态系统服务中的支持服务、间接过程
政策支撑	生态系统服务价值化可以提高政府和公众保护生态环境的意识，但其本质仍将自然生态与人类经济看作是两个独立的系统。对实践意义和决策支撑作用较小	生态产品将生态环境纳入人类经济体系之中，是生态系统服务价值在市场中实现的载体和形式，逐步成为“绿水青山就是金山银山”在实践中的代名词和可操作的抓手，对决策支撑和具体实践的作用更具体、更明确
使用语境	多应用于学术领域和国外的相关研究中	多用于我国政府文件或实践应用领域中

注：引自张林波等（2019）。

森林作为陆地生态系统的主体和最复杂的组成部分，对于维持全球生态系统平衡起到了至关重要的作用。同时，通过其自身的生态过程，向人类社会提供各种生态产品，包括涵养水源、固碳释氧、防风固沙、净化大气环境等。1970年，SCEP（Study of Critical Environmental Problem）首次将自然生态系统所提供的调控洪水、水土保持、土壤形成、昆虫控制及授粉、渔业、气候调节和物质循环等归纳为“Service”，标志着人类将生态系统服务真正作为科学问题来开展研究。Ehrlich（1981）提出了生物多样性降低对生态系统服务可能产生影响和科学技术能否替代自然生态系统服务的思考，随后Ehrlich（1983）正式提出“生态系统服务”的概念。生态学家Daily等（1997）和Costanza等（1997）把生态系统服务定义为直接或间接增加人类福祉的生态特征、生态功能或生态过程，也就是生态系统形成和所维持的人类赖以生存和发展的环境条件和效用，这是最典型的生态系统服务定义。联合国千年生态评估的首个研究成果《生态系统与人类福利：评估框架》将生态服务定义为人类从生态系统中获取的效益（MA，2005），将生态服务视为自然产出物，不受人类活动影响（Wallace，2007）。国内的相关学者也进行了生态系统服务的分类和核算（表6-2），2020年国家标准《森林生态系统服务功能评估规范》（GB/T 38582-2020）实施，这标志着我国森林生态服务评估迈出了新的步伐，对提高人们的环境意识，加强林业建设在国民经济中的主导地位，健全生态效益补偿机制，推进森林资源保育，促进区域可持续发展，准确践行习近平总书记生态文明思想具有十分重要的意义。

表6-2　生态系统服务分类

学者	类型
Freeman（1993）	资源－环境服务价值、政府干预、私人对政府规章响应度、为获得资源－环境服务而输入的其他资源等四大类
Daily等（1997）	缓解干旱和洪水、废物的分解和解毒、产生和更新土壤和土壤肥力、植物授粉、农业害虫的控制、稳定局部气候、支持不同的人类文化传统、提供美学和文化、娱乐等13种类型
Costanza等（1997）	水资源供给、水分调节、气候调节、气体调节、干扰调节、养分循环、控制侵蚀和沉积物保持、土壤形成、养分循环、废物处理、授粉、生物控制、食物生产、原材料、基因资源、提供避难所、娱乐、文化等18类
欧阳志云等（1999）	产品和环境两大类及8个子类
赵同谦等（2004）	森林生态系统服务功能主要包括提供产品、调节功能、文化功能和支持功能这四大类，共计13项功能。
MA（2005）	供给、调节、文化和支持四大类服务，共计25个子类
UK NEA（2011）	供给、调节、文化和支持四大类服务，八大生态系统
国家林业和草原局（2020）	供给、调节、文化和支持四大类服务，涵养水源、保育土壤、林木养分固持、固碳释氧、净化大气环境、森林防护、生物多样性保护、林木产品供给和森林康养等9项功能24项指标

支持服务： 森林生态系统土壤形成、养分循环和初级生产等一系列对于所有其他森林生态系统服务的生产必不可少的服务。

调节服务： 人类从气候调节、疾病调控、水资源调节、净化水质和授粉等森林生态系统调节作用中获得的各种惠益。

供给服务： 人类从森林生态系统获得的食物、淡水、薪材、生化药剂和遗传资源等各种产品。

文化服务： 人类从森林生态系统获得的精神与宗教、消遣与生态旅游、美学、灵感、教育、故土情结和文化遗产等方面的非物质惠益。

——引自中华人民共和国国家标准（GB/T 38582-2020）

近年来，国内外学者对各类生态系统服务进行了评估和价值核算，为生态产品价值实现奠定了基础。生态系统观测研究网络的快速发展，为生态产品精准化核算提供了良好的平台，尤其以中国森林生态系统定位观测研究网络（CFERN）的作用最为明显，王兵（2015）创新的构建了“森林生态系统服务全指标体系连续观测与清查技术体系”（简称森林生态连清体系），该体系最大的特点就是有 一套以国家标准为主体的森林生态连清标准体系，包括 GB/T 40053、GB/T 35377、GB/T 33057和 GB/T 38582，保证了生态产品核算所需数据的科学性、可比性以及生态产品核算结果的可靠性（详见第1章）。

依据森林生态连清体系，开展了不同尺度的生态产品核算工作，①在国家尺度：国家林业和草原局从第七次森林资源清查开始已经连续15年开展了“中国森林生态系统服务功能评估与绿色核算项目”的研究以及成果发布，第七次、第八次和第九次清查期我国森林生态系统服务总价值分别为10.01万亿元/年、12.68万亿元/年和15.88万亿元/年。②省域及以下尺度：在全国选择60个省级及代表性地市、林区等开展森林生态系统服务评估实践，评估结果以“中国山水林田湖草生态产品监测评估及绿色核算”系列丛书的形式向社会公布。③生态工程尺度：开展了退耕还林（草）工程（6期）和天然林资源保护工程（2期）生态效益监测评估工作，并向社会发布了评估结果，形成了国家报告。此外，国家林业和草原局森林资源管理司依托国家林草生态综合监测，对生态空间（森林、草地和湿地）产品价值进行了核算，总价值超过28万亿元/年。以上研究，均对生态产品价值实现的提供了充足理论基础。

6.1.3　森林生态产品价值实现机制的路径选择

生态产品价值化实现是我国政府提出的一项创新性的战略措施和任务，是一项涉及经济、社会、政治等相关领域的系统性工程，在世界范围内还没有在任何一个国家形成成熟的可推广的经验和模式。生态产品价值实现的实质就是生态产品的使用价值转化为交换价值的过程。虽然生态产品基础理论尚未成体系，但国内外已经在生态产品价值实现方面开展了丰富多彩的实践活动，形成了一些有特色、可借鉴的实践和模式。

自然资源部颁布的“生态产品价值实现典型案例”（第一批）中描述到：作为维系生态安全、保障生态调节功能、提供良好人居环境的自然要素，生态产品具有典型的公共物品特征，其价值实现的路径主要有三种：①市场路径，主要表现为通过市场配置和市场交易，实现可直接交易类生态产品的价值；②政府路径，依靠财政转移支付、政府购买服务等方式实现生态产品价值；③政府与市场混合型路径，通过法律或政府行政管控、给予政策支持等方式，培育交易主体，促进市场交易，进而实现生态产品的价值（图6-2）。

图6-2 生态产品价值实现的主要做法

以市场为主体，构建森林物质产品的交易机制。森林物质产品（木质林产品、非木质林产品等）与市场上的普通产品一样，均衡价格和数量可由市场交易机制实现。但如果仅仅依靠市场，可能会使森林资源不能有效配置，从而导致森林生态产品价值不能顺利实现，因此，以市场为主导，政府、供给者、消费者共同参与，维护市场交易秩序，保障森林生态产品价值的实现。政府应制定政策开展绿色食品认证，区别一般产品与生态产品，一方面满足市场消费者对生态、绿色、安全产品的需求，另一方面保障产品供给者的合法权益。供给者应提升自己的经营能力，积极开发利用木本粮食、油料以及森林药材等非木质林产品，提升非木质林产品的经济价值和市场竞争力，激发消费升级需求，从而增强林农的经济收入。消费者作为产品的直接使用者，应提高对森林生态产品的认知，从而提升森林生态产品的品牌效应，推动森林生态产品价值实现。

以政府为主体，构建森林调节产品的管理机制。森林调节气候、涵养水源、固土防沙等能满足人类对美好环境需求的产品一般都属于公共产品，公共产品的外部性会导致市场失灵，这种情况很难将森林的生态优势转化为经济优势，从而制约森林生态产品价值的实现。为有效发挥森林调节产品的价值功能，一方面政府通过增收生态补偿税、转移支付等方式开展森林生态补偿，建立健全森林生态补偿机制，通过经济手段将经济效益的外部性内部化，从而有效巩固林区脱贫攻坚成果；另一方面，政府部门应明确森林资源权属，加快建立森林资源取用权出让、转让和租赁等交易机制，积极探索资源使用权、排污交易权等市场化的补偿模式，加强跨区域、跨流域间的横向补偿方式，进一步提高林农的经济收入。同时，政府还应当积极推进实施山水林田湖草沙冰一体化保护修复，加大森林资源保护力度，提高森林经营的科学性，为市场提供优质的生态系统调节服务。

政府、市场相结合，构建森林文化产品的服务机制。森林除了能为消费者带来物质产品和调节产品以外，还可以起到放松身心、陶冶情操等文化服务的作用。文化服务价值通过政府和市场结合的方式体现，引导社会民众参与进来，建立森林生态产品价值实现的可持续机制，合理的开发利用实现森林资源资产的保值增值。森林公园的建设一方面保护了森林资源，使公众能更好地享受生态环境，另一方面通过森林公园的建设带动了周边经济发展，实现了资源保护和经济发展双赢局面。基于此，政府可以通过积极推进建设国家公园，在国家公园内开展特许经营，引导社会民众参与国家公园的建设和运营过程，推动国家公园高质量发展，从而使森林生态文化服务价值实现经济效益最大化。

生态产品价值实现涉及生态产品生产者、消费者以及广大人民的权益，需要围绕价值实现的各个方面针对性制定破解路径，建立生态产品价值实现的全链条闭环路径。

6.2　森林生态产品价值化实现路径设计和典型案例分析

生态产品价值实现的实质就是将生态产品的使用价值转化为交换价值的过程，张林波等（2019）在国内外生态文明建设实践调研的基础上，从生态产品使用价值的交换主体、交换载体、交换机制等角度，归纳形成八大类和22小类生态产品价值实现的实践模式或路径。王兵等（2020）结合森林生态系统服务评估实践，将9项功能类别与八大类实现路径建立了功能与服务转化率高低和价值化实现路径可行性的大小关系（图6-3）。生态系统服务价值化实现路径可分为就地实现和迁地实现。就地实现为在生态系统服务产生区域内完成价值化实现，例如，固碳释氧、净化大气环境等生态功能价值化实现；迁地实现为在生态系统服务产生区域之外完成价值化实现，例如，大江大河上游森林生态系统涵养水源功能的价值化实现需要在中、下游予以体现。基于建立的功能与服务转化率高低和价值化实现路径可行性的大小关系，以具体研究案例进行生态系统服务价值化实现路径设计，具体研究内容如下。

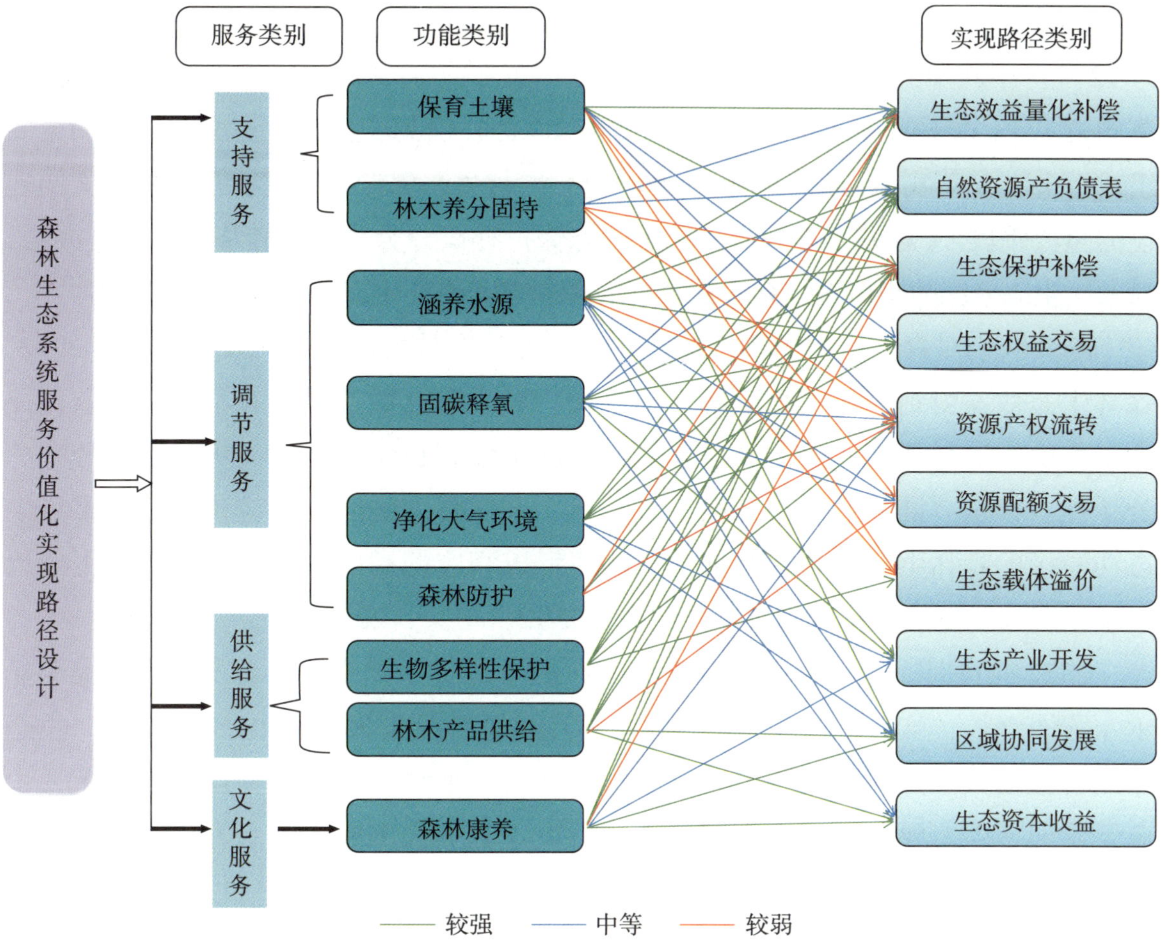

图6–3 生态产品价值化实现的模式路径

注：引自王兵等（2020），不同颜色代表了功能与服务转化率的高低和价值化实现路径可行性的大小。

6.2.1 森林生态效益精准量化补偿

生态效益量化补偿：是基于人类发展指数的多功能定量化补偿，结合了生态系统服务和人类福祉的其他相关关系，并符合不同行政单元财政支付能力的一种给予生态系统服务提供者的奖励。

2016年5月，国务院办公厅发布《关于健全生态保护补偿机制的意见》（以下简称《意见》），提出“以生态产品产出能力为基础，加快建立生态保护补偿标准体系”（国务院办公厅，2016）。《意见》要求建立多元化生态保护补偿机制，将生态补偿作为生态产品价值实现的重要方式，明确生态产品产出能力是生态补偿标准的确定依据。2018年12月，国家多部门联合发布《建立市场化、多元化生态保护补偿机制行动计划》，为生态补偿方式实现生态产品价值提供了参考。2021年9月12日，中共中央办公厅、国务院办公厅印发了《关于深化生态保护补偿制度改革的意见》（以下简称《意见》），指出生态保护补偿制度作为生态文明制度的重要组成部分，是落实生态保护权责、调动各方参与生态保护积极性、推进生态文明建设的重要手段。《意见》进一步完善了生态保护补偿分类体系和转移支付测算办法，兼顾了生态系统的整体性、系统性及其内在规律和不同生态环境要素保护成本。

随着人们对森林认识的逐渐加深，对森林生态效益的研究力度也在逐步加大，森林生态效益受到了各级政府部门的重视。对生态补偿的研究有利于生态效益评估工作的推进与开展，生态效益评估又有助于生态补偿制度的实施和利益分配的公平性。根据“谁受益、谁补偿，谁破坏、谁恢复”的原则，应该完善对重点生态功能区的森林生态系统生态补偿机制，形成相应的横向生态补偿制度，更好地给予生态效益提供者相应的补助（牛香，2012；王兵，2015）。

2022年11月，国家林业和草原局公布的《2021中国林草资源及生态状况》显示，我国森林、草原、湿地生态空间生态产品总价值量为每年28.58万亿元，生态产品价值极大。为探索开展生态产品价值计量，推动横向生态补偿逐步由单一生态要素向多生态要素转变，丰富生态补偿方式，加快探索“绿水青山就是金山银山”的多种现实转化路径。以安徽、吉林、辽宁、黑龙江、山西、陕西、上海、湖南、贵州、呼伦贝尔、秦皇岛等地的森林生态效益精准量化补偿为例，利用人类发展指数的森林生态效益多功能定量化补偿系数计算方法，计算出森林生态效益定量化补偿系数、财政相对能力补偿指数、补偿总量及补偿额度（表6–3）。

表6–3　不同地方森林生态效益多功能定量化补偿

省市	补偿系数（%）	财政相对补偿能力指数	补偿总量（亿元/年）	补偿额度	
				[元/（公顷·年）]	[元/（亩·年）]
安徽	0.31	0.014	12.66	316.57	21.1
吉林	0.34	0.015	20.27	239.8	15.99
黑龙江	0.17	0.009	29.45	131.2	8.75
上海	0.98	0.066	1.15	1206.92	80.46
山西	0.34	0.011	10.69	214.5	14.3
辽宁	0.47	0.044	24.50	397.33	26.49
贵州	0.33	0.015	24.70	246.87	16.46
湖南	0.33	0.019	32.71	310.75	20.72
呼伦贝尔	0.64	0.052	43.97	374.17	24.94
秦皇岛	0.525	0.046	2.17	569.06	37.94

由表6-3可知，不同地方的生态效益补偿系数在0.17%～0.64%，黑龙江最小，呼伦贝尔最大；补偿总量在1.15亿～43.97亿元/年，最小的是上海，最大的是呼伦贝尔；补偿额度最大的是上海，达到了最高的1206.92元/（公顷·年），最小的黑龙江省仅为131.20元/（公顷·年）。可见，通过人类发展指数等计算的补偿额度为8.75～80.46元/（公顷·年），均高于政策性补偿。利用这种方法计算的生态效益定量化补偿系数是一个动态的补偿系数，不但与人类福祉的各要素相关，而且进一步考虑了省级财政的相对支付能力。以上数据说明，随着人们生活水平的不断提高，人们不再满足于高质量的物质生活，对于舒适环境的追求已成为一种趋势，而森林生态系统对舒适环境的贡献已形成共识，所以，如果政府每年投入0.9%～6.6%的财政收入来进行森林生态效益补偿，那么相应地将会极大提高人类的幸福指数，并将有利于森林资源的经营与管理（牛香，2012）。该部分补偿资金属于纵向生态补偿，可由中央、省级和地方三级财政承担，最新的《全国重要生态系统保护和修复重大工程总体规划（2021—2035年）》也指出按照中央和地方财政事权和支出责任划分，将全国重要生态系统保护和修复重大工程作为各级财政的重点支持领域，进一步明确支出责任，切实加大资金投入力度。可见，生态补偿具有较强的可行性。

6.2.2　自然资源资产负债表编制

编制自然资源资产负债表的实地实践，切实符合我国可持续发展的要求，对于解决环境破坏、生态失衡等问题以及进一步加强自然资源监督管理具有重大的现实意义。森林资源作为自然资源的重要组成，“山水林田湖草”生命共同体重要的一部分，对于维护生态平衡，提高环境质量起到不可代替的作用。目前，我国正大力推进自然资源资产负债表编制工作，这是政府对资源节约利用和生态环境保护的重要决策（图6-4）。

自然资源资产负债表： 用于自然资源资产管理的统计管理报表体系，它反映被评估区域或部门在某时间点所占有的可测量、可报告、可核查的自然资源资产状况，以及某时点被评估区域所应承担的自然资源负债状况。

进入21世纪以来，人类社会越来越认识到，森林资源是一种重要的可再生自然资源，为经济社会发展提供了源源不断的林产品、生态产品和社会文化产品。党的十八届三中全会通过的《关于全面深化改革若干重大问题的决定》进一步提出，要健全自然资产产权制度和用途管制制度，划定生态保护红线，强化生态修

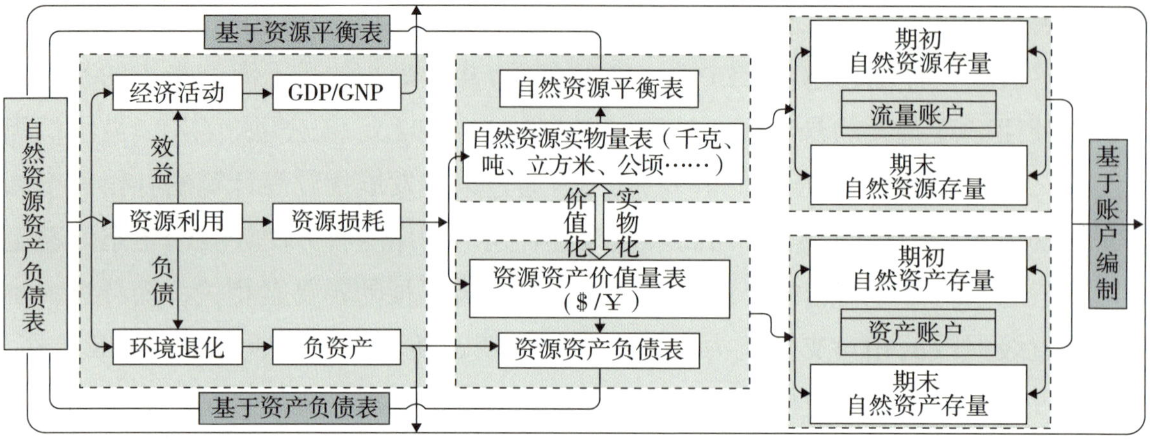

图6-4 自然资源资产负债表编制架构

注：引自鲁琳（2017）。

复建设，探索编制自然资源资产负债表，对领导干部实行自然资源资产离任审计。2019年4月，中共中央办公厅、国务院办公厅印发了《关于统筹推进自然资源资产产权制度改革的指导意见》，明确指出要研究建立自然资源资产核算评价制度，开展实物量统计，探索价值量核算，编制自然资源资产负债表。

党中央的这些重大部署，为加强包括森林资源在内的自然资源资产管理、提升林业现代治理能力提出了新的要求，也为森林资源校算研究提出了新要求、新挑战。在探索编制负债表的进程中，内蒙古先行先试，率先突破，探索出了编制森林资源资产负债表的可贵路径。2014年初，习近平总书记在内蒙古自治区考察时提出，要大胆先行先试，探索编制自然资源资产负债表，探索建立可持续的生态环境保护制度。2015年7月，内蒙古自治区为客观反映森林资源资产的变化，公布了翁牛特旗高家梁、桥头和亿合公3个林场的自然资源价值量，5.41亿元、4.97亿元和 4.27亿元 ；8月，3个林场森林资源资产负债表编制完成，其中，3个试点林场生态服务功能总价值为11.2亿元，林地和林木的总价值为3.4亿元。自然资源资产负债表的编制完成，提高了全社会的生态意识，尤其是领导干部们的认识，使他们自觉服务于生态文明建设中，为子孙后代留下一片蓝天、净土。

根据国内外研究成果，森林自然资源资产负债表主要包括3个账户，分别为一般资产账户、森林资源资产账户和森林生态系统服务账户。自2004年，国家林业局与国家统计局联合开展了“中国森林资源核算及纳入绿色GDP研究”3期研究项目，提出了森林资源核算的理论和方法，构建了我国基于森林的绿色国民经济核算框架，核算了全国林地林木的经济价值和森林资源的生态服务价值，通过了国家林业局科技委员会组织的专家论证，赢得了国家有关部门及社会有关方面的一致好评。

研究结果表明，第七次森林资源清查期间（2004—2008年），全国森林生态系统服务功能价值量为10.01万亿元/年，相当于2008年全国GDP（31.68万亿元）的31.60%；第八次森林资源清查期间（2009—2013年）的价值量为12.68万亿元/年，相当于2013年全国GDP（58.80万亿元）的21.56%；第九次森林资源清查期间（2014—2018年）的价值量为15.88万亿元/年，相当于2018年全国GDP（90.03万亿元）的17.64%。第七次至第九次森林资源清查期间，全国森林生态系统服务功能价值量增长幅度分别为26.67%和25.24%（图6-5）。

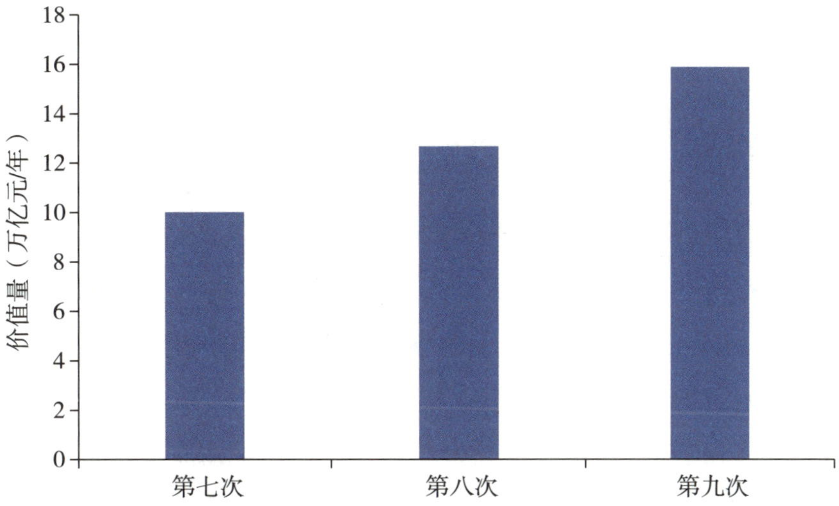

图6-5　全国尺度森林生态系统服务功能价值量变化

6.2.3　森林生态保护补偿

生态保护补偿是公共性生态产品最基本、最基础的经济价值实现手段（图6-6）。

> **生态保护补偿：** 指政府或相关组织机构从社会公共利益出发向生产供给公共性生态产品的区域或生态资源产权人支付的生态保护劳动价值或限制发展机会成本的行为，可以分为以上级政府财政转移支付为主要方式的纵向生态补偿、流域上下游跨区域的横向生态补偿、中央财政资金支持的各类生态建设工程、对农牧民生态保护进行的个人补贴补助4种方式。

该模式的典型案例为自然资源部发布的《生态产品价值实现典型案例（第三批）》中的美国马德福农场案例。美国马德福农场综合运用多种路径和措施以实现生态产品的价值，对于能够直接市场交易的农产品、旅游狩猎服务等，通过市场化方式实现其价值；对于带有公共品特征的清洁水质、湿地生态系统服务等，一方面充分利用政府管控所形成的交易市场，推动了湿地信用、水质信用等多种

图6–6　生态保护补偿、环境污染赔偿

"指标"交易，显化了生态价值；另一方面，积极参与美国"土地休耕增强计划"并获得政府补贴，其实质是一种生态补偿措施，农场实施休耕和生态修复，增强了生态产品的供给能力，政府通过补贴的方式"购买"农场生产的生态产品，推动形成了"保护者受益、使用者付费"的利益循环。我国的国家级公益林补偿标准每年15元/亩，同样是典型的生态保护补偿模式。其中：直补到集体和个人所有的12.75元/亩；集中统一管护费2.00元/亩；公共管护支出为0.25元/亩。从2013年开始，湖南省省级财政逐步提高中央财政对国有国家级公益林的补偿标准和省级财政对国有国家级公益林的配套标准；湖南省省级财政对国有国家级公益林的补偿标准从2014年之前的5元/亩，提高到2015年6元/亩，再提高到2016年的8元/亩，到2017年的10元/亩；而省级财政对国有国家级公益林的配套标准，从2013年对国有国家级公益林配套1元/亩，到2014年的配套2元/亩，2015年的配套4元/亩，再到2016年的配套5元/亩。自实施公益林保护建设工程以来，湖南累计直接获得中央财政和省级财政补偿基金达130亿元，450万户林农直接受益，每户平均获得补助资金约2889元，带动了生态旅游业和林下经济的发展，实现了生态保护与经济发展的双赢。通过政策性补助的方式，提升了参与农户的收入水平。

6.2.4　区域协同发展

区域协同发展分为在生态产品受益区域合作开发的异地协同开发和在生态产品供给地区合作开发的本地协同开发两种模式。

区域协同发展：指公共性生态产品的受益区域与供给区域之间通过经济、社会或科技等方面合作实现生态产品价值的模式，是有效实现重点生态功能区主体功能定位的重要模式，是发挥中国特色社会主义制度优势的发力点。

潮白河发源于河北省承德市丰宁县和张家口市沽源县，经密云水库的泄水分两股进入潮白河系，一股供天津生活用水；一股流入北京市区，是北京重要水源之一。根据《北京市水资源公报（2015）》，北京2015年对潮白河的截流量为2.21亿立方米，占北京当年用水量（38.2亿立方米）的5.79%。同年，张承地区潮白河流域森林涵养水源的“绿色水库功能”为5.28亿立方米，北京市实际利用潮白河流域森林涵养水源量占其“绿色水库功能”的41.86%。滦河发源地位于燕山山脉的西北部，向西北流经沽源县，经内蒙古自治区正蓝旗转向东南又进入河北省丰宁县。河流蜿蜒于峡谷之间，至潘家口越长城，经罗家屯龟口峡谷入冀东平原，最终注入渤海。根据《天津市水资源公报（2015）》，2015年，天津引滦调水量为4.51亿立方米，占天津当年用水量（23.37亿立方米）的19.30%。同年，张承地区滦河流域森涵养水源的“绿色水库功能”为25.31亿立方米/年（图6-7），则天津市引滦调水量占其滦河流域森林“绿色水库功能”的17.82%（王兵等，2020）。作为京津地区的生态屏障，张承地区森林生态系统对京津地区水资源安全起到了非常重要的作用。森林涵养的水源通过潮白河、滦河等河流进入京津地区，缓解了京津地区水资源压力。京津地区作为水资源生态产品的下游受益区，应该在下游受益区建立京津—张承协作共建产业园，这种异地协同发展模式不仅保障了上游水资源生态产品的持续供给，同时为上游地区提供了资金和财政收入，有效地减少了上游地区土地开发强度和人口规模，实现了上游重点生态功能区定位。

图6-7 承德市森林

6.2.5 资源产权流转

资源产权流转模式的典型案例为自然资源部发布的《生态产品价值实现典型案例（第三批）》中的福建省三明市林权改革促进生态产品价值实现案例。福建省三明市通过集体林权制度改革明晰了林权，探索开展“林票”制度改革，引导林权有序流转、合作经营和规模化管理，破解了林权碎片化问题，提高了生态产品供给能力和整体价值。

> **资源产权流转**：指公共性生态产品的受益区域与供给区域之间通过经济、社会或科技等方面合作实现生态产品价值的模式，是有效实现重点生态功能区主体功能定位的重要模式，是发挥中国特色社会主义制度优势的发力点。

在全面停止天然林商业性采伐后，吉林省长白山森工集团面临着巨大的转型压力，但其森林生态系统服务是巨大的，尤其是在净化水质方面，其优质的水资源已经被人们所关注。中国森林涵养水源量为6289.50亿立方米/年，这部分水资源大部分会以地表径流的方式流出森林生态系统，其余的以入渗的方式补给了地下水，之后再以泉水的方式涌出地表，成为优质的水资源。例如：农夫山泉在全国有7个水源地，其中之一便位于吉林长白山。吉林长白山森工集团自有的矿泉水品牌——泉阳泉，水源也全部来自长白山（图6–8）。根据“农夫山泉吉林长白山有限公司年产99.88万吨饮用天然水生产线扩建项目”环评报告（2015年12月），该地扩建之前年生产饮用矿泉水80.12万吨，扩建之后将会达到99.88万吨/年，按照市场上最为常见的农夫山泉瓶装水（550毫升）的销售价格（1.50元），将会产生27.24亿元/年的产值。吉林森工集团泉阳泉饮品有限公司官方网站数据显示，其年生产饮用矿泉水量为200万吨，按照市场上最为常见的泉阳泉瓶装水（600毫

图6–8　长白山森林矿泉水

升）的销售价格（1.50元），年产值将会达到50.00亿元（王兵等，2020）。由于这些产品绝大部分是在长白山地区以外实现的价值，则其价值化实现路径属于迁地实现。农夫山泉和泉阳泉年均灌装矿泉水量为299.88万吨，仅占长白山林区多年平均地下水天然补给量的0.41%，经济效益就达到了81.79亿元/年。这种以资源产权流转模式的价值化实现路径，能够进一步推进森林资源的优化管理，也利于生态保护目标的实现。

6.2.6　生态权益交易

该模式的典型案例为自然资源部发布的《生态产品价值实现典型案例（第三批）》中的福建三明市碳汇交易促进生态产品价值实现案例。福建三明市借助国际核证碳减排、福建碳排权交易试点等管控规则和自愿减排市场，探索开展林业碳汇产品交易，是将生态系统的“绿色碳库”功能转化为可交易的碳汇产品，有利于实现生态产品的综合效益。

生态权益交易： 指生产消费关系较为明确的生态系统服务权益、污染排放权益和资源开发权益的产权人和受益人之间直接通过一定程度的市场化机制实现生态产品价值的模式，是公共性生态产品在满足特定条件成为生态商品后直接通过市场化机制方式实现价值的唯一模式，是相对完善成熟的公共性生态产品直接市场交易机制，相当于传统的环境权益交易和国外生态系统服务付费实践的合集。

森林生态系统通过“绿色碳汇”功能吸收固定空气中的二氧化碳，起到了弹性减排的作用，减轻了工业减排的压力。通过测算可知，广西森林生态系统固定二氧化碳量为1.79亿吨/年，但广西同期工业二氧化碳排放量为1.55亿吨；所以，广西工业排放的二氧化碳完全可以被森林所吸收，其生态系统服务转化率达到了100%，实现了二氧化碳零排放，固碳功能价值化实现路径则为完成了就地实现路径，功能与服务转化率达到了100%（王兵等，2020）。而其他多余的森林碳汇量则为华南地区的周边地区提供了碳汇功能，比如广东。这样，两省（自治区）之间就可以实现优势互补。因此，广西森林在华南地区起到了绿色碳库的作用。广西壮族自治区政府可以采用生态权益交易中的污染排放权益模式，将森林生态系统“绿色碳库”功能以碳封存的方式放到市场上交易，用于企业的碳排放权购买（图6-9）。利用工业手段捕集二氧化碳过程成本200～300元/吨，那么广西森林生态系统“绿色碳库”功能价值量将达到358亿～537亿元/年。

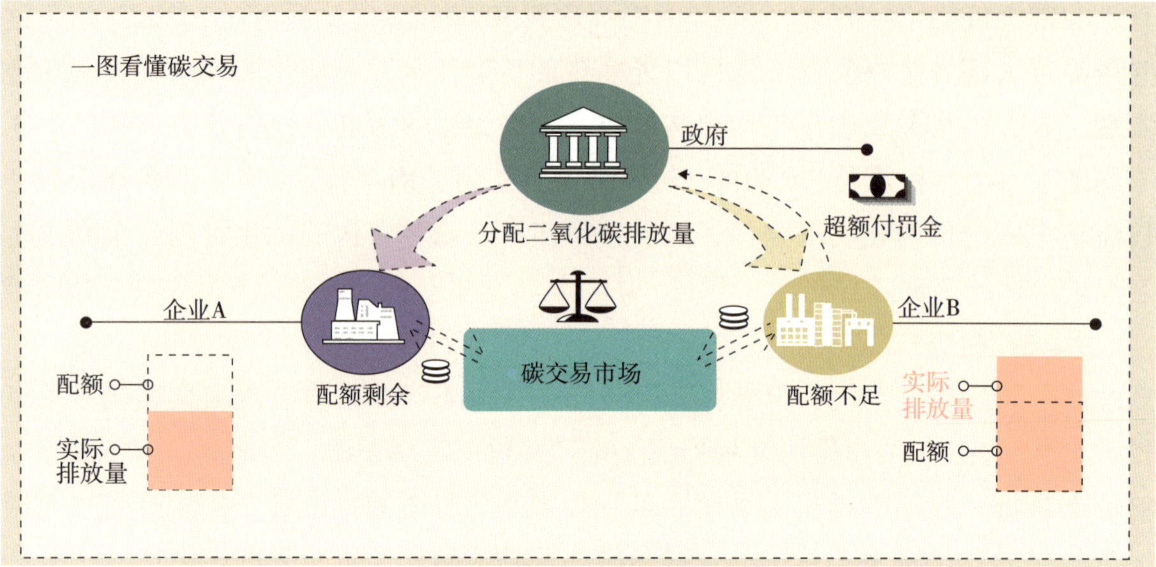

图6-9　碳交易平台示意

6.2.7　生态产业开发

生态产业开发是市场化程度最高的生态产品价值实现方式，其关键是如何认识和发现生态资源的独特经济价值，如何开发经营品牌提高产品的“生态”溢价率和附加值。

> **生态产业开发**：指经营性生态产品通过市场机制实现交换价值的模式，是生态资源作为生产要素投入经济生产活动的生态产业化过程，可以根据经营性生态产品的类别分为物质原料开发和精神文化产品两类。

生态产业开发是市场化程度最高的生态产品价值实现方式，其关键是如何认识和发现生态资源的独特经济价值，如何开发经营品牌提高产品的“生态”溢价率和附加值。依据《森林氧吧监测与生态康养研究：以黑河五大连池风景区为例》，“森林康养”就是利用特定森林环境、生态资源及产品，配备相应的养生休闲及医疗、康体服务设施，开展以修养身心、调适机能、延缓衰老为目的的森林游憩、度假、疗养、保健、休闲、养老等活动的统称（图6-10）。从森林生态系统长期定位研究的视角切入，与生态康养相融合开展的五大连池森林氧吧监测与生态康养研究，依照景点位置、植被典型性、生态环境质量等因素，将五大连池风景区划分为5个一级生态康养功能区划，分别为氧吧—泉水—地磁生态康养功能区、氧吧—泉水生态康养功能区、氧吧—地磁生态康养功能区、氧吧生态康养功能区和生态休闲区，其中，氧吧—泉水—地磁生态康养功能区和氧吧—地磁生

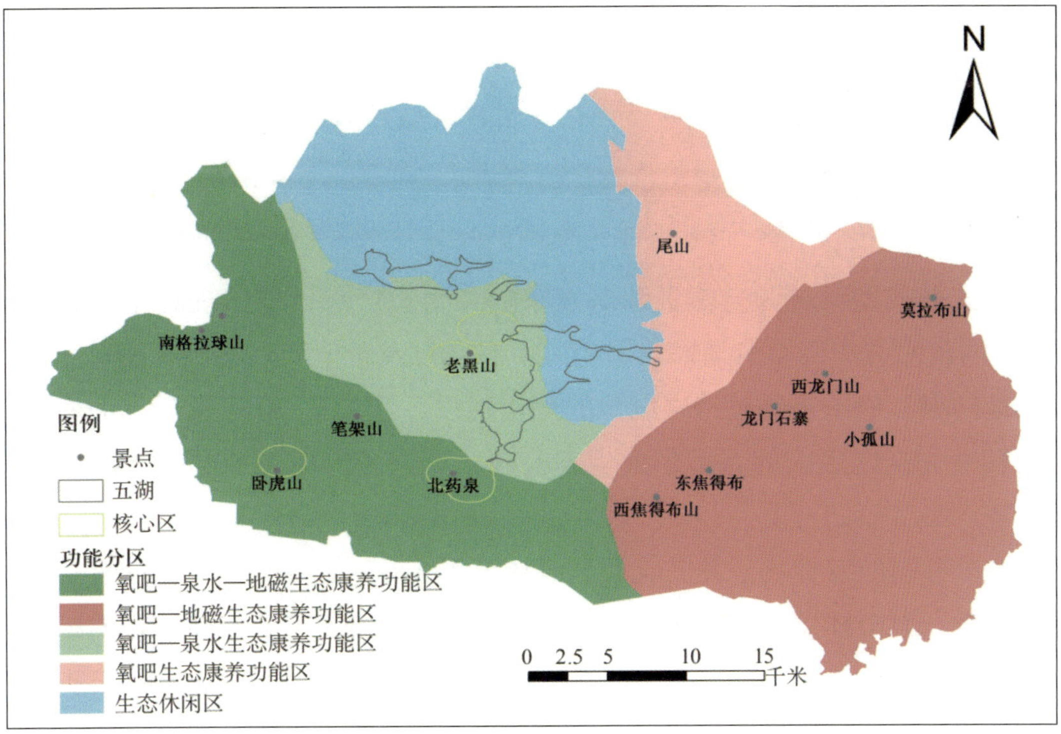

图6-10　黑河五大连池风景区生态康养功能分区

态康养功能区所占面积较大，占区域总面积的56.93%，氧吧—泉水—地磁生态康养功能区包含药泉、卧虎山、药泉山和格拉球山等景区。2017年，五大连池风景区接待游客163万人次，接纳国内外康疗和养老人员25万人次，占旅游总人数的15.34%，由于地理位置优势，接纳的俄罗斯康疗和养老人员达9万人次，占康疗和养老人数的36%。有调查表明，37%的俄罗斯游客有4次以上到五大连池疗养的体验，这些重游的俄罗斯游客不仅自己会多次来到五大连池，还会将五大连池宣传介绍给亲朋好友，带来更多的游客，有75%的俄罗斯游客到五大连池旅游的主要目的是医疗养生，可见五大连池最吸引俄罗斯游客的特色还是医疗养生（王兵等，2020）。五大连池风景区管理委员会应当利用生态产业开发模式，以生态康养功能区划为目标，充分利用氧吧、泉水、地磁等独特资源，大力推进五大连池森林生态康养产业的发展，开发经营品牌，提高产品的“生态”溢价率和附加值。

6.2.8　生态载体溢价

生态载体溢价主要针对自然生态系统被破坏或生态功能缺失地区，通过生态修复、系统治理和综合开发，恢复自然生态系统的功能，增加生态产品的供给，并利用优化国土空间布局、调整土地用途等政策措施发展接续产业，实现生态产品价值提升和价值“外溢”。

生态载体溢价： 指将无法直接进行交易的生态产品的价值附加在工业、农业或服务业产品上通过市场溢价销售实现价值的模式，分为直接载体溢价和间接载体溢价两种模式。

该模式的典型案例为自然资源部发布的《生态产品价值实现典型案例（第一批）》中的河北省唐山市南湖采煤塌陷区生态修复及价值实现案例。面对严重的采煤塌陷地问题，唐山市经过持之以恒的生态建设，让昔日 30 平方千米的南湖采煤塌陷区转变为全国最大的城市中央生态公园，形成了区域发展的新兴增长点，实现了生态产品价值的外溢。

从一个亏损的老林场，发展成为全国林草系统的一面旗帜、全国国有林场改革发展的样板，原山林场靠着使命至上、艰苦创业、自强不息、崇德兴仁的精神，坚定不移地走出了一条林场保生态与经济效益齐发展的新路子。依据《山东省淄博市原山林场森林生态系统服务功能及价值研究》，原山林场建场之初森林覆盖率不足 2%，到处是荒山秃岭。但通过开展植树造林、绿化荒山的生态修复工程，原山林场经营面积由 1996 年的 2706.67 公顷增加到 2014 年的 2933.33 公顷，活力木蓄积量由 8.07 万立方米增长到了 19.74 万立方米，森林覆盖率由 82.39% 增加到 94.4%（图 6–11）。目前，原山林场森林生态系统服务总价值量为 18948.04 万元/年，其中以森林康养功能价值量最大，占总价值量的 31.62%，森林康养价值实现路径为就地实现。原山林场目前尝试了生态载体溢价的生态服务价值化实现路径，即旅游地产业，通过改善区域生态环境增加生态产品供给能力。带动区域土地房产增值是典型的生态产品直接载体溢价模式。另外，为了文化产业的发展，依托在植被恢复过程中凝聚出来的“原山精神”，已经在原山林场森林康养功能上实现了生态载体溢价。原山林场应结合目前以多种形式开展的“场外造林”活动，提升造林区域生态环境质量，结合自身成功的经营理念，更大限度地实现生态载体溢价的生态服务价值化。

图 6–11　原山林场植被恢复前后

参考文献

陈清, 2018. 加快探索生态产品价值实现路径[N]. 光明日报, 11月2日.

党的十九大报告辅导读本编写组, 2017. 党的十九大报告辅导读本[M]. 北京: 人民出版社.

董秀凯, 管清成, 徐丽娜, 等, 2017. 吉林省白石山林业局森林生态系统服务功能研究[M]. 北京: 中国林业出版社.

方精云, 刘国华, 徐嵩龄, 1996. 中国陆地生态系统碳循环[C]// 王庚晨, 温玉璞. 温室气体浓度和排放监测及相关过程. 北京: 中国环境科学出版社.

傅伯杰, 陈利顶, 马克明, 等, 2001. 景观生态学原理及应用[M]. 北京: 科学出版社.

国家林业和草原局, 2018a. 退耕还林工程生态效益监测国家报告[M]. 北京: 中国林业出版社.

国家林业和草原局, 2018b. 中国林业统计年鉴2017[M]. 北京: 中国林业出版社.

国家林业和草原局, 2019a. 2017退耕还林工程综合效益监测国家报告[M]. 北京: 中国林业出版社.

国家林业和草原局, 2019b. 中国林草统计年鉴2018[M]. 北京: 中国林业出版社.

国家林业和草原局, 2020a. 森林生态系统服务功能评估规范 (GB/T 38582–2020)[S]. 北京: 中国标准出版社.

国家林业和草原局, 2020b. 中国森林资源报告(2014—2018)[M]. 北京: 中国林业出版社.

国家林业和草原局, 2021. 森林生态系统长期定位观测研究站建设规范 (GB/T 40053–2021)[S]. 北京: 中国标准出版社.

国家林业局, 2005. 森林生态系统定位研究站建设技术要求 (LY/T 1626–2005)[S]. 6–16.

国家林业局, 2007. 暖温带森林生态系统定位观测指标体系 (LY/T 1689–2007)[S]. 3–9.

国家林业局, 2010a. 中国森林资源报告(2004—2008) [M]. 北京: 中国林业出版社.

国家林业局, 2010b. 森林生态系统定位研究站数据管理规范 (LY/T 1872–2010)[S]. 3–6.

国家林业局, 2010c. 森林生态站数字化建设技术规范 (LY/T 1873–2010)[S]. 3–7

国家林业局, 2014a. 退耕还林工程生态效益监测国家报告[M]. 北京: 中国林业出版社.

国家林业局, 2014b. 中国森林资源报告(2009—2013) [M]. 北京: 中国林业出版社.

国家林业局, 2015. 退耕还林工程生态效益监测国家报告[M]. 北京: 中国林业出版社.

国家林业局, 2016a. 森林生态系统长期定位观测方法 (GB/T 33027–2016)[S]. 1–121.

国家林业局, 2016b. 退耕还林工程生态效益监测国家报告[M]. 北京: 中国林业出版社.

国家林业局, 2016c. 天然林资源保护工程东北、内蒙古重点国有林区效益监测国家报告[M]. 北京: 中国林业出版社.

国家林业局, 2017a. 森林生态系统定位观测指标体系 (GB/T 35377–2017)[S]. 4–9.

国家林业局, 2017b. 中国林业统计年鉴2016[M]. 北京: 中国林业出版社.

国家林业局, 2018. 中国森林资源及其生态功能四十年监测与评估[M]. 北京: 中国林业出版社.

国家林业局, 1974—2015. 中国林业统计年鉴(1973—2014) [M]. 北京: 中国林业出版社.
国家旅游局, 2017. 旅游资源分类、调查与评价(GB/T 18972-2017)[S]. 北京: 中国标准出版社.
国家统计局, 2020. 中国统计年鉴2019[M]. 北京: 中国统计出版社.
国务院, 2015. 全国主体功能区规划[M]. 北京: 人民出版社.
韩玉洁, 李琦, 王兵, 等, 2018. 上海市森林生态连清与生态系统服务研究[M]. 北京: 中国林业出版社.
雷加富, 2005. 中国森林资源[M]. 北京: 中国林业出版社.
牛香, 2012. 森林生态效益分布式测算及其定量化补偿研究——以广东和辽宁省为例 [D]. 北京: 北京林业大学.
牛香, 鲁铭, 王慧, 等, 2020. 森林氧吧监测与生态康养研究: 以黑河五大连池风景区为例[M]. 北京: 中国林业出版社.
牛香, 薛恩东, 王兵, 等, 2017. 森林治污减霾功能研究——以北京市和陕西关中地区为例[M]. 北京: 科学出版社.
彭明俊, 杨旭, 陈建洪, 等, 2021. 云南省昆明市海口林场森林生态系统服务功能研究[M]. 北京: 中国林业出版社.
任军, 宋庆丰, 山广茂, 等, 2016. 吉林省森林生态连清与生态系统服务研究[M]. 北京: 中国林业出版社.
孙建博, 周霄羽, 王兵, 等, 2020. 山东省淄博市原山林场森林生态系统服务功能及价值研究[M]. 北京: 中国林业出版社.
孙拖焕, 梁守伦, 樊兰英, 等, 2019. 山西省森林生态连清与生态系统服务功能研究[M]. 北京: 中国林业出版社.
唐小平, 贾建生, 王志臣, 等, 2015. 全国第四次大熊猫调查方案设计及主要结果分析[J]. 林业资源管理(1): 11-16.
王兵, 2015. 森林生态连清技术体系构建与应用[J]. 北京林业大学学报, 37(1): 1-8.
王兵, 2016. 生态连清理论在森林生态系统服务功能评估中的实践[J]. 中国水土保持科学, 14(1): 1-10.
王兵, 陈佰山, 闫宏光, 等, 2020. 内蒙古大兴安岭重点国有林管理局森林与湿地生态系统服务功能研究与价值评估[M]. 北京: 中国林业出版社.
王兵, 迟功德, 董泽生, 等, 2020. 辽宁省森林、湿地、草地生态系统服务功能评估[M]. 北京: 中国林业出版社.
王兵, 党景中, 王华青, 等, 2017. 陕西省森林与湿地生态系统治污减霾功能研究[M]. 北京: 中国林业出版社.
王兵, 牛香, 宋庆丰, 2020. 中国森林生态系统服务评估及其价值化实现路径设计[J]. 环境保护, 48(14): 28-36.
王兵, 牛香, 宋庆丰, 2021. 基于全口径碳汇监测的中国森林碳中和能力分析[J]. 环境保护, 49(16): 30-34.
王兵, 王晓燕, 牛香, 等, 2015. 北京市常见落叶树种叶片滞纳空气颗粒物功能[J]. 环境科学, 36(6): 2005-2009.
王兵, 郑秋红, 郭浩, 2008. 基于Shannon-Wiener指数的中国森林物种多样性保育价值评估方法

[J]. 林业科学研究, 21(2): 268–274.
王兵等, 2003. 生态系统长期观测与研究网络[M]. 北京: 中国科学技术出版社.
王宏, 阎建忠, 李惠莲, 2018. 中国14个连片特困地区的森林转型及其解释[J]. 地理学报, 73(7): 1253–1267.
吴楚材, 吴章文, 罗江滨, 2006. 植物精气[M]. 北京: 中国林业出版社.
习近平, 2007. 之江新语[M]. 杭州: 浙江出版联合集团.
习近平, 2017. 习近平谈治国理政: 第2卷[M]. 北京: 外文出版社.
夏尚光, 牛香, 苏守香, 等, 2016. 安徽省森林生态连清与生态系统服务研究[M]. 北京: 中国林业出版社.
杨国亭, 王兵, 李芳, 等, 2016. 黑龙江省森林生态连清体系与生态系统服务研究[M]. 北京: 中国林业出版社.
于贵瑞, 孙晓敏, 2006. 陆地生态系统通量观测的原理与方法[M]. 北京: 高等教育出版社.
于贵瑞, 张雷明, 孙晓敏, 等, 2004. 亚洲区域陆地生态系统碳通量观测研究进展[J]. 中国科学D辑, 地球科学, 34(增刊Ⅱ): 15–29.
虞慧怡, 张林波, 李岱青, 等, 2020. 生态产品价值实现的国内外实践经验与启示[J]. 环境科学研究, 33(3): 685–690.
张林波, 虞慧怡, 李岱青, 等, 2019. 生态产品内涵与其价值实现途径[J]. 农业机械学报, 50(6): 173–183.
中共中央文献研究室, 2016. 习近平总书记重要讲话文章选编[M]. 北京: 中央文献出版社、党建读物出版社.
中国国家标准化管理委员会, 2008. 综合能耗计算通则(GB 2589–2008)[S]. 北京: 中国标准出版社.
"中国森林生态系统服务功能评估"项目组, 2018. 中国森林资源及其生态功能四十年监测与评估[M]. 北京: 中国林业出版社.
中国森林资源核算研究项目组, 2015. 生态文明构建中的中国森林资源核算研究[M]. 北京: 中国林业出版社.
中华人民共和国水利部, 1999. 中国水资源公报1998[M]. 北京: 中国水利水电出版社.
中华人民共和国水利部, 2001. 中国河流泥沙公报2000[M]. 北京: 中国水利水电出版社.
中华人民共和国水利部, 2004. 中国河流泥沙公报2003[M]. 北京: 中国水利水电出版社.
中华人民共和国水利部, 2004. 中国水资源公报2003[M]. 北京: 中国水利水电出版社.
中华人民共和国水利部, 2009. 中国河流泥沙公报2008[M]. 北京: 中国水利水电出版社.
中华人民共和国水利部, 2014. 中国河流泥沙公报2014[M]. 北京: 中国水利水电出版社.
中华人民共和国水利部, 2019. 中国河流泥沙公报2018[M]. 北京: 中国水利水电出版社.
中央全面深化改革委员会第十三次会议, 2020. 全国重要生态系统保护和修复重大工程总体规划(2021—2035年)[R]. 北京.
周国模, 刘恩斌, 佘光辉, 2006. 森林土壤碳库研究方法进展[J]. 浙江林学院学报, 23(2): 207–216.
ANGELIS P D, KESARI S C, GIUSEPPE E S M, 2000. Litter quality and decomposition in a CO_2-enriched Mediterranean forest ecosystem [J]. Plant Soil, 224: 31–41.
BECKETT K P, FREER P H, TAYLOR G, 2000. Effective tree species for local air quality management

[J]. Journal of Arboriculture, 26 (1): 12–19.

BECKETT K P, FREER-SMITH P H, TAYLOR G, 1998. Urban woodlands: their role in reducing the effects of particulate pollution [J]. Environmental Pollution, 99(3): 347–360.

BROWN S, LUGO AE, 1984. Biomass of tropical forests: Anew estimate based on forest volumes [J]. Science, 223: 1290–1293.

COSTANZA R, FARBER S, DE G R, et al, 1997. The value of the world's ecosystem services and natural capital [J]. Nature, 387(6630): 253–260.

DENG L, LIU G B, SHANG G U, et al, 2014. Landuse conversion and changing soil carbon stocks in China's Grain-for-Green Program: as y n t h e s i s [J]. Global Change Biology, 20(11): 3544–3556.

DING R, KANG S, LI F, et al, 2010. Evaluating eddy covariance method by large-scale weighing lysimeter in a maize field of northwest China [J]. Agricultural Water Management, 98(1): 87–95.

FANG J Y, CHEN A P, PENG C H, et al, 2001. Changes in forest biomass carbon storage in China between 1949 and 1998 [J]. Science, 292: 2320–2322.

FREER-SMITH P H, EL-KHATIB A A, TAYLOR G, 2004. Capture of particulate pollution by trees: a comparison of species typical of semi-arid areas (*Ficusnitida* and *Eucalyptus globulus*) with European and North American species [J]. Water, Air, and Soil Pollution, 155: 173–187.

IPCC, 2013. Contribution of working group I to the fifth assessment report of the intergovernmental panel on climate change. Climate Change 2013: the physical science basis [M]. Cambfige: Cambfige University Press.

NIU X, WANG B, 2013. Assessment of forest ecosystem services in China: A methodology [J]. Journal of Food, Agriculture & Environment, 11 (3 & 4): 2249–2254.

NOWAK D J, CRANE D E, STEVENS J C, 2006. Air pollution removal by urban trees and shrubs in the united states [J]. Urban Forestry and Urban Greening, 4: 115–123.

POWE N A, WILLIS K G, 2004. Mortality and morbidity benefits of air pollution (SO_2 and PM_{10}) absorption attributable to woodland in Britain [J]. Journal of Environmental Management, 70: 119–128.

TALLIS M, TAYLOR G, SINNETT D, et al, 2011. Estimating the removal of atmospheric particulate pollution by the urban tree canopy of London, under current and future environments [J]. Landscape and Urban Planning, 103: 129–138.

TEEB, 2009. The economics of ecosystems and biodiversity for national and international policy makers–summary: responding to the value of nature [M]. London: Earthscan Ltd.

WANG D, WANG B, NIU X, 2014. Forest carbon sequestration in China and its benefit [J]. Scandinavian Journal of Forest Research, 29 (1): 51–59.

WANG J, FENG L, PALMER P I, et al, 2020. Large Chinese land carbon sink estimated from atmospheric carbondioxide data [J]. Nature, 586: 720–723.

YANG W, LIU Q L, 2018. Integrated evaluation of payments for ecosystem services programs in China: a systematic review [J]. Ecosystem Health and Sustainability, 4(3): 73–84.

ZHOU G Y, LIU S G, ZANG D Q, et al, 2006. Old-growth forests can accumulate carbon in soils [J]. Science, 314(5804): 1417–1417.

附件1：国家林业和草原局森林生态系统定位观测研究站名录

植被气候区	地带性森林类型	生态站名称
Ⅰ东北温带针叶林及针阔叶混交林地区（简称东北地区）	1. 大兴安岭山地兴安落叶松林区	内蒙古大兴安岭森林生态站
		黑龙江嫩江源森林生态站
		黑龙江漠河森林生态站
	2. 小兴安岭山地丘陵阔叶与红松混交林区	黑龙江黑河森林生态站
		黑龙江小兴安岭森林生态站
		黑龙江凉水森林生态站
	3. 长白山山地红松与阔叶混交林区	辽宁冰砬山森林生态站
		吉林长白山森林生态站
		黑龙江雪乡森林生态站
		吉林长白山西坡森林生态站
		吉林松江源森林生态站
	4. 松嫩辽平原草原草甸散生林区	辽宁辽河平原森林生态站
	5. 三江平原草甸散生林区	黑龙江帽儿山森林生态站
		黑龙江七台河森林生态站
		黑龙江牡丹江森林生态站
		黑龙江抚远森林生态站
Ⅱ华北暖温带落叶阔叶林及油松侧柏林地区（简称华北地区）	6. 辽东半岛山地丘陵松（赤松及油松）栎林区	辽东半岛森林生态站
		辽宁白石砬子森林生态站
	7. 燕山山地落叶阔叶林及油松侧柏林区	河北小五台山森林生态站
		河北崇礼森林生态站
		北京燕山森林生态站
		北京首都圈森林生态站
	8. 晋冀山地黄土高原落叶阔叶林及松（油松、白皮松）侧柏林区	河南黄河小浪底森林生态站
		山西吉县黄土高原森林生态站
		山西太岳山森林生态站
		山西太行山森林生态站
		河北太行山东坡森林生态站
		河南禹州森林生态站
	9. 山东山地丘陵落叶阔叶林及松（油松、赤松）侧柏林区	山东昆嵛山森林生态站
		山东泰山森林生态站
		山东临沂森林生态站
		山东青岛森林生态站
	10. 华北平原散生落叶阔叶林及农田防护林区	河南黄淮海农田防护林生态站
		山东黄河三角洲森林生态站
	11. 陕西陇东黄土高原落叶阔叶林及松（油松、华山松、白皮松）侧柏林	宁夏六盘山森林生态站
		陕西黄龙山森林生态站
	12. 陇西黄土高原落叶阔叶林森林草原区	甘肃兴隆山森林生态站
	13. 秦岭北坡落叶阔叶林和松（油松、华山松）栎林区	甘肃小陇山森林生态站

（续）

植被气候区	地带性森林类型	生态站名称
Ⅲ华东中南亚热带常绿阔叶林及马尾松杉木竹林地区（简称华东中南地区）	14.秦岭南坡大巴山落叶常绿阔叶混交林区	陕西秦岭森林生态站
		湖北秭归三峡库区森林生态站
		湖北大巴山森林生态站
		湖北神农架森林生态站
	15.江淮平原丘陵落叶常绿阔叶林及马尾松林区	河南宝天曼森林生态站
		河南鸡公山森林生态站
		江苏长江三角洲森林生态站
		浙江杭嘉湖平原森林生态站
		华东沿海防护林生态站
		浙江天目山森林生态站
		安徽黄山森林生态站
		安徽大别山森林生态站
	16.四川盆地常绿阔叶林及马尾松柏木林区	重庆缙云山森林生态站
		四川龙门山森林生态站
	17.华中丘陵山地常绿阔叶林及马尾松杉木林区	湖南会同森林生态站
		贵州喀斯特森林生态站
		重庆武陵山森林生态站
		贵州梵净山森林生态站
		贵州雷公山森林生态站
		湖南慈利森林生态站
		湖南衡山森林生态站
		湖北恩施森林生态站
		广西漓江源森林生态站
		南岭北江源森林生态站
	18.华东南丘陵低山常绿阔叶林及马尾松黄山松（台湾松）杉木林区	江西大岗山森林生态站
		福建武夷山森林生态站
		江西九连山森林生态站
		江西庐山森林生态站
		湖南芦头森林生态站
		浙江凤阳山森林生态站
		浙江钱江源森林生态站
	19.南岭南坡及福建沿海常绿阔叶林及马尾松杉木林区	广东沿海防护林森林生态站
		广东南岭森林生态站
		广东东江源森林生态站
		广西大瑶山森林生态站
		广东珠江三角洲森林生态站

（续）

植被气候区	地带性森林类型	生态站名称
Ⅳ云贵高原亚热带常绿阔叶林及云南松林地区（简称云贵高原地区）	20.滇中高原常绿阔叶林及云南松华山松油杉林区	云南滇中高原森林生态站 云南玉溪森林生态站
	21.滇西高原峡谷常绿阔叶林及云南松华山松林区	云南高黎贡山森林生态站
Ⅴ华南热带季雨林雨林地区（简称华南热带地区）	22.广东沿海平原丘陵山地季风常绿阔叶林及马尾松林区	广东湛江森林生态站
	23.粤西桂南丘陵山地季风常绿阔叶林及马尾松林区	广西友谊关森林生态站
	24.滇南及滇西南丘陵盆地热带季雨林雨林区	云南普洱森林生态站
	25.海南岛（包括南海诸岛）平原山地热带季雨林雨林区	海南尖峰岭森林生态站 海南五指山森林生态站 海南霸王岭森林生态站 海南文昌森林生态站
Ⅵ西南高山峡谷针叶林地区（简称西南高山地区）	26.洮河白龙江云杉冷杉林区	甘肃白龙江森林生态站
	27.岷江冷杉林区	四川卧龙森林生态站
	28.大渡河雅砻江金沙江云杉冷杉林区	四川峨眉山森林生态站
	29.藏东南云杉冷杉林区	西藏林芝森林生态站
Ⅶ内蒙古东部森林分布区（简称内蒙古东部地区）	30.呼伦贝尔及内蒙古东南部森林分布区	河北塞罕坝森林生态站 内蒙古赤峰森林生态站 内蒙古七老图山森林生态站 内蒙古特金罕山森林生态站 内蒙古赛罕乌拉森林生态站
	31.大青山山地落叶阔叶林及平原农田林网区	内蒙古大青山森林生态站
	32.鄂尔多斯高原农田林网分布区	内蒙古鄂尔多斯森林生态站
	33.贺兰山山地针叶林及宁夏平原农田林网区	宁夏贺兰山森林生态站 宁夏吴忠农田防护林生态站
	34.河西走廊及绿洲区	甘肃河西走廊森林生态站
	35.祁连山山地针叶林区	甘肃祁连山森林生态站
	36.天山山地针叶林区	新疆天山森林生态站 新疆伊犁野果林生态站 新疆西天山森林生态站
	37.阿尔泰山山地针叶林区	新疆阿尔泰山森林生态站
	38.塔里木盆地及河滩胡杨林、绿洲分布区	新疆塔里木河胡杨林森林生态站 新疆阿克苏经济林生态站
Ⅸ青藏高原灌木林分布区（简称青藏高原地区）	39.青藏高原灌木林分布区	青海大渡河源森林生态站 青海祁连山南坡森林生态站
合计	39	107

附件2：中国森林生态系统定位观测研究网络 国标（GB/T 40053-2021）认证挂牌的野外科学研究站名录

编号	生态站名称
1	辽宁医巫闾山森林生态系统国家定位观测研究站
2	云南拉市海林草湿高原生态空间野外科学观测研究站
3	浑河源国家林草生态综合监测站
4	陕西大秦岭生态空间野外科学观测研究站
5	海南岛东岸热带低地雨林野外科学观测研究站
6	湖南省植物园野外科学观测研究站
7	上海崇明岛野外科学观测研究站
8	河南焦作南太行野外科学观测研究站
9	宁夏白芨滩生态修复及灌木林碳中和野外科学观测研究站
10	武夷山西坡国家林草生态综合监测站
11	滇东南热带山地森林野外科学观测研究站
12	云南大理生态经济林野外科学观测研究站
13	广东樟木头国家级野外科学观测研究站
14	广东鹅凰嶂野外科学观测研究站
15	陕西商洛秦岭野外科学观测研究站
16	广西十万大山野外科学观测研究站
17	广西南宁桉树森林生态系统定位观测研究站
18	舟山群岛普陀山森林生态站